おもしろいほどよくわかる！

図解入門

物理数学

京極一樹

Kazuki Kyōgoku

Physical
Mathematics

アーク出版

はじめに

●高校数学をほんの少し拡張すれば物理現象が見えてくる!

　物理現象を数学を利用して解析する、これが物理数学です。物理現象を解き明かす物理数学こそ、もっともおもしろい数学です。

　物理数学は、高校数学をほんの少し拡張すれば物理現象が見えてきます。そのほんの少しの拡張とは「変数が複数になること」や「オイラーの公式で複素数の指数関数をあつかうこと」です。

　高校数学では微分も積分もあつかう変数の数は1つですが、物理現象では複数の変数をあつかいます。そのために「偏微分」や「重積分」が登場します。また以前、高校数学（数ⅡB）に含まれていた複素数平面は、新学習指導要領で高校数学（数Ⅲ）に戻りましたが、複素数平面における指数関数は実数の「複素関数と三角関数の組み合わせ」で表現されることになります。これが大学数学で学ぶオイラーの公式です。

　これらの他に、高校数学に出たり入ったりしている「行列と行列式」や、高校数学の「発展的内容」にしか記載されていない「線積分」「極座標での積分」、そして、「微分の使いこなし」や、三角関数を拡張した「双曲線関数」は必要です。また媒介変数表示曲線はかなり詳しく書きました。媒介変数と双曲線関数は、誘導付きで大学入試に出題される内容でもあり、本書の内容を理解しておくと、大学入試への取り組みがすこしだけ楽になるでしょう。

●「おもしろい物理数学」を目指した超特急コース!

　本来なら物理数学は、2年間ほど大学数学を学んで専門課程に入ってから出会う数学なのですが、大学数学はかなり面倒な数学であり、面白みに欠ける数学かもしれません。本書は、大学数学のうちの「物理数学には必須ではない数学」はすべて省いて、「物理数学を理解する数学」だけを書きました。

　本来なら大学数学、物理数学では「微分可能」などの条件を詳しく語るのですが、本書ではこのあたりは大幅に簡略化し、複素関数論も省いて、もっとも簡

単な場合だけを解説します。詳細を語ると格段にむずかしく面倒になるからです。つまり本書では、「おもしろい物理数学」の「もっとも簡単な場合」だけをあつかいます。さらに本書では、可能な限りたくさんの図解を加えました。グラフの作成には正確さを期して Excel を利用しています。

　第1章では、高校数学と物理数学の橋渡し、第2章では常微分方程式、第3章では偏微分方程式、第4章で変分法、第5章でベクトル解析、第6章ではフーリエ変換とラプラス変換を解説します。本書では複素関数論やヤコビアンはあつかいません。本書は「おもしろい物理数学」を目指した超特急コースです。

● 計算を目で追って読める物理数学！

　計算が若干多いのですが、目で追って読めるように、計算はできるだけ途中を省略せずに書きました。ところどころでは適用公式を示しておきました。しかし計算がうっとうしければ、飛ばして読んで頂いて構いません。

　これで、他には例を見ないわかりやすくおもしろい物理数学の図解書ができたと思います。物理数学に挑戦したい多くの方々の一助となれば幸甚です。

2014年2月

著者

INDEX

第1章 物理数学の基礎

Sec.1　高校の数学と大学の数学はどう違う　　　14
　　［1］大学数学とは何か
　　［2］高校数学と大学数学の違い：5つのポイント
　　［3］高校数学と大学数学の関数の違い：3つのポイント

Sec.2　高校微積分と大学微積分はどう違う　　　22
　　［1］微分とは何か
　　［2］合成関数の微分の表記が変わる
　　［3］逆関数の導関数は導関数の逆数
　　［4］物理数学のための微積分の予備知識

Sec.3　座標上の微積分から曲線上の微積分へ　　　28
　　［1］曲線の線素を求める
　　［2］線積分を求める

Sec.4　オイラーの最大業績：オイラーの公式　　　32
　　［1］オイラーの公式は虚数の指数関数の公式
　　［2］複素数は役に立つのか／役に立たないのか
　　［3］複素数には偏角が登場する
　　［4］複素数の微積分
　　［5］オイラーの公式はどのようにして生まれたか
　　［6］オイラーの等式は数学の至宝か人間文化の愚かさの見本か
　　［7］オイラーの公式から三角関数の公式を得る

Sec.5　双曲線関数は指数関数の組み合わせ　　　38
　　［1］双曲線関数とは何か
　　［2］双曲線関数と三角関数は置換積分に便利

Sec.6　物理数学に頻繁に登場する微積分　　　42
　　［1］さまざまな微分の表記法
　　［2］頻繁に登場する微積分の公式
　　［3］導関数の計算と微分の計算

INDEX

    ［4］さまざまな座標系
    ［5］極座標における積分と積分公式

Sec.7　**媒介変数で表される身の回りの曲線**　　　　48
    ［1］媒介変数表示は $y=f(x)$ の束縛からの解放
    ［2］サイクロイド曲線はもっとも速く降りられる滑り台の曲線
    ［3］クロソイド曲線とは何か
    ［4］曲率からクロソイド曲線を求める

Sec.8　**サイクロイド曲線群の面積や長さの計算**　　　　58
    ［1］サイクロイド曲線の仲間
    ［2］サイクロイド曲線の面積と長さ
    ［3］アステロイド曲線の面積と長さ
    ［4］カージオイド曲線の面積と長さ

Sec.9　**2×2の行列と行列式の使い方**　　　　64
    ［1］行列と行列式の意味と用途
    ［2］行列をつくって2元連立1次方程式を解く
    ［3］2元連立1次方程式の解き方を比べる

第2章　高校物理から始まる微分方程式

Sec.1　**高校物理にもあった微分方程式**　　　　72
    ［1］高校物理と微分方程式の代表例
    ［2］自由落下運動と微分方程式（右辺が定数の場合）
    ［3］バネによる振動と微分方程式（右辺が変位に比例する場合）
    ［4］動摩擦がある斜面上の落下運動と微分方程式
    ［5］重力があるバネ振動と微分方程式
    ［6］振り子の運動の微分方程式
    ［7］放射性崩壊の微分方程式
    ［8］コンデンサーの充放電の微分方程式

Sec.2 重力列車のしくみはバネの振動と同じ　　82
[1] 微分方程式がわかれば運動がわかる
[2] 重力列車とは何か

Sec.3 微分方程式はパターンで解く　　86
[1] 求積法で解ける微分方程式
[2] いろいろある微分方程式
[3] 基本的なテクニックその1…変数分離法
[4] 基本的なテクニックその2…定数変化法
[5] 定数係数2階線型微分方程式の解法
[6] 定数係数2階微分方程式の非斉次方程式の解法
[7] 定数係数2階非斉次方程式の一般解の形

Sec.4 直流回路の線型微分方程式を解く　　98
[1] 直流回路の微分方程式
[2] RC 回路の微分方程式を解く
[3] RLC 回路の微分方程式を解く
[4] RLC 回路の微分方程式の解を見る
[5] LC 回路の微分方程式の解
[6] RL 回路の微分方程式の解

Sec.5 減衰振動・強制振動の微分方程式を解く　　106
[1] 微分方程式は自然に共通
[2] バネの減衰振動
[3] 摩擦力>復元力の場合（$b>\omega$、$D>0$）
[4] 摩擦力=復元力の場合（$b=\omega$、$D=0$）
[5] 摩擦力<復元力の場合（$b<\omega$、$D<0$）
[6] バネの強制振動と非斉次方程式
[7] 振動の振幅の変動（$\omega>b$の場合）

Sec.6 雨粒の落下速度はどれくらいか　　118
[1] 空気抵抗のある落下運動
[2] 速度に比例する空気抵抗を受ける落下運動
[3] 速度の2乗に比例する空気抵抗を受ける落下運動
[4] 雨粒の落下速度

INDEX

Sec.7 人口増加や新製品売上の分析に使う曲線を求める　122
　　　［1］マルサスのモデルとロジスティック方程式
　　　［2］上限がないマルサスのモデル
　　　［3］上限があるロジスティック方程式

第3章　偏微分方程式はどう使う

Sec.1 偏微分方程式とは何か　128
　　　［1］物理によく出てくる偏微分方程式
　　　［2］偏微分・全微分の意味するもの
　　　［3］偏微分と接線ベクトル・法線ベクトルの関係

Sec.2 波動方程式をつくる・解く　136
　　　［1］波動方程式が対象とするもの
　　　［2］波動方程式はどうやってつくる
　　　［3］波動方程式の一般解を求める（ダランベールの解）
　　　［4］波動方程式の一般解を求める（変数分離法）
　　　［5］一般解に両端の境界条件を適用する
　　　［6］一般解に $t=0$ の初期条件を適用する

Sec.3 熱伝導方程式をつくる・解く　146
　　　［1］さまざまな偏微分方程式
　　　［2］熱伝導方程式をつくる
　　　［3］熱伝導方程式の定常解を求める
　　　［4］熱伝導方程式の一般解を求める
　　　［5］一般解に両端の境界条件を適用する
　　　［6］一般解に $t=0$ の初期条件を適用する
　　　［7］熱伝導方程式の応用

Sec.4 シュレーディンガー方程式を解く　152
　　　［1］シュレーディンガー方程式とは何か
　　　［2］1次元の定常波のシュレーディンガー方程式を導く
　　　［3］1次元の定常波の境界条件を適用する

Sec.5	包絡線を求める	**158**
	[1] 包絡線は曲線群に接する曲線	
	[2] 包絡線を求める方程式は?	
	[3] 放物線上の円群の包絡線を求める	
	[4] アステロイド曲線の方程式を求める	

第4章　変分法はどう使う

Sec.1	欲しい関数形は変分法で求める	**164**
	[1] 変分はある量の極値を与える関数形を求めるもの	
	[2] オイラーの方程式を求める	
	[3] ベルトラミの公式を求める	
	[4] パターンに応じた変分法の解法	

Sec.2	変分法を適用して曲線を求める	**168**
	[1] 2点間を最短距離で結ぶ曲線を求める	
	[2] 電線が垂れ下がる場合の曲線の形を求める	
	[3] カテナリー曲線の利用例	

Sec.3	もっとも速く滑り降りる滑り台の形を求める	**174**
	[1] 2点間を最短時間で結ぶ曲線の形を求める	
	[2] サイクロイド曲線を降下する時間を求める	
	[3] 地球サイズのサイクロイドトンネルを考える	

第5章　ベクトル解析はどう使う

Sec.1	ベクトル解析からマクスウェルの方程式へ	**182**
	[1] ベクトルと微積分の融合	
	[2] ベクトルの内積と外積	
	[3] ベクトルの grad、div と rot	
	[4] grad は勾配を表す	
	[5] div は発散を表す	

INDEX

　　　　　　　　　［6］rot は回転を表す
　　　　　　　　　［7］grad、div と rot の線型性の確認と相互の演算

Sec.2　ベクトル解析のための線積分、面積分と体積分　　190
　　　　　　　　　［1］線積分、面積分と体積分とは何か
　　　　　　　　　［2］線積分とはどんなものか
　　　　　　　　　［3］面積分とはどんなものか
　　　　　　　　　［4］体積分とはどんなものか

Sec.3　ガウスの発散定理とストークスの定理　　198
　　　　　　　　　［1］ガウスの発散定理とガウスの法則
　　　　　　　　　［2］体積分と面積分を関係づけるガウスの発散定理
　　　　　　　　　［3］面積分と線積分を関係づけるストークスの定理

Sec.4　マクスウェルの方程式を読み解く　　204
　　　　　　　　　［1］マクスウェルの方程式とは何か
　　　　　　　　　［2］電磁波の方程式を導く

第6章　フーリエ変換やラプラス変換はどう使う

Sec.1　フーリエ級数からフーリエ積分まで　　210
　　　　　　　　　［1］三角関数の級数ですべてが表せる
　　　　　　　　　［2］波動方程式の解とフーリエ級数
　　　　　　　　　［3］実数値関数のフーリエ展開
　　　　　　　　　［4］実数値関数の無限区間への拡張：フーリエ積分
　　　　　　　　　［5］複素数関数への拡張：フーリエ変換

Sec.2　フーリエ変換の使い方　　220
　　　　　　　　　［1］フーリエ変換の一般的な用途
　　　　　　　　　［2］フーリエ変換のさまざまな定義
　　　　　　　　　［3］フーリエ変換の一般的な性質
　　　　　　　　　［4］微積分のフーリエ変換
　　　　　　　　　［5］フーリエ変換と畳み込み積分あるいは合成積

　　　　　　［6］デルタ関数とは何か
　　　　　　［7］主な関数のフーリエ変換

Sec.3　フーリエ変換を目で見る　　　　　　　　　　228
　　　　　　［1］パルスをフーリエ変換する
　　　　　　［2］パルス幅を変える

Sec.4　レーザー光のビーム拡散を求める　　　　　　230
　　　　　　［1］ビームの拡散の度合いを積分で求める
　　　　　　［2］ビームの拡散の度合いをフーリエ変換を利用して求める

Sec.5　フーリエ変換で微分方程式を解く　　　　　　232
　　　　　　［1］交流電気回路とフーリエ変換
　　　　　　［2］2階線型斉次微分方程式のフーリエ変換による解法
　　　　　　［3］2階非線型微分方程式のフーリエ変換による解法

Sec.6　フーリエ変換より便利なラプラス変換　　　　236
　　　　　　［1］ラプラス変換とはどういうものか
　　　　　　［2］ラプラス変換とフーリエ変換を数学的に比較する
　　　　　　［3］ラプラス変換とフーリエ変換を実用的に比較する
　　　　　　［4］ラプラス変換の一般的な性質
　　　　　　［5］微積分のラプラス変換
　　　　　　［6］主な関数のラプラス変換
　　　　　　［7］$t \cdot sin(at)$ のラプラス変換
　　　　　　［8］ラプラス変換と畳み込み積分あるいは合成積

Sec.7　ラプラス変換を利用して微分方程式を解く　　244
　　　　　　［1］単振動の常微分方程式を解く
　　　　　　［2］減衰振動の常微分方程式をラプラス変換で解く
　　　　　　［3］摩擦力＞復元力の場合（$b > \omega$、$D>0$）
　　　　　　［4］摩擦力＝復元力の場合（$b = \omega$、$D=0$）
　　　　　　［5］摩擦力＜復元力の場合（$b < \omega$、$D<0$）
　　　　　　［6］減衰のない余弦波の強制振動をラプラス変換で解く
　　　　　　［7］ステップ関数による強制振動をラプラス変換で解く

第1章 物理数学の基礎

本章では、高校数学と本書で述べる微分方程式、偏微分方程式、ベクトル解析、フーリエ変換、ラプラス変換などへの最低限の橋渡しを解説します。途中の大学数学をすべて解説するとたいへんなことになるので、本書の理解に本当に必要な最低限だけです。

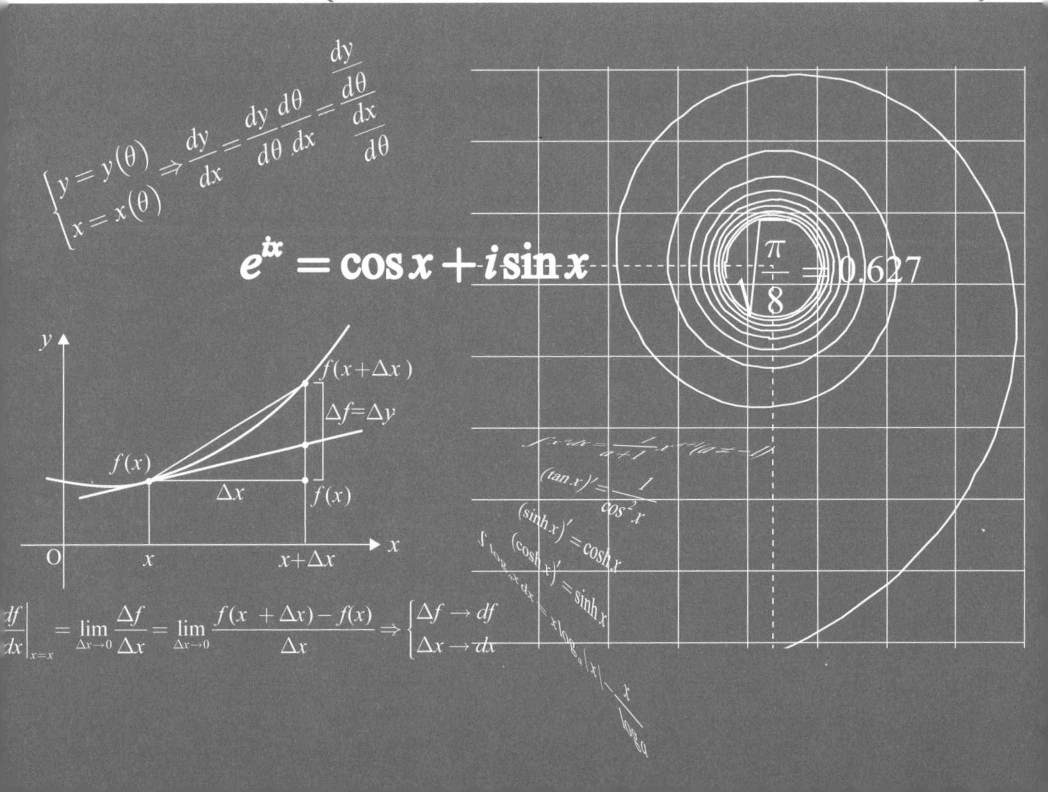

Sec.1 高校の数学と大学の数学はどう違う

[1] 大学数学とは何か

　高校数学は、「高校生が学ぶことを前提とした、範囲や難易度が限定された数学」ですが、この範囲や難易度は大学に入ると完全に撤廃されて、**必要な数学は自分で探せ**、ということになります。そしてそのための基礎の数学が、教養課程など1・2年で学ぶ、主として次の2つの数学です。

　○微積分
　○線型代数

　しかしこれらの他に、集合・論理や統計・確率などの知識や、ベクトル・複素数、数列・級数などの分野の高校レベルの数学がすべて必要となります。その中間に位置するのが、高校数学を出たり入ったりしている行列や複素数平面の数学です。

　物理数学は、主として専門課程の物理・化学や工学で利用する、大学数学の少し上のレベルの数学ですが、実は**物理数学の方がおもしろい数学にあふれています**。本書ではこれを紹介します。そして本章では、大急ぎで高校数学と物理数学の間を埋めることを目指します。

　右頁の図に、高校数学から大学数学への発展の構造を、本書であつかった内容に限って図解しました。また P.17 には本書の章構成を示しました。文字の色の薄い内容は、本書では詳しく解説できなかった内容です。

[2] 高校数学と大学数学の違い：5つのポイント

　高校数学の「範囲」は、難易度を考慮して設定されていて、「複数変数関数」、「ベクトル関数」はあつかいません。「微分方程式」もほとんどあつかいません。しかし大学数学、特に物理数学ではこれらが主人公です。

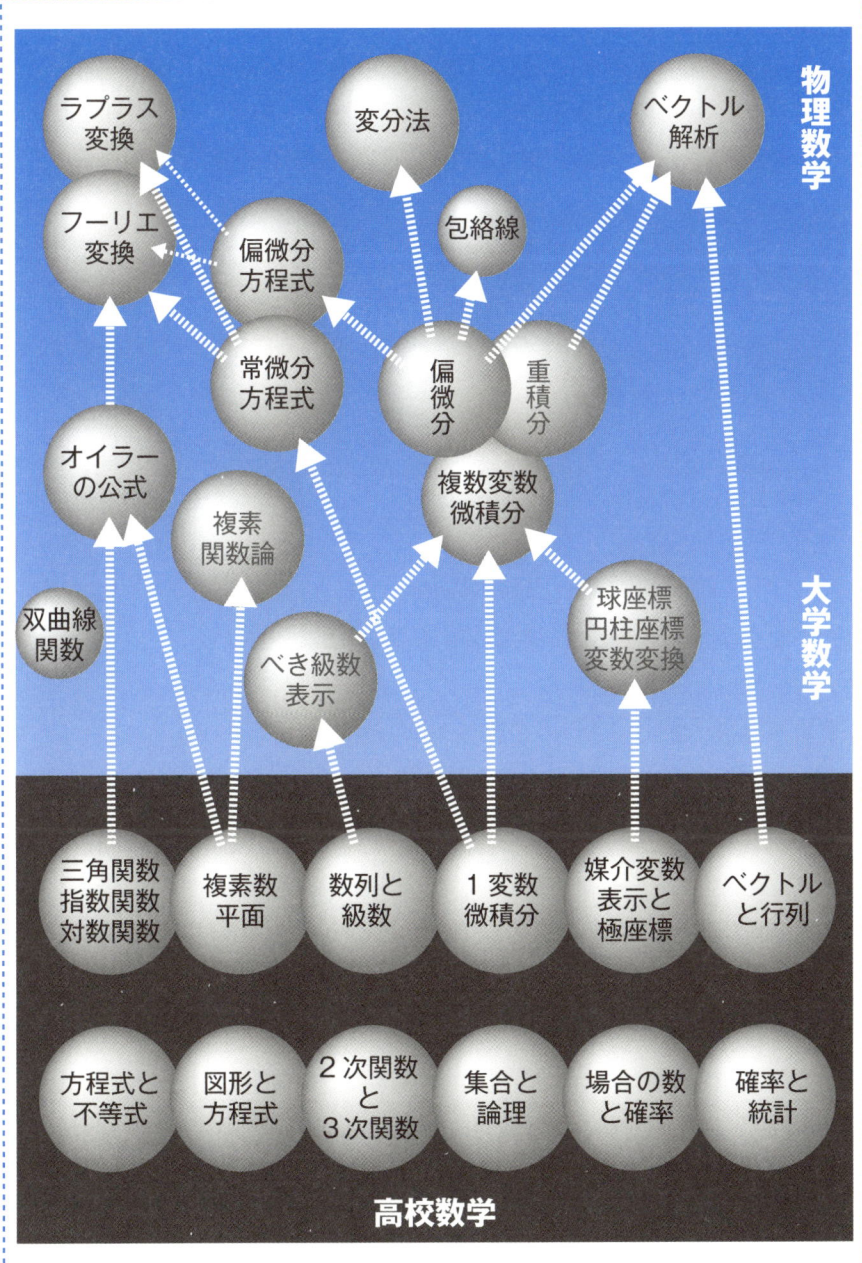

大学数学・物理数学への案内図

第1章 物理数学の基礎

高校数学と大学数学の違いを大きくまとめると次の5点だと思います。

●座標上の微積分から曲線上・曲面上の微積分へ

高校数学では微積分はすべて「座標上」で行われました。すべて「dx」での微積分でした。しかし物理学ではそうはいきません。線素「ds」（曲線の微小部分）や面素「dS」（曲面の微小部分）での微積分が必要になります。

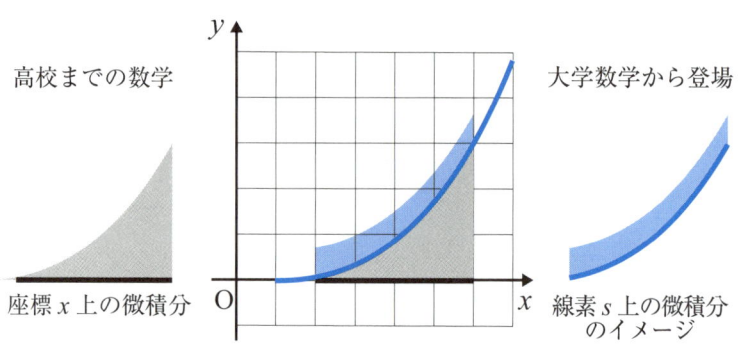

さらにこれらがベクトル解析では線素を線素ベクトル、面素を面素ベクトルで表し、線素や面素はそれらの大きさ（絶対値）を表すことになります。

●変数の数は1つから複数へ

変数が複数になると、1つの変数だけに注目し他の変数を固定して考える「偏微分」や、複数の変数で繰り返し積分する「重積分」が必要になります。**本来は「面積分」も「体積分」もおもしろい部分がたくさんあるのですが、本書ではベクトル解析の説明の過程として簡単に説明しました。**高校物理の新課程にも復活した「慣性モーメント」の計算は、重積分の身近な応用分野の最たるものです。

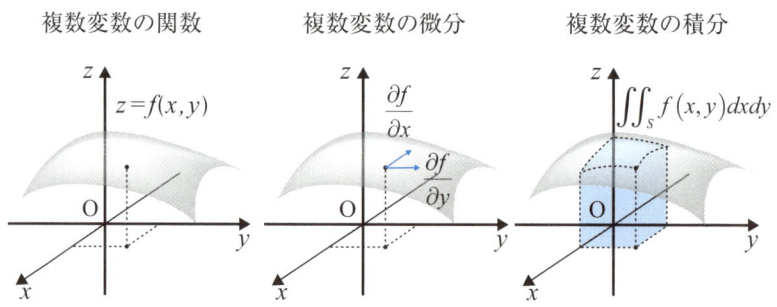

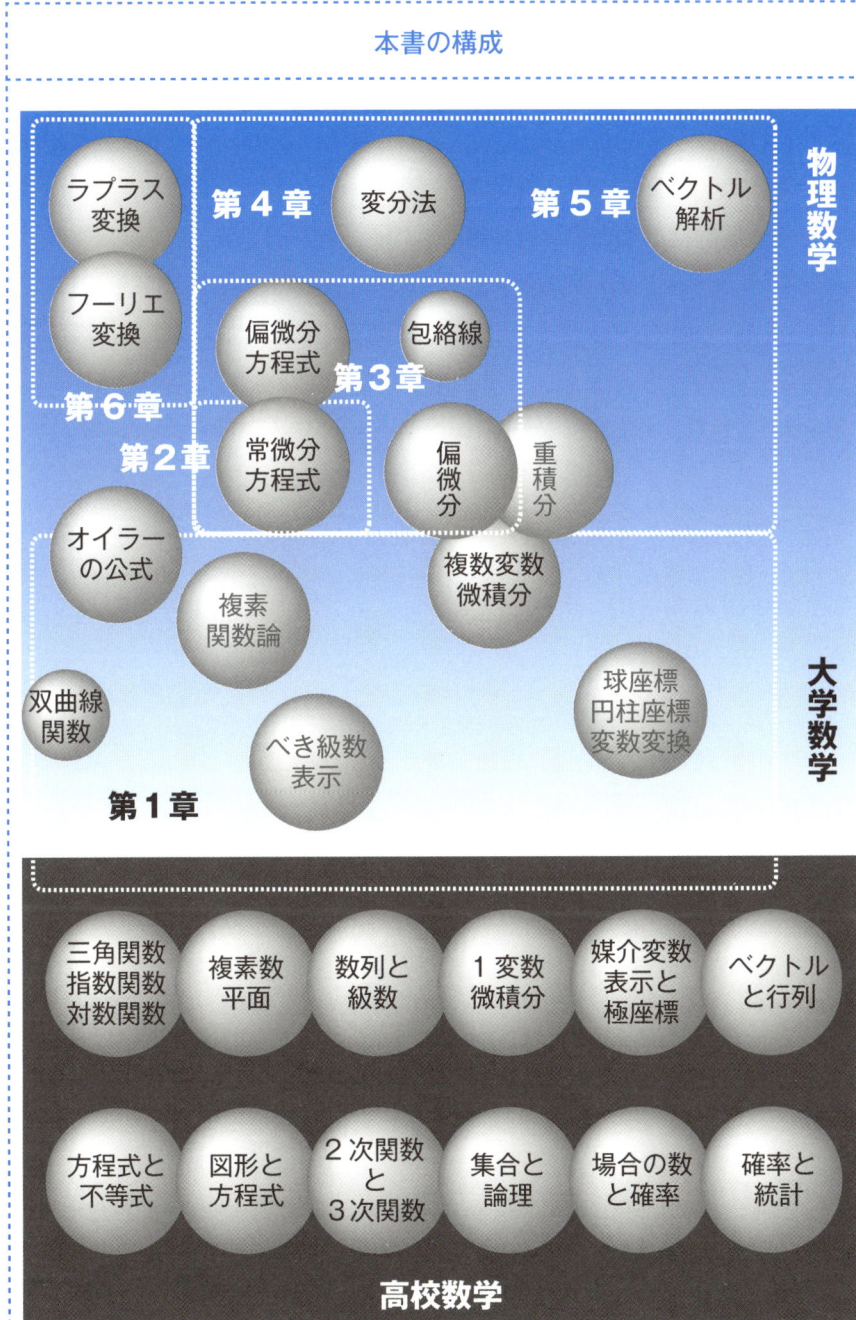

積分にもいろいろあって、**ふつうはスカラー積分**ですが、複数の成分を考える**ベクトル積分**も登場します（スカラーは大きさだけの量、ベクトルは複数のスカラーの組み合わせで方向を持った量）。ただし線積分も面積分もベクトルどうしの内積の積分なので、実際はスカラー積分です。

● すべての関数はべき級数で表される

高校数学で「数列と級数」を学びましたが、これの最大の応用分野が「べき級数」です。その中でも「テイラー展開」がもっとも有用で、「（無限回微分可能な）関数をべき級数で表す」というものです。これは大学数学では非常に重要な分野であり、後述するオイラーの公式も正式にはべき級数展開で証明します。

べき級数
$$f(x) = \sum_{n=0}^{\infty} a_n x^n = a_0 + a_1 x + a_2 x^2 + \cdots + a_n x^n + \cdots$$

べき級数展開の一種：テイラー展開
$$f(x) = \sum_{n=0}^{\infty} \frac{f^{(n)}(a)}{n!}(x-a)^n = f(a) + f'(a)(x-a) + \frac{f''(a)}{2!}(x-a)^2 + \cdots + \frac{f^{(n)}(a)}{n!}(x-a)^n +$$

しかし数列は構成や表記が複雑で理解するには慣れが必要であり、本書で述べる物理数学には登場しないので、本書ではほとんど触れていません。

● 微分方程式の登場

微分方程式は、高校の物理では「運動方程式」として、実質的には登場していましたが、数学的にあつかうのは大学数学からです。下図に示すように、変位の大きさに比例する逆向きの力が働くのが「単振動」であり、ここまでは高校数学の範囲ですが、これに抵抗や外力が加わるのが大学物理の範囲です。

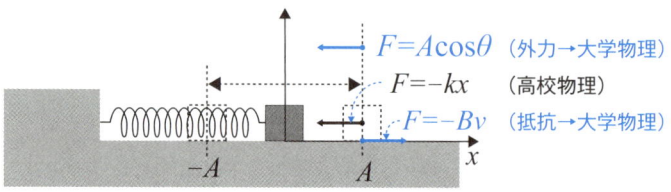

あつかう内容が増えるにつれて、微分方程式の項が増えていきます。

	運動方程式	微分方程式
自由振動 （高校物理）	$m\dfrac{d^2x}{dt^2} = -kx$	$\Rightarrow \dfrac{d^2x}{dt^2} + \omega^2 x = 0$
減衰振動 （大学物理）	$m\dfrac{d^2x}{dt^2} = -kx - B\dfrac{dx}{dt}$	$\Rightarrow \dfrac{d^2x}{dt^2} + 2b\dfrac{dx}{dt} + \omega^2 x = 0$
強制減衰振動 （高校物理）	$m\dfrac{d^2x}{dt^2} = -kx - B\dfrac{dx}{dt} + A\cos\omega_a t$	$\Rightarrow \dfrac{d^2x}{dt^2} + 2b\dfrac{dx}{dt} + \omega^2 x = a\cos\omega_a t$

　微分方程式は、物理的な運動を解析するためにもっとも重要なツールです。速度・加速度または電気量・電流をあつかうためには2次導関数で十分であり、本書のいたるところで「2階微分方程式」（導関数の最高次が2次）が登場します。

　また、自然界には場所と時間という複数の変数で支配される運動が非常に多く、そのためには偏微分方程式が大きな役割を果たします。この例として本書では、「波動方程式」「熱伝導（拡散）方程式」「シュレーディンガー方程式」の3つを取り上げました。

　熱伝導方程式の解析から始まった「フーリエ級数」は、「フーリエ積分」から「フーリエ変換」に発展し、フーリエ変換は位置と波数あるいは波長と振動数という表裏の関係にある2つの物理量の間での変換をうまく利用して微分方程式を解く、極めて有用な手段です。しかしこのような背景はなくとも、微分方程式を解くには、一般的には「ラプラス変換」の方が簡単で便利です。

フーリエ変換	ラプラス変換
$F[\cos(ax)] = \sqrt{2\pi}\dfrac{\delta(\omega-a)+\delta(\omega+a)}{2}$	$L[\cos(at)u(t)] = \dfrac{s}{s^2+a^2}$
$F[\sin(ax)] = i\sqrt{2\pi}\dfrac{\delta(\omega+a)-\delta(\omega-a)}{2}$	$L[\sin(at)u(t)] = \dfrac{a}{s^2+a^2}$

●三角関数と指数関数はオイラーの公式で統合される

　高校数学しか知らない読者にとっては、これが最初で最大の難関でしょう。実数で構成されている世界の裏側に、複素数という目には見えないものがあって、ここまでは高校数学でも学びますが、これを活用すると三角関数と指数関数が「兄

弟関数」であることがわかります。そして、1つの微分方程式の解が三角関数と指数関数に分岐します。

$$e^{ix} = \cos x + i\sin x$$
$$e^{x+iy} = e^x(\cos y + i\sin y)$$

なお複素平面から発展した複素関数論も物理数学の1つの分野なのですが、非常に数学的で、結果を利用するという以外にはあまり重要にならないので、本書では解説していません（ラプラス変換では本当は重要です）。

[3] 高校数学と大学数学の関数の違い：3つのポイント

高校数学であつかう関数と大学数学であつかう関数の違いは、大きくまとめると次の3点だと思います。

●有限次数から無限次数へ

高校数学では2次関数や3次関数が最大次数の関数でしたが、これらの多項式関数の次数が大学では無限次数まで上がります（多項式関数のことを高校では整関数と呼んでいましたが、大学数学ではこれは誤りとされます。他に整関数と呼ばれる関数があるのです）。べき級数は無限次数の関数をあつかうものです。

●便利な関数は使う

高校数学では多項式関数の他に使うものは、三角関数、指数関数、対数関数だけに制限されていましたが、大学では「すべての関数」を使います。制限があると微分方程式が解けないのです。

その中で、本書で三角関数・指数関数について登場頻度が高い関数は「双曲線関数」でしょう。これは三角関数と対をなす関数です。この他に逆三角関数、逆双曲線関数も使いますし、$y=f(x)$と書けない場合はどんどん媒介変数表示を利用します。

●ない関数はつくる

こう聞くとショッキングかもしれませんが、数学の究極的な目標は「すべての問題を解く」ことなので、「初等関数」といって、「実数または複素数の関数で、多項

式関数、指数関数、対数関数、三角関数、逆三角関数の加減乗除およびそれらの合成関数によって表示できる関数」で表されない「特殊関数」が、歴史上数多くつくられてきました。

絶対値関数も特殊関数の中に含まれるので、初等関数以外がすべて特殊関数というわけではありませんが、多くは初等関数では表されず、積分やべき級数でしか定義できない関数です。

ただし本書では、絶対値関数やデルタ関数以外の特殊関数はむずかしいのであつかいません。下表に初等関数と特殊関数の関係を示します。背景が薄いブルーの関数は本書であつかいます、背景がグレーの関数は本書の対象外です。

初等関数と特殊関数の種類

	特殊関数以外	特殊関数	
初等関数	多項式関数		
	分数関数		
	三角関数		
	逆三角関数		
	指数関数		
	対数関数		
	双曲線関数		
	逆双曲線関数 他		
初等関数以外		簡単な関数	絶対値関数
			デルタ関数
		べき級数や積分で定義される主な関数	楕円関数
			ベッセル関数
			ルジャンドル多項式
			ガンマ関数
			ベータ関数
			ゼータ関数
			誤差関数 他

Sec.2 高校微積分と大学微積分はどう違う

［1］微分とは何か

　高校数学では、「微分」自体が何を意味するのかはあまりはっきりしていなかったのではないでしょうか。高校の教科書では「導関数を得ることが微分すること」という定義があり、導関数を微分と考えていたのではないでしょうか。しかし大学数学では、この「微分」がもっとはっきりとした意味を持って使われます。

●微分と導関数はどう違う

　微分は「dx」を意味します。dx が x の微分、df が f の微分です。$y=f(x)$ の場合は $df=dy$ です。そして導関数 dy/dx は微分の商です。これがどのように使われるのかを大学数学で見てみましょう。

●dxとΔxはどう違う

　微積分では、Δx と dx は学生諸君の悩みの種のようです。本書でもこれらはよく登場します。その違いは、Δx が「有限な大きさを持つ長さ」であるのに対し、dx の大きさは「無限小」です。これは次の微分のしくみを見ると明らかでしょう。

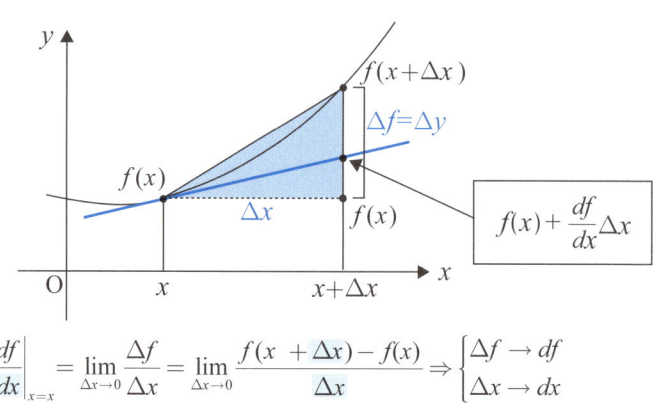

$$\left.\frac{df}{dx}\right|_{x=x} = \lim_{\Delta x \to 0}\frac{\Delta f}{\Delta x} = \lim_{\Delta x \to 0}\frac{f(x+\Delta x)-f(x)}{\Delta x} \Rightarrow \begin{cases} \Delta f \to df \\ \Delta x \to dx \end{cases}$$

lim Δx → 0 を取る前の式では、大きさのある Δx を利用して x の増分 Δx に対する f の増分 Δf の比を表す式を求めており、そこで Δx → 0 の極限を取って得られるものが df/dx です。したがって、**Δx と Δf** には大きさがあり、それらの微小な極限が微分 ***dx***、***df*** です。

[2] 合成関数の微分の表記が変わる

高校からよく使われていた合成関数の微分の表記は、大学では次のように表記されます（数Ⅲではこのような表記が使われていることもあります）。

$$\frac{d}{dx}f(g(x)) = f'(g(x))g'(x) \Leftrightarrow \frac{df}{dx} = \frac{df}{dg} \cdot \frac{dg}{dx}$$

　　　　高校数学での表記　　　　大学数学での表記

「$dy/dx = dy/dt \cdot dt/dx$」というような一見複雑に見える表記は、物理数学では頻繁に登場します。導関数が微分の商であることがわかった今、これらを「微分の約分」と見れば、わかりやすく見えてくるのではないでしょうか。これは決して約分ではないのですが、「約分のような操作」ではあります。

上の表記が意味するものは、関数 $f(x)$ の導関数 df/dx は、$f(x)$ に含まれる何かのパラメータ g を使って、いつでも ***df/dg · dg/dx*** のように分解できる、ということです。例を示しましょう。

たとえば $y = f(x) = \sin x^2$ という関数の導関数を求める場合、これは $y = \sin x$ の中の x に $g(x) = x^2$ という関数が入れ子になって合成された $y = f(g(x))$ の形の関数です。その微分を高校数学では次のように表記します。

$$f'(x) = f'(g(x))g'(x) = \cos g(x) \cdot 2x = 2x \cos x^2$$

これが大学数学では次のように変わります。この方がわかりやすく書きやすいのです。見慣れればすぐに慣れると思います。

$$\frac{df}{dx} = \frac{df}{dg}\frac{dg}{dx} = \cos x^2 \cdot 2x = 2x \cos x^2$$

合成関数と逆関数の微分の証明

●合成関数の微分の証明

$$\frac{d}{dx}f(g(x)) = \lim_{\Delta x \to 0} \frac{f(g(x+\Delta x)) - f(g(x))}{\Delta x}$$

$$= \lim_{\Delta x \to 0} \frac{f(g(x+\Delta x)) - f(g(x))}{g(x+\Delta x) - g(x)} \cdot \frac{g(x+\Delta x) - g(x)}{\Delta x}$$

微分の定義式の分母分子に、$g'(x)$ が得られるように、同じものをかける。

$$\Delta g \equiv g(x+\Delta x) - g(x)$$

$$\Rightarrow \begin{cases} g(x+\Delta x) = g + \Delta g \\ g(x) = g \\ \Delta x \to 0 \Rightarrow \Delta g \equiv g(x+\Delta x) - g(x) \to 0 \end{cases}$$

Δg はこのように定義できる。するとこれらの関係が得られる。

$$\therefore \frac{d}{dx}f(g(x)) = \lim_{\substack{\Delta x \to 0 \\ \Delta g \to 0}} \frac{f(g+\Delta g) - f(g)}{(g+\Delta g) - g} \cdot \frac{g(x+\Delta x) - g(x)}{\Delta x}$$

$$= \lim_{\Delta g \to 0} \frac{f(g+\Delta g) - f(g)}{\Delta g} \cdot \lim_{\Delta x \to 0} \cdot \frac{g(x+\Delta x) - g(x)}{\Delta x}$$

$$= \frac{d}{dg}f(g) \cdot \frac{d}{dx}g(x) = \frac{df}{dg} \cdot \frac{dg}{dx}$$

微分計算が2つに分解できて、結果はそれぞれの導関数の積になる。

●逆関数の微分の証明

$$\frac{dx}{dy} = \lim_{\Delta y \to 0} \frac{g(y+\Delta y) - g(y)}{\Delta y}$$

$$y = f(x) \Leftrightarrow x = g(y)$$

$$\Rightarrow \begin{cases} \Delta y \equiv f(x+\Delta x) - f(x) \Leftrightarrow \Delta x \equiv g(y+\Delta y) - g(y) \\ \Delta x \to 0 \Rightarrow \Delta y \to 0 \end{cases}$$

Δy はこのように定義できる。

$$\therefore \frac{dx}{dy} = \lim_{\Delta x \to 0} \frac{\Delta x}{f(x+\Delta x) - f(x)}$$

するとこの関係が得られる。

$$= \lim_{\Delta x \to 0} \frac{1}{\frac{f(x+\Delta x) - f(x)}{\Delta x}} = \frac{1}{\lim_{\Delta x \to 0} \frac{f(x+\Delta x) - f(x)}{\Delta x}} = \frac{1}{\frac{dy}{dx}}$$

これと同様に「導関数の逆数」も定義できますが、これは**導関数の分母・分子の微分を交換したもの**です。微分する側と微分される側をひっくり返すと、これは「逆関数の導関数」になります。

[3] 逆関数の導関数は導関数の逆数

導関数 dy/dx の逆数 dx/dy も頻出します。これは、$y=f(x)$ を逆に解いて得られる $x=g(y)$ の導関数に他なりません。この関係があると、逆関数の導関数が次のように容易に求められます（数IIIではこのような表記が使われていることもあります）。

$$\frac{dx}{dy} = \frac{1}{\frac{dy}{dx}}$$

たとえば $y=f(x)$ の逆関数の微分 dy/dx は、逆関数が計算しにくい場合は dx/dy を求めてその逆数を求めればよいということになります。この証明を左頁に示します。

何を言っているのかわかりにくいかもしれないので例を挙げます。もっとも簡単で見慣れた例は $y=f(x)=x^2$ の逆関数でしょう。この逆関数は $x=f^{-1}(y)=y^{1/2}$ です。$df/dx=2x$ でありその逆数は $dx/df=1/(2x)$ ですが、これは $df^{-1}/dy=(1/2)y^{-1/2}=1/(2x)$ で、両者が一致するというわけです。この関係を用いると、媒介変数（P.48 参照）で表示された関数の導関数も次のように簡単に得ることができます。

$$\begin{cases} y = y(\theta) \\ x = x(\theta) \end{cases} \Rightarrow \frac{dy}{dx} = \frac{dy}{d\theta}\frac{d\theta}{dx} = \frac{\frac{dy}{d\theta}}{\frac{dx}{d\theta}}$$

導関数が、パラメータを使っていつでも分解できる、約分可能、逆関数の導関数はもとの関数の導関数の逆数、という性質を利用して、**導関数の上下を分割して分母・分子の微分を個別に取り扱う微分演算**は、物理数学ではよく登場します。

［4］物理数学のための微積分の予備知識
●微分方程式と積分の関係
　第2章以降で登場する「微分方程式を解く」ということは、「微分方程式を積分する」ということです。ということは、本書の大半が積分操作です。そのために、積分が持つ性質をここでおさらいしておきます。

　物理現象における物理量の相互の関係に微積分が密接に関係しています。高校の物理は微積分を利用しない物理でしたが、たとえば距離、速度、加速度の関係はまさに微積分で関係づけられています。これは第2章で再度解説します。

$$v = \frac{dx}{dt} \quad \alpha = \frac{dv}{dt} = \frac{d^2x}{dt^2}$$
$$x = \int v(x)dt \quad v = \int \alpha(x)dt$$

　運動に関する微分方程式は、主に速度 v と加速度 dv/dt の微分方程式になります。大学の物理では、微分方程式をフルに利用します。したがって、微分と積分が逆の関係にあることは重要です。

●不定積分と原始関数の関係の再確認
　積分は微分とは逆の操作として定義されます。ある関数 $f(x)$ に対して、導関数が $f(x)$ になる関数、すなわち $F'(x) = f(x)$ となる関数 $F(x)$ を関数 $f(x)$ の「原始関数」といい、これらの関係は次のように表します。

$$F(x) = \int f(x)dx \Leftrightarrow f(x) = F'(x)$$

　定数 C を微分すると 0 になるので、**原始関数には定数 C の自由度**があり、**原始関数は無数**にあります。これらをまとめて不定積分といいます（ただし、まれに不定積分と原始関数が同義に用いられていることがあります）。

$$G(x) = F(x) + C \Rightarrow G'(x) = F'(x)$$
$$F(x) = \int f(x)dx + C$$

● **微積分に共通の線型性と斉次性**

数学において「線型性」とは、次の2つの性質が満たされることです。物理学や工学において「線型性」は物理量の相互関係がシンプルであることを意味します。

- ●加法性： $f(x+y) = f(x) + f(y)$
- ●斉次性： $f(ax) = af(x)$

ベクトルや行列およびこれらによって表すことができる「線型のシステム」では、初期値を与えてやればその後の挙動が直線的に予測できるという長所があります。また微分方程式では、線型性を満たす線型方程式や、上の「斉次性」が成立する斉次微分方程式がもっとも解きやすい微分方程式です。

微積分の計算は、この性質によって簡単になっています。微分方程式でもフーリエ変換でもラプラス変換でもこの性質は確認して利用しますが、その根本である微積分でこれらの性質が成立することをよく覚えておいてください。

$$\text{微分} \quad \frac{d}{dx}[af(x)+bg(x)] = a\frac{d}{dx}f(x) + b\frac{d}{dx}g(x)$$

$$\text{積分} \quad \int[af(x)+bg(x)]dx = a\int f(x)dx + b\int g(x)dx$$

たとえば1次関数は、一般的には線型ではなく、y切片が0の場合だけ線型となります。これはyの増分がxの増分に比例するということです。

$$f(x) \equiv ax+b$$
$$f(px+qy) = a(px+qy) + b = p \cdot ax + q \cdot ay + b$$
$$pf(x) + qf(x) = p \cdot ax + q \cdot ay + 2b$$
$$f(px+qy) = pf(x) + qf(x) \Rightarrow b=0$$

あるいは三角関数 $\sin x$ に関しては、その積分には線型性が成立しますが、その引数 x には線型性が成立しないので、正弦波の強制振動が加わる振動の微分方程式は非線型方程式となります。

$$\sin(ax) \neq a\sin(x), \quad \sin(ax+by) \neq a\sin(x) + b\sin(y)$$

$$\int[a\sin x + b\cos x]dx = a\int \sin x\, dx + b\int \cos x\, dx$$

Sec.3 座標上の微積分から曲線上の微積分へ

［1］曲線の線素を求める

●線素の微分とは何か

　P.16 で、大学数学では微積分は「座標上」から「曲線上」に拡張されることを述べました。線素 ds を積分して求める**曲線の長さ**の計算が、高校数学に最近追加されましたが、読者の大半の方々にとってはなじみのないお話でしょう。

　「座標上」から「曲線上」に拡張するためには、座標 (x,y) と線素 ds（線の微小部分）との関係が必要です。それは「ピタゴラスの定理」から得られます。下図に示す通り、線素の大きさの平方は x と y の微分の平方和です。これをパラメータ t の 2 乗で割れば、線素の導関数と x と y の導関数の関係が得られます。

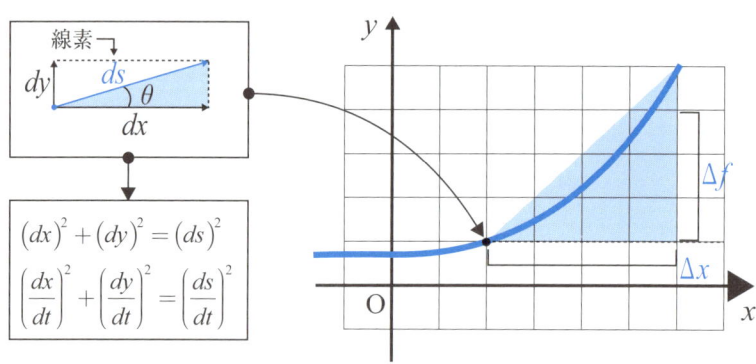

　このパラメータが時間 t の場合には「線分上の速度の平方は x 方向速度と y 方向速度の平方和に等しい」ということになります。たとえば $y=x$ の直線上の速度は x 方向速度の $\sqrt{2}$ 倍になります。

● 線素の微分をxy座標で表す

線素を xy 座標で表すこともできます。それにはパラメータ t を x とおくだけです。この置き換えにより次の公式が得られます。

$$ds = \sqrt{\left(\frac{dx}{dt}\right)^2 + \left(\frac{dy}{dt}\right)^2}\, dt = \sqrt{1 + \left(\frac{dy}{dx}\right)^2}\, dx$$

たとえばここで、$y=x^2$ とおくと、放物線上の線素がわかります。

$$y = x^2 \Rightarrow ds = \sqrt{1 + (2x)^2}\, dx = \sqrt{1 + 4x^2}\, dx$$

［2］線積分を求める

線素 ds を、時間などのパラメータで積分すると線分の長さを求めることができます。これは物理数学では頻繁に登場します。

$$L = \int_a^b ds = \int_{t(a)}^{t(b)} \frac{ds}{dt}\, dt = \int_{t(a)}^{t(b)} \sqrt{\left(\frac{dx}{dt}\right)^2 + \left(\frac{dy}{dt}\right)^2}\, dt$$

● もっとも簡単な例：円周の長さの計算

この場合は座標を媒介変数を使って表すと計算が非常に簡単になります。

$$\begin{cases} x^2 + y^2 = R^2 \\ x = R\cos\theta \\ y = R\sin\theta \end{cases} \Rightarrow \begin{aligned} L &= \int_a^b ds = \int_0^{2\pi} \sqrt{\left(\frac{dx}{d\theta}\right)^2 + \left(\frac{dy}{d\theta}\right)^2}\, d\theta \\ &= \int_a^b \sqrt{(-R\sin\theta)^2 + (R\cos\theta)^2}\, d\theta \\ &= \int_a^b R\, d\theta = R\left[\theta\right]_0^{2\pi} = 2\pi R \end{aligned}$$

● かなり面倒な例：放物線の長さの計算

媒介変数表示された曲線の長さは比較的簡単なのですが、$y = f(x)$ で表された曲線の長さの計算はかなり大変です。2次関数の曲線の長さの計算過程は、

よく大学入試に出題されるなので、ここで紹介しましょう。それは「$(0,0)$ から $(1,1)$ までの $y=x^2$ 上の長さを求めよ」というものです。ただしこの計算は、次節で解説する「双曲線関数」を利用するとかなり簡単になります。

この計算は次の積分を行うということです。

$$L = \int_0^1 \sqrt{1+(2x)^2}\,dx = \int_0^1 \sqrt{1+4x^2}\,dx$$

この積分では、高校数学では次の置き換えが常套手段です。

$$2x \equiv \tan\theta \Rightarrow \sqrt{1+4x^2} = \sqrt{1+\tan^2 x} = \frac{1}{\cos\theta}$$

$$dx = \frac{1}{2}d\left(\frac{\sin\theta}{\cos\theta}\right) = \frac{1}{2}\frac{\cos^2\theta + \sin^2\theta}{\cos^2\theta}d\theta = \frac{d\theta}{2\cos^2\theta}$$

$$\therefore L = \int_0^{\tan^{-1}2} \frac{1}{\cos\theta}\frac{dx}{d\theta}d\theta = \int_0^{\tan^{-1}2} \frac{1}{\cos\theta}\frac{d\theta}{2\cos^2\theta}$$

$$= \frac{1}{2}\int_0^{\tan^{-1}2} \frac{d\theta}{\cos^3\theta} = \frac{1}{2}\int_0^{\tan^{-1}2} \frac{\cos\theta d\theta}{\cos^4\theta} = \frac{1}{2}\int_0^{\tan^{-1}2} \frac{\cos\theta d\theta}{(1-\sin^2\theta)^2}$$

この積分でも再度置き換えが必要です。境界値も計算しておきます。

$$\sin\theta \equiv t \Rightarrow dt = \cos\theta d\theta$$

$$\theta = \tan^{-1}2 \Rightarrow \tan\theta = 2 \Rightarrow 1+\tan^2\theta = \frac{1}{\cos^2 x} = 5 \Rightarrow \sin\theta = \sqrt{1-\frac{1}{5}} = \frac{2}{\sqrt{5}}$$

すると積分は次のようになります。

$$\therefore 2L = \int_0^{\frac{2}{\sqrt{5}}} \frac{dt}{(1-t^2)^2} = \int_0^{\frac{2}{\sqrt{5}}} \frac{dt}{(1-t)^2(1+t)^2} = \frac{1}{4}\int_0^{\frac{2}{\sqrt{5}}} \left[\frac{1}{1-t}+\frac{1}{1+t}\right]^2 dt$$

$$\therefore 8L = \int_0^{\frac{2}{\sqrt{5}}} \left[\frac{1}{1-t}+\frac{1}{1+t}\right]^2 dt = \int_0^{\frac{2}{\sqrt{5}}} \left[\frac{1}{(1-t)^2}+\frac{1}{(1+t)^2}+\frac{2}{1-t^2}\right]dt$$

$$= \int_0^{\frac{2}{\sqrt{5}}} \frac{dt}{(1-t)^2} + \int_0^{\frac{2}{\sqrt{5}}} \frac{dt}{(1+t)^2} + \int_0^{\frac{2}{\sqrt{5}}} \frac{2}{1-t^2}dt$$

$$= \int_0^{\frac{2}{\sqrt{5}}} (1-t)^{-2}dt + \int_0^{\frac{2}{\sqrt{5}}} (1+t)^{-2}dt + \int_0^{\frac{2}{\sqrt{5}}} \left[\frac{1}{1-t}+\frac{1}{1+t}\right]dt$$

$$= \left[(1-t)^{-1}\right]_0^{\frac{2}{\sqrt{5}}} + \left[-(1+t)^{-1}\right]_0^{\frac{2}{\sqrt{5}}} + \left[-\log(1-t)+\log(1+t)\right]_0^{\frac{2}{\sqrt{5}}}$$

$$= \left[\frac{1}{1-\frac{2}{\sqrt{5}}} - 1\right] - \left[\frac{1}{1+\frac{2}{\sqrt{5}}} - 1\right] + \left[\log\frac{1+t}{1-t}\right]_0^{\frac{2}{\sqrt{5}}}$$

$$= \frac{\sqrt{5}}{\sqrt{5}-2} - \frac{\sqrt{5}}{\sqrt{5}+2} + \left(\log\frac{1+\frac{2}{\sqrt{5}}}{1-\frac{2}{\sqrt{5}}} - 0\right)$$

$$= \sqrt{5}\left(\sqrt{5}+2\right) - \sqrt{5}\left(\sqrt{5}-2\right) + \log\frac{\sqrt{5}+2}{\sqrt{5}-2}$$

$$= 4\sqrt{5} + \log\left(\sqrt{5}+2\right)^2 = 4\sqrt{5} + 2\log\left(2+\sqrt{5}\right)$$

$$\therefore L = \frac{\sqrt{5}}{2} + \frac{\log\left(2+\sqrt{5}\right)}{4}$$

どうです。恐ろしく大変でしょう？

この計算を高校数学の範囲でやろうとすると、他にもいくつか方法はあるのですが、どれも恐ろしく手間がかかります。また最初の関数に適用できる積分公式もあるのですが、これを暗記するのもまた大変です。しかし、次節で解説する「双曲線関数」を利用すると計算が非常に簡単になります。**高校数学にはない新しいツールを使うと数学が簡単になる**のです。

途中までをここに書いておき、その続きは P.40 で解説します。

$$\begin{cases} 2x = \sinh t \\ dx = \frac{1}{2}\cosh t\, dt \end{cases} \Rightarrow \begin{cases} x = 1 \Rightarrow t = \sinh^{-1}2 \equiv a\,(>0) \\ x = 0 \Rightarrow t = 0 \end{cases}$$

$$L = \frac{1}{2}\int_0^a \sqrt{1+\sinh^2 t}\,\cosh t\, dt = \frac{1}{2}\int_0^a \cosh^2 t\, dt$$

面積計算と逆関数の積分を利用すると次の公式が得られます、これを利用すれば計算はもう少し楽になりますが、暗記できる公式ではないでしょう。

$$\int\sqrt{x^2+1}\,dx = \frac{1}{2}\log\left(x+\sqrt{1+x^2}\right) + \frac{1}{2}x\sqrt{1+x^2}$$

Sec.4 オイラーの最大業績:オイラーの公式

[1] オイラーの公式は虚数の指数関数の公式

有名な数学者オイラーの名前は本書の中で随所に登場しますが、オイラーの最大の発見は「指数関数の指数を虚数にすると三角関数で構成される複素数になる」という、この「オイラーの公式」の発見であるといっても言い過ぎではないでしょう。

$$\text{オイラーの公式} \quad e^{ix} = \cos x + i \sin x$$

この、一種トンデモナイ公式は、高校数学では出てきませんが、大学数学ではかなり早い時期に学びます。この関係によって、電気力学や量子力学が大きく発展しました。本書でも頻繁に登場します。

指数関数の指数を複素数にすると、**指数関数と三角関数は兄弟関数**ということがよくわかります。指数関数の複素数の指数の実数部分が**指数**関数として残り、虚数部分が三角関数の組み合わせの複素数として表れるのです。

$$e^{x+iy} = e^x (\cos y + i \sin y)$$

[2] 複素数は役に立つのか／役に立たないのか

複素数は、実数に加えて「$i^2=-1$」という条件を満たす「虚数単位」を使ってつくられた、「実数1と虚数 i の1次結合」です。1次結合とは、たとえば2つのベクトル **a**,**b** に対して1次の係数 (x,y) をかけて合計した $x\mathbf{a}+y\mathbf{b}$ の形の和のことです。

なぜ虚数が必要かというと、これがなければ「判別式が負の2次方程式の根

がない」ことになってしまい、非常に不都合な世界ができあがります。2次方程式の解の公式を判別式の符号で分解してください。途中で「2乗して−1になる数」として虚数を使っています。

$$ax^2 + bx + c = 0$$

$$a\left(x + \frac{b}{2a}\right)^2 = a\left(\frac{b}{2a}\right)^2 - c = \frac{b^2 - 4ac}{4a}, \quad \left(x + \frac{b}{2a}\right)^2 = \frac{b^2 - 4ac}{(2a)^2}$$

$$\Rightarrow x = \frac{-b \pm \sqrt{b^2 - 4ac}}{2a} \quad \text{これがふつうの公式ですが、判別式 } D \text{ の正負で場合分けすると、}$$

$$b^2 - 4ac \equiv D$$

$$\begin{cases} D \geq 0: & x + \dfrac{b}{2a} = \pm \dfrac{\sqrt{D}}{2a} \Rightarrow x = \dfrac{-b \pm \sqrt{D}}{2a} \\ D < 0: & x + \dfrac{b}{2a} = \pm \dfrac{\sqrt{-D}}{2a} = \pm \dfrac{\sqrt{(i)^2 D}}{2a} \Rightarrow x = \dfrac{-b \pm i\sqrt{D}}{2a} \end{cases}$$

ここで虚数単位 i が登場します。

　虚数は、数学にうとい層には「目に見えない数＝役に立たない数」と酷評されることもありますが、実際には「目に見えないけれどもたいへん役に立つ数」「現代科学の成立には不可欠な数」というのが正しい評価です。

　本書でも随所で触れますが、左頁に示した関係は「三角関数は虚数の指数関数である」ということを表しており、微分方程式の中に上の2次関数が出てきた場合には、

○判別式が正の場合⇒解は指数関数
○判別式が負の場合⇒解は三角関数（虚数の指数関数）

という解に帰着します。つまり、三角関数が出てくる微分方程式では、かならず虚数が登場します。

　つまり、振動運動の背景には虚数があり（P.92参照）、交流電気回路の電流の振動の背景にも虚数があり（P.102参照）、シュレーディンガー方程式の解は減衰解と振動解が接続されて構成されますが（P.155参照）、減衰解は指数関数、振動解は三角関数で表されます。

指数に実数と虚数が両方ある場合は、実数が減衰運動を、虚数が振動運動を表し、組み合わさって振動しながら減衰する運動を表します（P.102, P.111 参照）。

[3] 複素数には偏角が登場する

複素数は、次のように表されます。

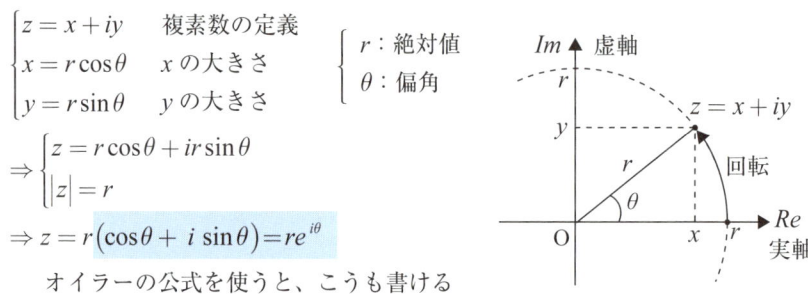

$$\begin{cases} z = x + iy & 複素数の定義 \\ x = r\cos\theta & xの大きさ \\ y = r\sin\theta & yの大きさ \end{cases} \quad \begin{cases} r：絶対値 \\ \theta：偏角 \end{cases}$$

$$\Rightarrow \begin{cases} z = r\cos\theta + ir\sin\theta \\ |z| = r \end{cases}$$

$$\Rightarrow z = r(\cos\theta + i\sin\theta) = re^{i\theta}$$

オイラーの公式を使うと、こうも書ける

つまり複素数は、実軸上の点の大きさが同じ複素数に、複素数 $\cos\theta + i\sin\theta = e^{i\theta}$ をかけたものに相当します。

[4] 複素数の微積分

またオイラーの公式は複素数の関係式ですが、次のように微分則が成立します。微分が成立すれば積分則も成立します。本書では特に詳細は解説しませんが、**本書に登場する微積分は複素数でも成立すると思ってください。**

$$\frac{d}{dx}e^{ix} = -\sin x + i\cos x = ie^{ix}$$

[5] オイラーの公式はどのようにして生まれたか

　この公式の正式な証明には、本来は「関数の級数展開」を利用しますが、ここではオイラーの道筋をたどってみましょう。複素数について次に示す「ド・モアブルの定理」：

$$z^n = (\cos\theta + i\sin\theta)^n = \cos n\theta + i\sin n\theta$$

を少し変形し、指数の定義を合わせると、その極限値としてオイラーの公式が導出できます。まず、次のように三角関数を表します。

$$\begin{cases} \cos n\theta = \dfrac{z^n + (-z)^n}{2} = \dfrac{(\cos\theta + i\sin\theta)^n + (\cos\theta - i\sin\theta)^n}{2} \\ i\sin n\theta = \dfrac{z^n - (-z)^n}{2} = \dfrac{(\cos\theta + i\sin\theta)^n - (\cos\theta - i\sin\theta)^n}{2} \end{cases}$$

この関係で $x=n\theta$ と置き換えて $n \to \infty$ として、指数関数の関係を利用します。

$$\left(1 + \dfrac{1}{n}\right)^n \xrightarrow{n\to\infty} e \quad \text{これがネピアの数の定義。}$$

$$\left(1 + \dfrac{x}{n}\right)^{\frac{n}{x}} \xrightarrow{n\to\infty} e \quad \text{$1/n$ を x/n に変えても結果は同じ。}$$

$$\left(1 + \dfrac{x}{n}\right)^n \xrightarrow{n\to\infty} e^x \quad \text{両辺を x 乗すると指数関数が得られる。}$$

$$\cos x = \dfrac{\left(\cos\dfrac{x}{n} + i\sin\dfrac{x}{n}\right)^n + \left(\cos\dfrac{x}{n} - i\sin\dfrac{x}{n}\right)^n}{2} \quad \text{ここで $n\to\infty$ とすると}$$

$$\to \cos x = \dfrac{\left(1 + \dfrac{ix}{n}\right)^n + \left(1 - \dfrac{ix}{n}\right)^n}{2} \to \dfrac{e^{ix} + e^{-ix}}{2}$$

同じことを $\sin x$ にも施して、2つの関係式を加減すると、オイラーの公式にたどり着きます。正確な方法ではありませんが、この方がイメージがつかめるはずです。

$$\begin{cases} \cos x \to \dfrac{e^{ix} + e^{-ix}}{2} \\ i\sin x \to \dfrac{e^{ix} - e^{-ix}}{2} \end{cases} \Rightarrow \begin{cases} e^{ix} \to \cos x + i\sin x \\ e^{-ix} \to \cos x - i\sin x \end{cases}$$

もう1つの考え方として、$y=\cos x+i\sin x$ を微分して微分方程式を導出し、変数分離法（P.89参照）を使って積分して y の別の表現を得る方法もあります。

$$y = \cos x + i\sin x$$

$$\frac{dy}{dx} = \frac{d}{dx}(\cos x + i\sin x) = -\sin x + i\cos x$$

$$i\frac{dy}{dx} = -\cos x - i\sin x = -y \Rightarrow \frac{dy}{dx} = iy \Rightarrow \frac{dy}{y} = idx$$

左辺は y、右辺は x の関数なのでそれぞれ積分可能（変数分離法）。

$$\int \frac{dy}{y} = i\int dx \Rightarrow \log|y| = ix + C \Rightarrow y = e^C e^{ix}$$

$$\therefore y(x) = \cos x + i\sin x = e^C e^{ix}$$

$$y(0) = 1 = e^C \Rightarrow C = 0 \Rightarrow \cos x + i\sin x = e^{ix}$$

この公式によって、三角関数と指数関数が密接に結びつけられました。われわれの目には見えませんが、**実数の陰に確かに虚数が数学的に存在するのです**。

また次節で述べる双曲線関数は、x を ix に入れ替えて、$\cosh(x) \equiv \cos(ix)$、$\sinh(x) \equiv i\sin(x)$ と定義すると得られます。

$$\begin{cases} \cos x = \dfrac{e^{ix}+e^{-ix}}{2} \Rightarrow \cos(ix) = \dfrac{e^{-x}+e^x}{2} \\ \sin x = \dfrac{e^{ix}-e^{-ix}}{2i} \Rightarrow \sin(ix) = \dfrac{e^{-x}-e^x}{2i} \end{cases} \begin{cases} \cosh(x) \equiv \cos(ix) \Rightarrow \dfrac{e^x+e^{-x}}{2} \\ \sinh(x) \equiv i\sin(ix) \Rightarrow \dfrac{e^x-e^{-x}}{2} \end{cases}$$

$$\Rightarrow \cosh^2 x + \sinh x^2 = \cos^2(ix) - \sin(ix)^2 = \left(\frac{e^x+e^{-x}}{2}\right)^2 - \left(\frac{e^x-e^{-x}}{2}\right)^2 = 1$$

[6] オイラーの等式は数学の至宝か人間文化の愚かさの見本か

オイラーの公式に「π」を代入した「オイラーの等式」は、円周率πとネピアの数 e を虚数が結びつけるという、まるで奇跡のような話です。これほど簡潔で美しく謎めいた式は他に例がなく「数学の至宝」といわれています。

$$e^{i\pi} = -1$$

$$if \cos\pi = 1 (\pi = 6.28\cdots) \Rightarrow e^{i\pi} = 1$$

ところで、もし、円周率が3.14…ではなく6.28…と定義されていれば（つまり、

円周の長さ＝半径×円周率 π）、$\cos\pi=1$ となり、もっと美しい関係「$e^{i\pi}=1$」が得られます。亡くなられた数学者森毅氏は、これを「人間文化の愚かさの見本」と述べて残念がっておられたそうです。

[7] オイラーの公式から三角関数の公式を得る

オイラーの公式によって、三角関数の複雑な公式が簡単に得られます。三角関数の公式群では特に符号を間違えやすいのですが、この公式を利用すれば符号の間違いも減るでしょう。順に説明します。

●加法定理・倍角公式・半角公式

$x=\alpha+\beta$ とおいて計算します。$\alpha=\beta$ とおくと倍角公式が得られ、その関係を逆にして半角公式が得られます。これらは従来の手間とあまり変わりませんが、**符号の間違いは起こしにくいと思います。**

$$e^{i(\alpha+\beta)} = e^{i\alpha}e^{i\beta} = \cos(\alpha+\beta)+i\sin(\alpha+\beta)$$
$$e^{i\alpha}e^{i\beta} = (\cos\alpha+i\sin\alpha)(\cos\beta+i\sin\beta)$$
$$= \cos\alpha\cos\beta - \sin\alpha\sin\beta + i(\cos\alpha\sin\beta + \sin\alpha\cos\beta)$$
$$\therefore \begin{cases} \cos(\alpha+\beta) = \cos\alpha\cos\beta - \sin\alpha\sin\beta \\ \sin(\alpha+\beta) = \cos\alpha\sin\beta + \sin\alpha\cos\beta \end{cases}$$

（これらの実部・虚部がそれぞれ等しい）

●3倍角公式はオイラーの公式から導く

3倍角を加法定理で計算するのは手間がかかり間違えやすいのですが、**オイラーの公式を利用すると簡単に公式が得られ、符号の間違えも起きにくいといえます。**

$$e^{3i\alpha} = \left(e^{i\alpha}\right)^3 = \cos 3\alpha + i\sin 3\alpha$$
$$\left(e^{i\alpha}\right)^3 = (\cos\alpha + i\sin\alpha)^3$$
$$= \cos^3\alpha + 3i\cos^2\alpha\sin\alpha - 3\cos\alpha\sin^2\alpha - i\sin^3\alpha$$
$$= \left(\cos^3\alpha - 3\cos\alpha\sin^2\alpha\right) + i\left(3\cos^2\alpha\sin\alpha - \sin^3\alpha\right)$$
$$\therefore \begin{cases} \cos 3\alpha = \cos^3\alpha - 3\cos\alpha\sin^2\alpha = 4\cos^3\alpha - 3\cos\alpha \\ \sin 3\alpha = 3\cos^2\alpha\sin\alpha - \sin^3\alpha = 3\sin\alpha - 4\sin^3\alpha \end{cases}$$

（これらの実部・虚部がそれぞれ等しい）

Sec.5 双曲線関数は指数関数の組み合わせ

[1] 双曲線関数とは何か

本節では、次のように非常に用途が広い双曲線関数を紹介します。
- 放物線の長さの計算を劇的に簡単にする（前節、P.31 参照）。
- ロープや電線のたわみを表すカテナリー曲線（懸垂曲線、P.169 参照）を表す。
- バネの減衰運動の座標を表す（P.106 参照）。

三角関数は、その定義に単位円を用います（そのため「円関数」と呼ばれることもあります）が、双曲線関数は右頁上段図のように双曲線 $x^2-y^2=1$ 上の点の原点との距離 r（ここでは1）と偏角 θ によって、$(x,y)=(\cosh\theta, \sinh\theta)$ と定義されます。

ただし、一般的には下の指数関数を使った定義が使われ、これを導きだすには、べき級数かオイラーの公式が必要です。**オイラーの公式を使った表現では、双曲線関数と三角関数は、虚数単位 i の違いしかありません**（P.32 参照）。

$$\begin{cases} x = \cosh\theta = \dfrac{e^\theta + e^{-\theta}}{2} \\ y = \sinh\theta = \dfrac{e^\theta - e^{-\theta}}{2} \end{cases} \quad \begin{cases} \cosh^2\theta - \sinh^2\theta = 1 \\ \tanh\theta = \dfrac{\sinh\theta}{\cosh\theta} \end{cases} \quad \left(vs. \quad \cos^2\theta + \sin^2\theta = 1 \atop vs. \quad \tan\theta = \dfrac{\sin\theta}{\cos\theta} \right)$$

三角関数には $\sin x$、$\cos x$、$\tan x$ の3つの関数がありますが、それらと対称的に双曲線関数にも $\sinh x$、$\cosh x$、$\tanh x$ の3つの関数があり、それらの間には三角関数と同様の関係がありますが、双曲線関数の指数表示を利用するなら、三角関数のように数多くの公式を覚える必要はありません。

右頁下段に $\sinh x$、$\cosh x$、$\tanh x$ のグラフを示します。

双曲線関数の定義とグラフ

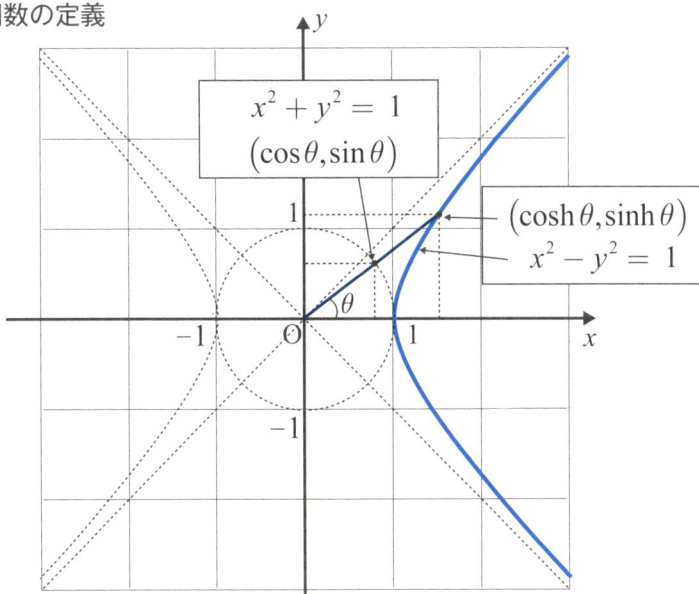

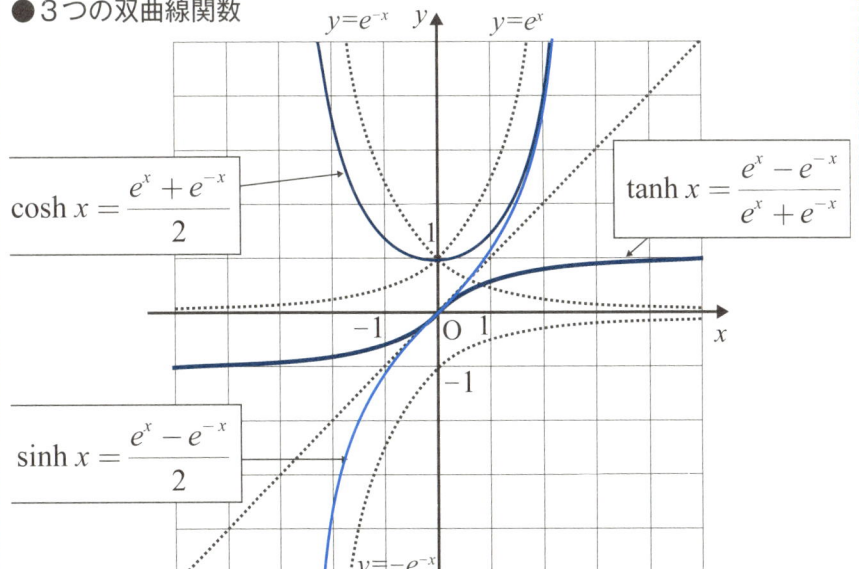

● 双曲線関数の定義

$x^2 + y^2 = 1$
$(\cos\theta, \sin\theta)$

$(\cosh\theta, \sinh\theta)$
$x^2 - y^2 = 1$

● 3つの双曲線関数

$y = e^{-x}$, $y = e^x$

$\cosh x = \dfrac{e^x + e^{-x}}{2}$

$\tanh x = \dfrac{e^x - e^{-x}}{e^x + e^{-x}}$

$\sinh x = \dfrac{e^x - e^{-x}}{2}$

$y = -e^{-x}$

また微積分も三角関数より簡単です。

$$\begin{cases}(\cosh\theta)' = \dfrac{e^{\theta}-e^{-\theta}}{2} = \sinh\theta \\ (\sinh\theta)' = \dfrac{e^{\theta}+e^{-\theta}}{2} = \cosh\theta\end{cases} \begin{cases}\int \cosh\theta\, d\theta = \sinh\theta \\ \int \sinh\theta\, d\theta = \cosh\theta\end{cases}$$

[2] 双曲線関数と三角関数は置換積分に便利

双曲線関数のもう1つの大きな用途は、置換積分です。$\sin x$ と $\cos x$、$\sinh x$ と $\cosh x$ の間には対称的な関係があり、根号を外すのに便利です。

$$\begin{cases}\cos^2\theta + \sin^2\theta = 1 & \Rightarrow \sqrt{1-\sin^2\theta} = \cos\theta \\ \cosh^2\theta - \sinh^2\theta = 1 & \Rightarrow \sqrt{1+\sinh^2\theta} = \cosh\theta\end{cases}$$

これらの関係により、次のような置き換えで積分が簡単になります。
- 「$1-x^2$ の平方根」を含む積分は $x=\sin\theta$ で置き換える
- 「$1+x^2$ の平方根」を含む積分は $x=\sinh\theta$ で置き換える

この置換積分の計算例を以下に例として示します。

$$\begin{cases}1-\sin^2\theta = \cos^2\theta \\ \sqrt{1-x^2},\quad x \equiv \sin\theta\end{cases} \Rightarrow \sqrt{1-x^2}\,dx = \cos\theta\,d\theta$$

$$\begin{cases}1+\sinh^2\theta = \cosh^2\theta \\ \sqrt{1+x^2},\quad x \equiv \sinh\theta\end{cases} \Rightarrow \sqrt{1+x^2}\,dx = \cosh\theta\,d\theta$$

●放物線の長さの計算

P.31 で紹介した放物線の長さの計算を、$2x$ を $\sinh t$ で置き換えて続けます。合成関数の積分のテクニックを利用するために積分変数を計算し、対応する積分区間の両端の値を計算します。

$$f(x)=x^2 \quad L=\int_0^1 \sqrt{1+(2x)^2}\,dx=\int_0^1 \sqrt{1+4x^2}\,dx$$

$$\begin{cases}2x=\sinh t\\ dx=\dfrac{1}{2}\cosh t\,dt\end{cases} \Rightarrow \begin{cases}x=1\Rightarrow t=\sinh^{-1}2\equiv a\,(>0)\\ x=0\Rightarrow t=0\end{cases}$$

$$2=\sinh a=\dfrac{e^a-e^{-a}}{2}\Rightarrow e^a-e^{-a}=4$$

$$e^a\equiv b\Rightarrow b-\dfrac{1}{b}=4\Rightarrow b^2-4b-1=0$$

$$\Rightarrow b=2\pm\sqrt{4+1}>0\Rightarrow b=2+\sqrt{5}\Rightarrow a=\log\!\left(2+\sqrt{5}\right)$$

以上の結果を代入して、新しい積分が得られます。ここで悩んでしまいそうですが、何の心配もいりません。指数関数による定義を代入して展開します。

$$L=\dfrac{1}{2}\int_0^a \sqrt{1+\sinh^2 t}\,\cosh t\,dt=\dfrac{1}{2}\int_0^a \cosh^2 t\,dt$$

$$=\dfrac{1}{2}\int_0^a\!\left(\dfrac{e^t+e^{-t}}{2}\right)^{\!2}dt=\dfrac{1}{8}\int_0^a\!\left(e^{2t}+2+e^{-2t}\right)dt$$

$$=\dfrac{1}{8}\!\left[\dfrac{1}{2}e^{2t}+2t-\dfrac{1}{2}e^{-2t}\right]_0^a=\dfrac{1}{8}\!\left[\dfrac{1}{2}(e^{2a}-1)+2a-\dfrac{1}{2}(e^{-2a}-1)\right]=\dfrac{1}{16}(b^2-b^{-2})+\dfrac{a}{4}$$

$$b^2=(2+\sqrt{5})^2=9+4\sqrt{5}$$

$$b^2-b^{-2}=9+4\sqrt{5}-\dfrac{1}{9+4\sqrt{5}}=9+4\sqrt{5}-\dfrac{9-4\sqrt{5}}{81-80}=8\sqrt{5}$$

$$L=\dfrac{8\sqrt{5}}{16}+\dfrac{1}{4}\log\!\left(2+\sqrt{5}\right)=\dfrac{\sqrt{5}}{2}+\dfrac{\log\!\left(2+\sqrt{5}\right)}{4}$$

●カテナリー曲線の長さの計算

P.169 で求めるカテナリー曲線の長さは、双曲線関数を積分して容易に得られます。双曲線関数で表されるカテナリー曲線の長さはまた双曲線関数で表されます。

$$y=f(x)=\cosh\theta=\dfrac{e^\theta+e^{-\theta}}{2}$$

$$L=\int_{-a}^{a}\sqrt{1+f'(x)^2}\,dx=2\int_0^a \sqrt{1+\sinh^2\theta}\,dx=2\int_0^a \cosh\theta\,dx$$

$$=2[\sinh\theta]_0^a=2\sinh a=e^a-e^{-a}$$

Sec.6 物理数学に頻繁に登場する微積分

［1］さまざまな微分の表記法

　最初に、高校数学でたくさん登場したさまざまな微分の表記法について述べておきましょう。これらはそれぞれ、微積分の基礎を築いた偉大な数学者が創始したもので、それらはそれぞれ「いいとこどり」をして使われます。

創始者	1次導関数	2次導関数	n次導関数	1次微分係数
ライプニッツ	$\dfrac{dy}{dx}=\dfrac{d}{dx}y$ $\dfrac{df}{dx}=\dfrac{d}{dx}f(x)$	$\dfrac{d^2}{dx^2}f(x)=\dfrac{d^2 f}{dx^2}$	$\dfrac{d^n}{dx^n}f(x)=\dfrac{d^n f}{dx^n}$	$\left.\dfrac{dy}{dx}\right|_{x=a}=\dfrac{dy}{dx}(a)$
ラグランジュ	$y'=y'(x)$ $f'(x)$	$f''(x)$	$f^{(n)}(x)$	$f'(a)$
ニュートン	$\dot{y}$	$\ddot{y}$		

　ライプニッツの記法は、特定の座標 a における微分係数を表記するにはもっともわかりやすいのですが、書くのに手間がかかります。ラグランジュの「ダッシュ(')」による記法は「( )の中の変数による微分」を表し（x による微分とは限りません）、ニュートンの「ドット(˙)」による記法は「時間 t による微分」を表します。ニュートンの表記は非常に簡単・便利で、大学の物理では頻繁に利用されます。

［2］頻繁に登場する微積分の公式

　物理数学でよく登場する関数の微積分の公式を右頁にまとめました。参照用に利用してください。公式が非常に多いのですが、慣れれば微積分は逆に「公式

物理数学でよく登場する関数の微積分の公式一覧表

べき乗関数	$(x^a)' = ax^{a-1}$ $(\sqrt{x})' = \dfrac{1}{2\sqrt{x}}$	$\displaystyle\int x^a dx = \dfrac{1}{a+1}x^{a+1} \ (a \neq -1)$ $\displaystyle\int \dfrac{dx}{\sqrt{x}} = 2\sqrt{x}$
三角関数	$(\sin x)' = \cos x$ $(\cos x)' = -\sin x$ $(\tan x)' = \dfrac{1}{\cos^2 x}$	$\displaystyle\int \cos x\, dx = \sin x$ $\displaystyle\int \sin x\, dx = -\cos x$ $\displaystyle\int \dfrac{dx}{\cos^2 x} = \tan x$
双曲線関数	$(\sinh x)' = \cosh x$ $(\cosh x)' = \sinh x$ $(\tanh x)' = \dfrac{1}{\cosh^2 x}$	$\displaystyle\int \cosh x\, dx = \sinh x$ $\displaystyle\int \sinh x\, dx = \cosh x$ $\displaystyle\int \dfrac{dx}{\cosh^2 x} = \tanh x$
指数関数	$(e^x)' = e^x$ $(a^x)' = a^x \log a$	$\displaystyle\int e^x dx = e^x$ $\displaystyle\int a^x dx = \dfrac{a^x}{\log a}$
対数関数	$(\log x)' = \dfrac{1}{x}$ $(\log_a x)' = \dfrac{1}{x \log a}$	$\displaystyle\int \dfrac{1}{x} dx = \log|x|$ $\displaystyle\int \log x\, dx = x\log|x| - x$ $\displaystyle\int \log_a x\, dx = x\log_a|x| - \dfrac{x}{\log a}$

微分	関数の積の微分	$[f(x)g(x)]' = f'(x)g(x) + f(x)g'(x)$
	分数関数の微分	$\left[\dfrac{g(x)}{f(x)}\right]' = \dfrac{g'(x)f(x) - g(x)f'(x)}{[f(x)]^2}$ $\left[\dfrac{1}{f(x)}\right]' = -\dfrac{f'(x)}{[f(x)]^2}$
	合成関数の微分	$[f(g(x))]' = f'(g(x))g'(x)$
	逆関数の微分	$\begin{array}{l} y = f(x) \\ x = g(y) \end{array}$ $g'(y) = \dfrac{1}{f'(x)}$ $\left[\dfrac{dx}{dy} = \dfrac{1}{\frac{dy}{dx}}\right]$
積分	部分積分	$\displaystyle\int f(x)g'(x)dx = f(x)g(x) - \int f'(x)g(x)dx$
	置換積分	$\displaystyle\int f(x)dx = \int f(g(t))\dfrac{dg}{dt}dt \quad (x = g(t))$
	分数関数の積分	$\displaystyle\int \dfrac{f'(x)}{f(x)}dx = \log|f(x)|$

を当てはめればできる数学」とも考えられます。またこれらの関係もすべて暗記する必要はなく、考え方さえわかってしまえば「その場でつくれる関係」も数多くあります。

● 部分積分は合成関数の微分の逆操作

合成関数の微分の公式を積分して移項すれば得られます。

$$[f(x)g(x)]' = f'(x)g(x) + f(x)g'(x)$$

両辺を積分する

$$f(x)g(x) = \int f'(x)g(x)dx + \int f(x)g'(x)dx$$

$$\Rightarrow \int f(x)g'(x)dx = f(x)g(x) - \int f'(x)g(x)dx$$

● 分数関数の積分は対数関数の微分の逆操作

常微分方程式の変数分離法で頻繁に利用される関係です。

$$\frac{d}{dx}\log|f(x)| = \frac{f'(x)}{f(x)} \Rightarrow \int \frac{f'(x)}{f(x)}dx = \log|f(x)|$$

[3] 導関数の計算と微分の計算

積分の中で変数変換を行う場合の計算には2つの流儀があります。それは、あくまで導関数を計算するか、微分で計算するかということです。

$$2x \equiv \tan\theta \Rightarrow L = \int_0^1 \sqrt{1+(2x)^2}dx = \int_0^1 \sqrt{1+4x^2}dx = \int_0^{\tan^{-1}2} \frac{1}{\cos\theta}\frac{dx}{d\theta}d\theta$$

● 微分での計算

$$dx = \frac{1}{2}d\left(\frac{\sin\theta}{\cos\theta}\right) = \frac{1}{2}\frac{\cos^2\theta + \sin^2\theta}{\cos^2\theta}d\theta = \frac{d\theta}{2\cos^2\theta}$$

● 導関数を求める計算

$$\frac{dx}{d\theta} = \frac{1}{2}\frac{d}{d\theta}\left(\frac{\sin\theta}{\cos\theta}\right) = \frac{1}{2}\frac{\cos^2\theta + \sin^2\theta}{\cos^2\theta} = \frac{1}{2\cos^2\theta}$$

P.30 では勢い余って断らずに微分で計算してしまいましたが、導関数で計算す

る場合と、その表記をここで比較しておきます。どちらが使いやすいかの判断は読者諸兄にお任せします。微分を上に書くか下に書くかの違いです。

[4] さまざまな座標系
●直交座標と斜交座標
　高校の数学における「関数」、「図形と方程式」や「微積分」では x 軸と y 軸は直交していましたが、ベクトルに対しては、直交しない2つのベクトルでも座標系をつくることができます。その座標はベクトルの線型結合のそれぞれの係数です。

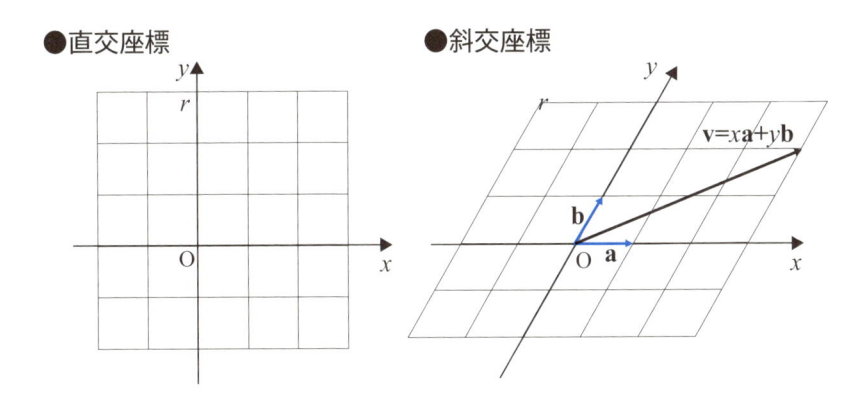

●直交座標　　　　　　　●斜交座標

●直交座標と極座標
　(x, y) の代わりに $(r\cos\theta, r\sin\theta)$ を利用する極座標は高校で学びますが、直交座標と同様に「等高線」を描くと次のようになります。

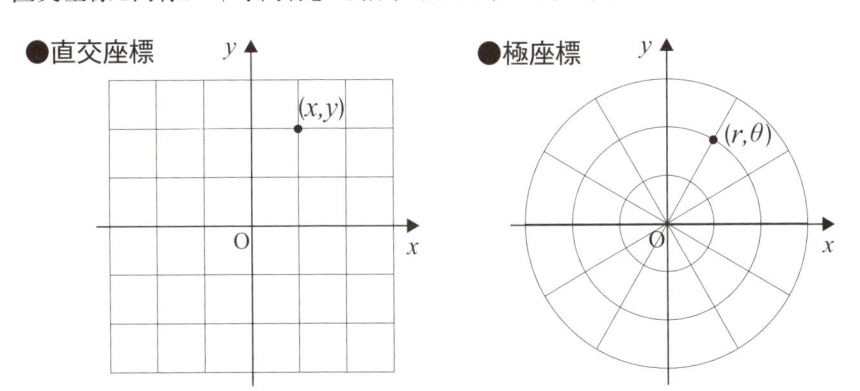

●直交座標　　　　　　　●極座標

この他、空間座標には直交座標の他に、極座標の一種として円柱座標や球座標があります。これらは本書ではあつかいませんが、平面座標における極座標に関し、本書で利用する2つの公式を解説します。

[5] 極座標における積分と積分公式
●2次元の極座標変換
　直交座標 (x, y) から極座標 (r, θ) に変数を変換した場合、積分計算は次のように変わります。正確には「ヤコビアン」という面素変換における拡大縮小率を求めるのですが、下図に示すように、面素の大きさ dS がどう変わるのかを図形的に考えた方がわかりやすいと思います。微小な扇形の面積差を動径 r と偏角 θ で表し、dr に対して $(dr)^2$ はあまりに小さいので無視します。この計算はP.63で利用します。

●積分の座標変換

$$\int_{-\infty}^{\infty}\int_{-\infty}^{\infty} f(x,y)dxdy = \int_{0}^{2\pi}\int_{0}^{\infty} f(r\cos\theta, r\sin\theta)rdrd\theta$$

●面素の座標変換

$$dS = dxdy = \left[\pi(r+dr)^2 - \pi r^2\right]\frac{d\theta}{2\pi}$$
$$= \frac{d\theta}{2}\left[2rdr + (dr)^2\right] \to rdrd\theta$$

微小部分の2乗は無視できるほど小さい

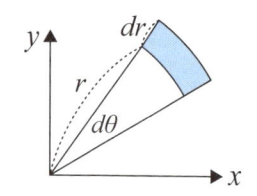

●2次元の積分公式
　曲線の極座標表示 $r = g(\theta)$ がわかる場合は、その曲線と θ_1、θ_2 が囲む領域の面積は次のように簡単に求められます。

$$S = \int_{a}^{b} dS = \frac{1}{2}\int_{\theta_1}^{\theta_2} r^2 d\theta = \frac{1}{2}\int_{\theta_1}^{\theta_2} |g(\theta)|^2 d\theta$$

これを知っていると、**積分計算の面倒さが 1/10 くらいに軽減される**ことがあります（P.190 参照）。大学数学では「ヤコビアン」というものを使って計算するのですが、2 次元での面積計算ならば公式は簡単で、物理数学に頻出します。

これは、次のような曲線で面積要素（面素）dS を dr と $d\theta$ で計算します。dS は、曲線と偏角差が $d\theta$ の2つの直線ではさまれた領域を三角形とみなして面積を求めます。

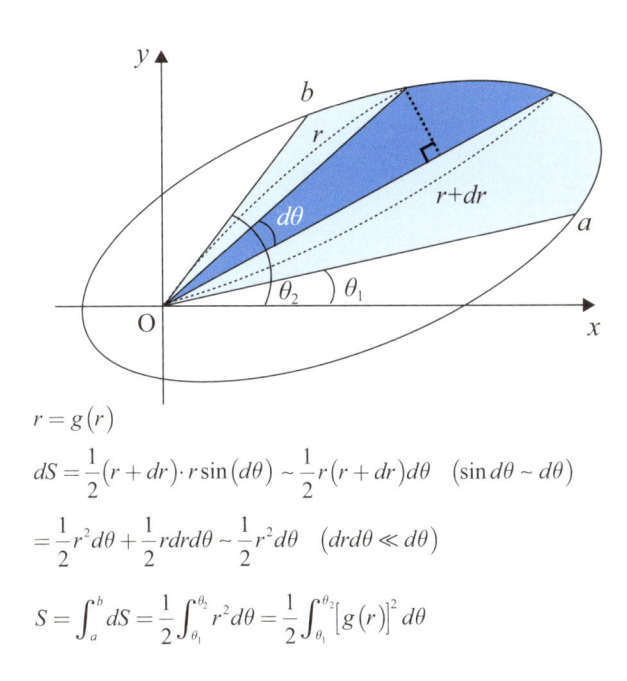

$$r = g(r)$$
$$dS = \frac{1}{2}(r+dr)\cdot r\sin(d\theta) \sim \frac{1}{2}r(r+dr)d\theta \quad (\sin d\theta \sim d\theta)$$
$$= \frac{1}{2}r^2 d\theta + \frac{1}{2}rdrd\theta \sim \frac{1}{2}r^2 d\theta \quad (drd\theta \ll d\theta)$$
$$S = \int_a^b dS = \frac{1}{2}\int_{\theta_1}^{\theta_2} r^2 d\theta = \frac{1}{2}\int_{\theta_1}^{\theta_2}[g(r)]^2 d\theta$$

$d\theta$ は非常に小さいので、$\sin d\theta$ は $d\theta$ で近似でき、さらに $drd\theta$ は $d\theta$ に比べて非常に小さいので無視するということです。この公式のもっとも簡単な適用例は、扇形の面積であり、この場合、$r=g(\theta)=a$ です。扇形の面積は、円周の長さと弧の長さの比を使っても得られるので、この公式の結果を確認できます。

$$r = g(\theta) \equiv a, \quad \Delta\theta \equiv \theta_2 - \theta_1$$
$$S = \frac{1}{2}\int_{\theta_1}^{\theta_2} a^2 d\theta = \frac{a^2}{2}\Delta\theta = \pi a^2 \times \frac{a\Delta\theta}{2\pi a}$$

（弧の長さ）
（円周の長さ）
↑
（円の面積）

Sec.7 媒介変数で表される身の回りの曲線

[1] 媒介変数表示は $y=f(x)$ の束縛からの解放

　前節まで説明した曲線は、「変数 x に対して関数 y が変化するようすを表す曲線」でしたが、この x と y が独立に動くとどんな曲線が得られるでしょうか。高校でも履修者数の少ない数学Ⅲに含まれるこの内容は、一般的にはあまり知られていないのですが、その中にはとてもユニークで興味深い曲線が数多くあります。

　高校の数学Ⅲでは、媒介変数表示は次のような説明がなされるだけです。

> 　平面上の曲線がある変数 t などによって「$x=f(t)$、$y=g(t)$」のような形で表されるとき、これをその曲線の媒介変数表示、t を媒介変数という。

　いくら数学でも、これでは何とも無味乾燥で、媒介変数表示の効果がほとんどわかりません。媒介変数表示を利用すると、x 座標と y 座標が異なる関数で表され、「**y 座標が x 座標の関数である必要はない**」ということが重要なのです。

●媒介変数表示

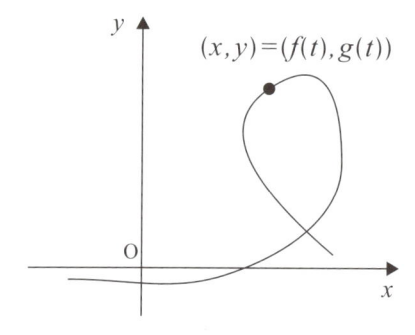

$(x,y)=(f(t),g(t))$

●極座標は (r,θ) による媒介変数表示

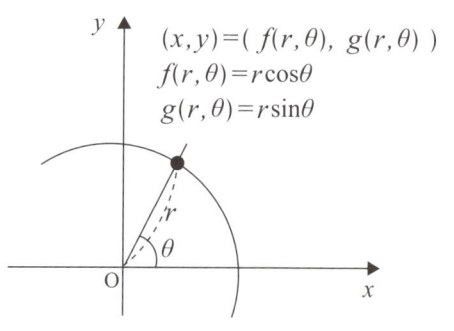

$(x,y)=(f(r,\theta),\ g(r,\theta))$
$f(r,\theta)=r\cos\theta$
$g(r,\theta)=r\sin\theta$

もっともポピュラーな媒介変数表示の例は極座標「$x=r\cos\theta$、$y=r\sin\theta$」です。これは、x座標とy座標を、動径rと偏角θを変数とする独立な2つの関数で表す、もっとも簡単でもっともよく登場する媒介変数表示です（左頁下段右図参照）。

サイクロイド曲線はまだ1つのxの値に1つのyの値が対応していますが、P.50で述べる「クロソイド曲線」では1つのxの値に複数のyの値が対応しており、媒介変数表示の典型例です。

[2] サイクロイド曲線はもっとも速く降りられる滑り台の曲線

高校の教科書で必ず出てくるのが、次の数式で表現される「サイクロイド曲線」です。

$x=a(\theta-\sin\theta)$

$y=a(1-\cos\theta)$

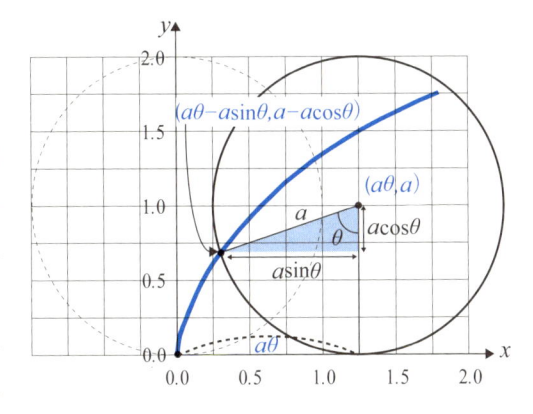

この曲線は、「定直線に沿って円が滑らずに回転するときの円周上の定点の軌跡」とも表現されます。そのしくみを右図に示しました。

円周上の点の座標は、回転円の中心座標$(a\theta, a)$から、その点と円周上の点がなす三角形の2辺の長さをそれぞれ差し引いたもの、というわかりやすいしくみです。この曲線は下図の形になります（単位aで描いています）。

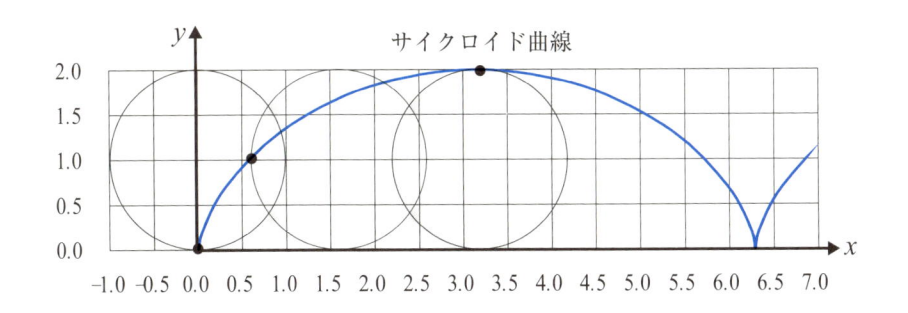

高校数学ではこの曲線の解説はここで終わってしまうのですが、この先を説明すれば媒介曲線表示にももっと興味を持ってもらえると思います。

　実はこのサイクロイド曲線が、偏微分を応用した「変分法」を利用すると、「最速降下曲線」と呼ばれる、上端から下底までの自由降下に要する時間が最小の曲線であることがわかります（P.174参照）。簡単にいえば「もっとも速く滑り落ちる滑り台の形状」を示しています。

　前頁の図を逆さにした下図を見ればその意味をご理解いただけるでしょう。これもまた驚くべき内容ではないでしょうか。

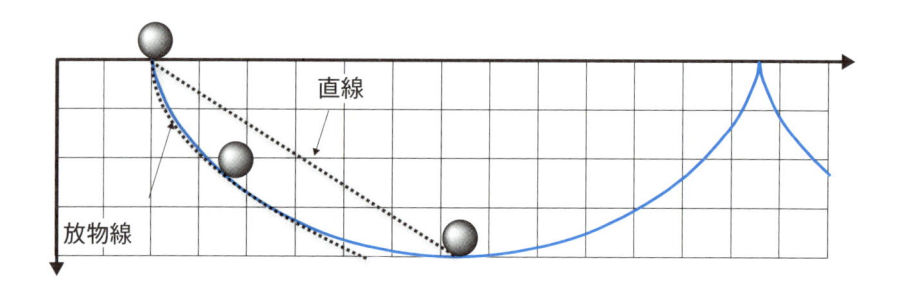

［3］クロソイド曲線とは何か
●高速道路のカーブは曲率変化が一定

　この曲線は、**高速道路のカーブを設計する場合に使われる**曲線です。では、高速道路のカーブはどのように設計すれば安全に回り切れるでしょうか。安全にハンドルを切ることができる高速道路のカーブは、ハンドル操作が簡単なカーブ、つまり、ハンドルを少しずつ一定速度で回せば乗り切れるカーブです。ということは、「**曲率」が一定割合で増えていくカーブ**であり、それがクロソイド曲線です（右頁上段図参照）。

　では、もし直線と一定半径の円軌道を無理やり接続すると、どんなハンドルワークで回ることになるのでしょうか。曲線区間の開始地点ではハンドルをある程度切った状態にしなくてはならず、逆に直線区間とのつなぎ目においては急にハンドルを戻さなければなりません。同時に、乗客に対しては突然大きな遠心力が作用して、

クロソイド曲線とハンドル操作

■クロソイド曲線の構成

　図にクロソイド曲線の概念図を示します。この図では、直線（曲率半径＝∞）から$R=1000$、500、333の3つの曲線上の位置をなだらかに経由して、目標である$R=250$の円弧につなげています。

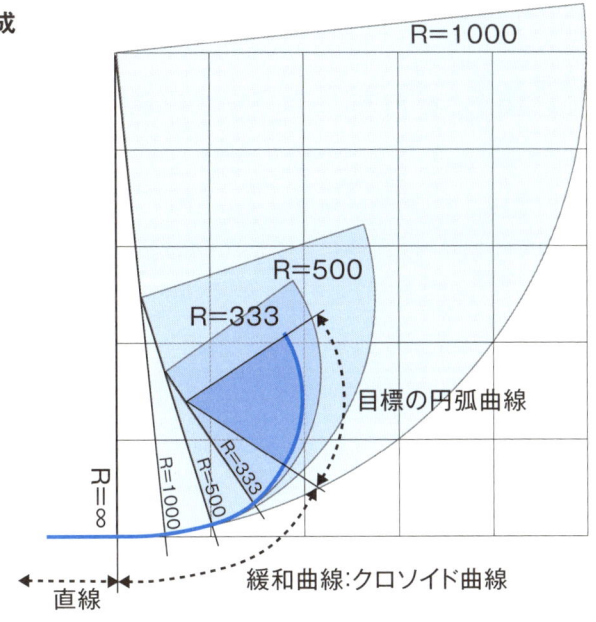

■クロソイド曲線におけるハンドル操作

　緩和区間では継続してハンドルを切り続け、緩和期間が終わると曲率が一定なのでハンドルはそのまま固定し、直線に戻る前に再度緩和期間があって、そこではハンドルを戻していきます。これでハンドリングがスムーズになり、安全な運転が可能になります。

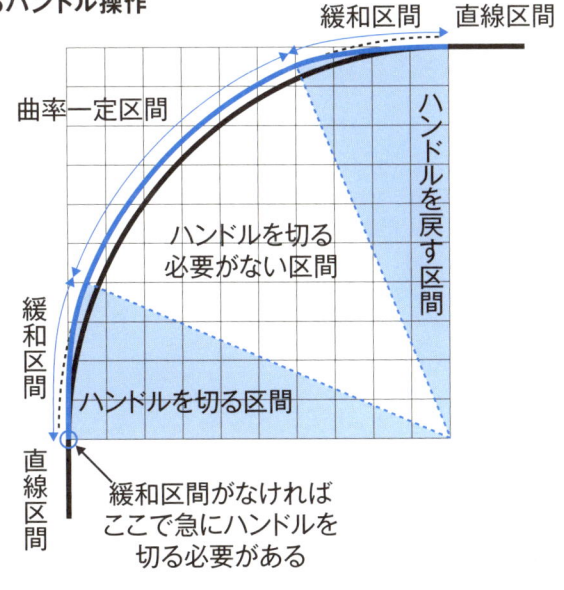

乗り心地が悪く、安全性に欠けることになります。

このような急なハンドル操作をなくするためには、一定のハンドル操作で曲線区間に移行する「緩和区間」が必要であり、この部分がクロソイド曲線で設計されます。これを前頁下段図に示しましたが、実際の高速道路のカーブを見てもそれがわかると思います（下段コラム参照）。

● このクロソイド曲線は宙返りコースターでも使われている

実はこのクロソイド曲線は、子供たちにとってはもっと身近なところでも使われています。それは宙返りコースターです。1900年ごろに初めて登場した宙返りコースターに設けられていた円形ループの直径はわずか7.5mしかなく、今と比べるとかなりスリリングだったと思うのですが、首に対する負荷が強すぎて、このコースターに乗車した人からムチ打ち症患者が続出したそうです。

直線軌道から円軌道のループに直接移行すると、高速道路の場合と同じで、その部分で強い力がかかるので、最近ではクロソイド曲線を適用するようになっています（右頁上図参照）。世界最初の宙返りコースターは、現在のものよりかなり小さいうえ、円形であったために、人体に強い力がかかってしまっていたのです。

クロソイド曲線の例（高速道路）

2010年に開通した大衡インターチェンジの平面図ですが、この図を見ると、高速道路のカーブが緩和区間をうまく利用してドライバーの負担を軽減していることがよくわかると思います。

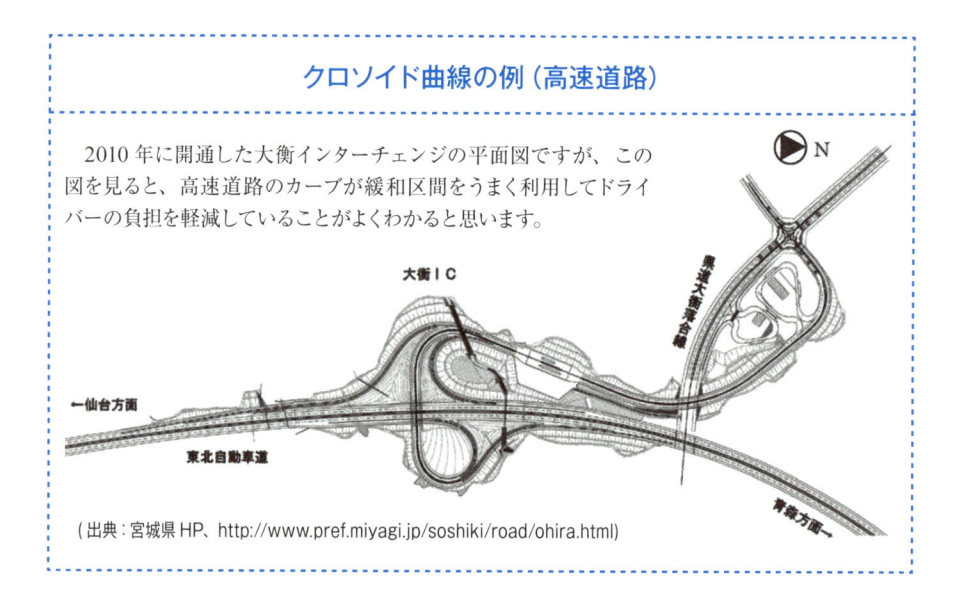

（出典：宮城県HP、http://www.pref.miyagi.jp/soshiki/road/ohira.html）

クロソイド曲線の例（宙返りコースター）

世界でもっともローラーコースターが多く設置されているという、米国テキサス州の *Six Flags* にあるショックウエーブコースターの垂直ループです。

この写真を見ると、ループが円形ではなく、卵を逆さにしたような細長い形状をしていることがよくわかると思います。この形状が、人体への負荷を軽減しているのです。

［4］曲率からクロソイド曲線を求める
●曲率はどのように定義されるのか

ではクロソイド曲線がどのように表されるのかを求めましょう。曲線を考えるには「曲率」を定義します。曲率とは、曲線の曲がり具合を表す量であり、曲率が大きければカーブがきつく、曲率が小さければカーブが緩やかになります。この場合には、x 座標や y 座標の束縛から離れて、曲線の長さ s を変数にとり、曲率 $K(s)$ は、接線が x 軸となす角度（接線角）θ を曲線の長さで微分したものとして、次のように「接線角の微分／線素」として定義されます。ということは「接線角は曲率の積分」ということです。

曲線の接線は曲線の一部を直線で近似したものですが、それよりもう少し進め

$$K(s) = \frac{d\theta}{ds} = \frac{1}{R(s)} \qquad \theta(s) = \int_0^s K(s)ds$$

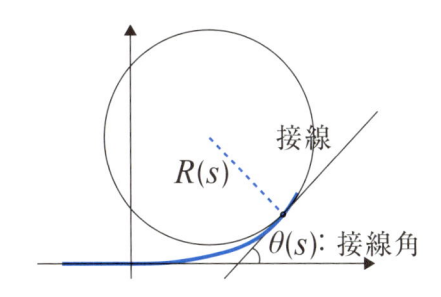

$R(s)$

接線

$\theta(s)$: 接線角

て、**曲率は曲線の一部を円で近似して曲がり具合を定義したもの**です。前頁の図のように曲線の一部を円で近似すると、その円の半径が曲率半径 R です。

曲率 $K(s)$ は、最初はわかりにくいと思うのですが、これを理解するには円を考えるとわかりやすいでしょう。円は、曲率半径が一定の曲線です。したがって、曲率の分母・分子を円全体に適用しても構いません。すると、$d\theta/ds$ の分母は全周の長さ、分子は 2π（ラジアン）となって、$d\theta/ds = 2\pi/2\pi R = 1/R$ となって、確かにこれは曲率半径 R の逆数となります。

●曲率・曲率半径とハンドル操作の関係

曲率半径が大きければ曲率が小さく、ハンドルは少しだけ切ればよいのですが、曲率半径が小さければ曲率が大きく、ハンドルを大きく切らなければなりません。特に曲率半径の小さな急カーブへの突然の移行は、事故が発生する危険性を高めることにもなります。

そこで、曲線の長さと曲率の関係をグラフにしてみましょう。下左図が緩和区間がない場合です。こんなグラフを見せられると、急ハンドルに恐怖を覚えませんか？ 下右図が「緩和区間」がある場合であり、曲率が傾き一定で直線状に増えるということは、一定の割合でハンドルを切るということです。

曲率を積分すると接線角が得られます。下図の青色部分を積分すると、緩和区間で曲がった角度が得られます。その計算を右頁に示しました。その結果は次のような「フレネル積分」と呼ばれる、$\cos(t^2)$ の積分で表される関数に帰着されます。

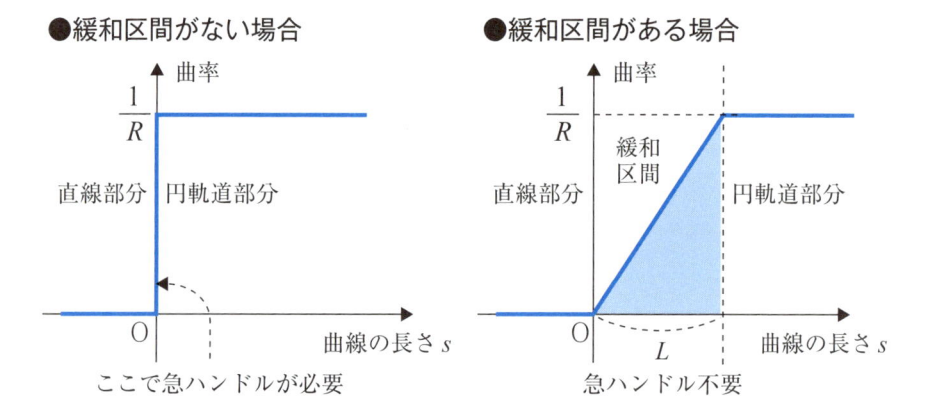

●緩和区間がない場合　　●緩和区間がある場合

フレネル積分への帰着

ds と dx、dy との間には次の関係があります。

$$ds^2 = dx^2 + dy^2 \Leftrightarrow \left(\frac{dx}{ds}\right)^2 + \left(\frac{dy}{ds}\right)^2 = 1$$

その関係によって、$x \cdot y$ 座標とその線素による微分の間には、次の関係が定義できます。

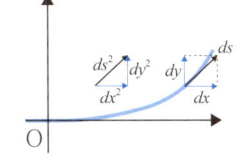

$$\left(\frac{dx}{ds}, \frac{dy}{ds}\right) \equiv (\cos\theta(s), \sin\theta(s))$$

すると、それらを積分して、x、y 座標が次のように、接線角の積分として得られます。そして $\theta(s)$ は $K(s)$ を積分したものです。

$$\begin{cases} \dfrac{dx}{ds} = \cos\theta(s) \\ \dfrac{dy}{ds} = \sin\theta(s) \end{cases} \Leftrightarrow \begin{cases} x(s) = \int_0^s \cos\theta(u)du \\ y(s) = \int_0^s \sin\theta(u)du \end{cases}$$

曲率 $K(s)$ は、P.53 に示しました。下左は緩和区間なしの場合、そして緩和区間を考えたものが下右の表現です。

$$K(s) = \begin{cases} 0 & (s<0) \\ \dfrac{1}{R} & (s>0) \end{cases} \Rightarrow K(s) = \begin{cases} 0 & (s<0) \\ \dfrac{s}{RL} & (0<s<L) \\ \dfrac{1}{R} & (s>L) \end{cases}$$

曲率 $K(s)$ を積分して、$0<s<L$ における接線角 $\theta(s)$ を求めます。

$$\theta(s) = \int_0^s \frac{s}{RL} ds = \frac{1}{RL} \int_0^s s\, ds = \frac{s^2}{2RL} \quad (0<s<L)$$

$$x(s) = \int_0^s \cos\theta(u)du = \int_0^s \cos\left(\frac{u^2}{2RL}\right)du$$

ここで $t \equiv \dfrac{u}{\sqrt{2RL}}$ とおくと、$du = \sqrt{2RL}\, dt$ なので、x,y は次のようになります。さらに $2RL \equiv 1$ とするとその積分は下右のように変形できます。これがフレネル積分です。

$$\begin{cases} x(s) = \sqrt{2RL} \int_0^s \cos(t^2)dt \\ y(s) = \sqrt{2RL} \int_0^s \sin(t^2)dt \end{cases} \Rightarrow \begin{cases} x(s) = \int_0^s \cos(t^2)dt \\ y(s) = \int_0^s \sin(t^2)dt \end{cases}$$

$$\begin{cases} \int_{-\infty}^{\infty} \cos(t^2) dt = \sqrt{\dfrac{\pi}{2}} \\ \int_{-\infty}^{\infty} \sin(t^2) dt = \sqrt{\dfrac{\pi}{2}} \end{cases} \Rightarrow \begin{cases} x(s) = \int_{0}^{\infty} \cos(t^2) dt = \sqrt{\dfrac{\pi}{8}} \\ y(s) = \int_{0}^{\infty} \sin(t^2) dt = \sqrt{\dfrac{\pi}{8}} \end{cases} \quad \sqrt{\dfrac{\pi}{8}} = 0.627$$

　この曲線は、前項のサイクロイド曲線よりはかなりむずかしい形になりました。x–y 座標が三角関数の積分形になり、初等関数（P.20 参照）では表すことができません。しかし、$s \to \infty$ の場合の定積分だけは、複素関数論から得られています。

　初等関数で表現できない場合には、理論的にはべき級数で表現しますが、その他に、下図のように数値計算で積分することができます（第1象限だけを示します。図示すると、収束部分が埋まってしまうので、下図では途中で止めてあります）。

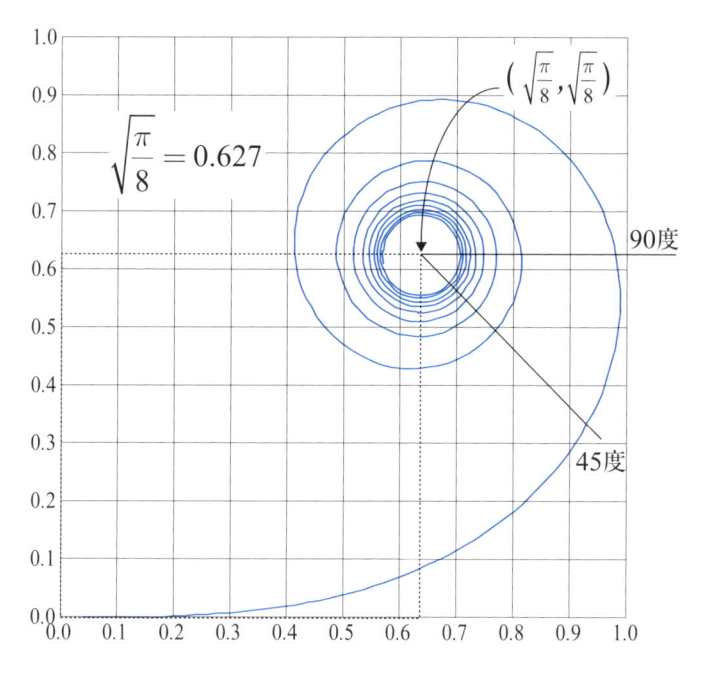

　この曲線のグラフの一部から、右頁の2つの曲線をつくりました。

グラフからつくったクロソイド曲線と緩和区間と宙返りコースター

●円軌道区間なしで90度曲がる緩和区間の曲線

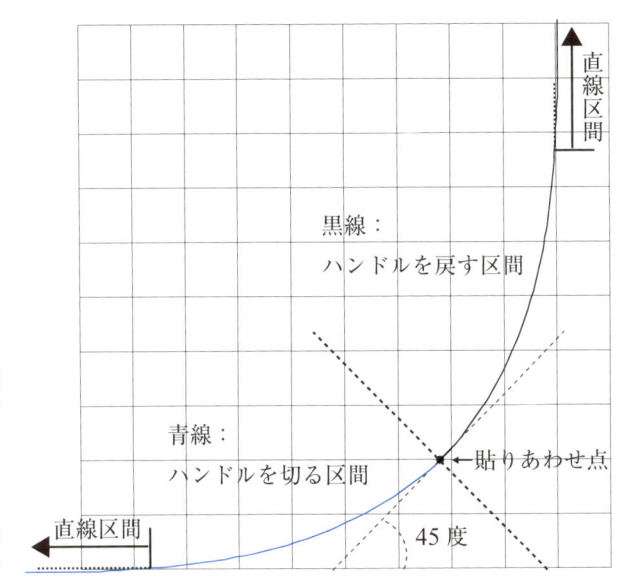

黒線：ハンドルを戻す区間

青線：ハンドルを切る区間

直線区間

貼りあわせ点

45度

直線区間

左頁のグラフで、接線角が45度になるまでの曲線を2つ貼り合わせると左図が得られます。間に円弧をはさむこともできます。

●宙返りコースターの曲線

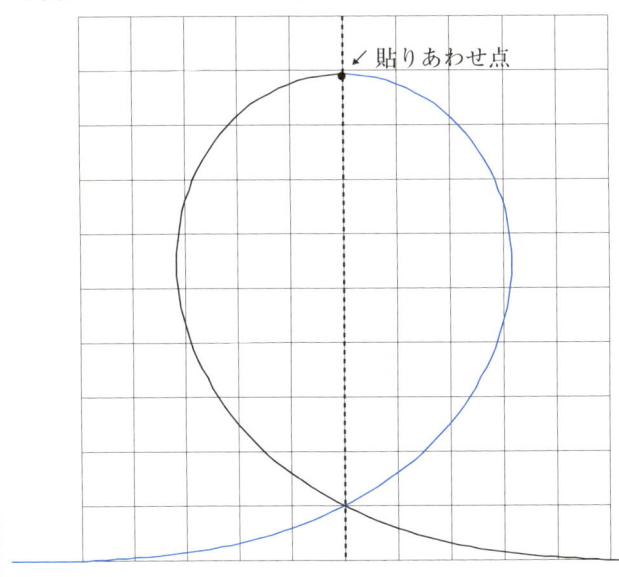

貼りあわせ点

左頁のグラフで、接線角が180度になるまでの曲線を2つ貼り合わせると、左図が得られます。これが宙返りコースターの形状です。

Sec.8 サイクロイド曲線群の面積や長さの計算

［1］サイクロイド曲線の仲間

　前節では円、サイクロイド曲線とクロソイド曲線を解説しましたが、媒介変数を利用すると他にも数多くの曲線を表示することができます。本来その種類は非常にたくさんあるのですが、本節ではそのうち「サイクロイド曲線の仲間」の曲線を紹介しておきます（下表参照、「曲線」は一部省略）。

　サイクロイド曲線には他に「外サイクロイド曲線」と「内サイクロイド曲線」の2つの仲間があります。さらにサイクロイド曲線の拡張として「トロコイド曲線」という

●さまざまなサイクロイド曲線群

サイクロイド曲線群		
内サイクロイド （ハイポサイクロイド）	サイクロイド	外サイクロイド （エピサイクロイド）
円が 定円に内接しながら 滑らずに回転するときの 円周上の定点の軌跡	円が 定直線に沿って 滑らずに回転するときの 円周上の定点の軌跡	円が 定円に外接しながら 滑らずに回転するときの 円周上の定点の軌跡
例：アステロイド	例：サイクロイド	例：カージオイド
内トロコイド	トロコイド	外トロコイド
円が 定円に接しながら 滑らずに回転するときの 円の内部の定点の軌跡	円が 定直線に沿って 滑らずに回転するときの 円内外の定点の軌跡	円が 定円に接しながら 滑らずに回転するときの 円の外部の定点の軌跡

ものがあり、これは「円周上の定点」から「円の内外の点」に拡張したものです。

本節では、微積分の計算例を兼ねて、代表的な3つの曲線：サイクロイド曲線、アステロイド曲線とカージオイド曲線の面積と長さを計算しておきます。

なお、クロソイド曲線の面積は考えにくく、長さを表す不定積分は求められていません。長さの極限値は P.56 に示しました。

[2] サイクロイド曲線の面積と長さ

1周期分の曲線の右端の x 座標は半径を a として $2\pi a$ であり、1周期分の面積は $3\pi a^2$、曲線の長さは $8a$ です。

● サイクロイド曲線のグラフ

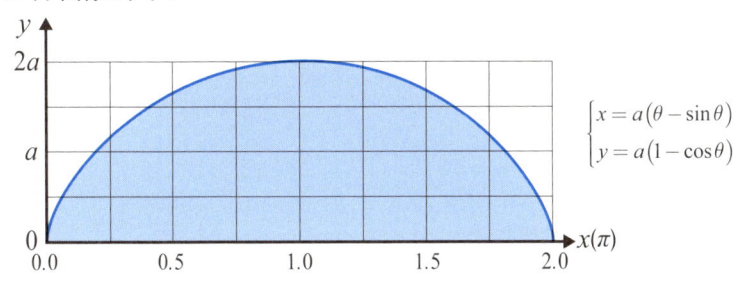

$\begin{cases} x = a(\theta - \sin\theta) \\ y = a(1 - \cos\theta) \end{cases}$

● 面積

$$S = \int_0^{2\pi a} y\,dx = \int_0^{2\pi} y\frac{dx}{d\theta}d\theta = \int_0^{2\pi} a(1-\cos\theta)\cdot a(1-\cos\theta)d\theta = a^2\int_0^{2\pi}(1-\cos\theta)^2 d\theta$$

$$= a^2\int_0^{2\pi}\left(1 - 2\cos\theta + \cos^2\theta\right)d\theta = a^2\int_0^{2\pi}\left(1 - 2\cos\theta + \frac{1+\cos 2\theta}{2}\right)d\theta$$

$$= a^2\int_0^{2\pi}\left(\frac{3}{2} - 2\cos\theta + \frac{1}{2}\cos 2\theta\right)d\theta = a^2\left[\frac{3}{2}\theta - 2\sin\theta + \frac{1}{4}\sin 2\theta\right]_0^{2\pi} = 3\pi a^2$$

● 曲線の長さ

$$L = \int_{(0,0)}^{(0,2\pi a)} ds = \int_0^{2\pi} \sqrt{\left(\frac{dx}{d\theta}\right)^2 + \left(\frac{dy}{d\theta}\right)^2}\,d\theta$$

$$= \int_0^{2\pi} \sqrt{a^2(1-\cos\theta)^2 + (a\sin\theta)^2}\,d\theta = a\int_0^{2\pi}\sqrt{2-2\cos\theta}\,d\theta = \sqrt{2}a\int_0^{2\pi}\sqrt{2\sin^2\frac{\theta}{2}}\,d\theta$$

$$= 2a\int_0^{2\pi}\sin\frac{\theta}{2}\,d\theta = 2a\left[-2\cos\frac{\theta}{2}\right]_0^{2\pi} = 8a$$

[3] アステロイド曲線の面積と長さ

アステロイド曲線は、偏微分方程式を使って求める「包絡線」としてP.158で求める曲線ですが、円の中を円に接して滑らずに回る円の定点が描く曲線ということもできます。その図形を表示し、面積と曲線の長さを計算しておきます。アステロイドの語源はギリシア語の「星のようなもの」という意味であり、小惑星帯（アステロイド）とは無関係ですが、語源は同じです。

●内サイクロイドとしてのアステロイド　●包絡線としてのアステロイド

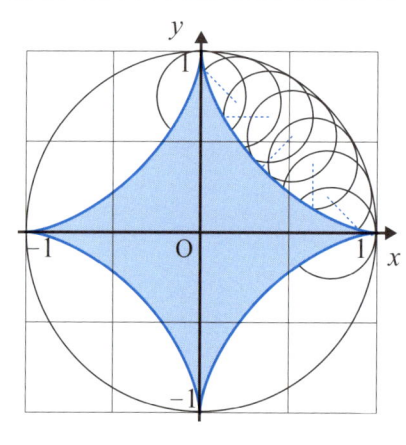

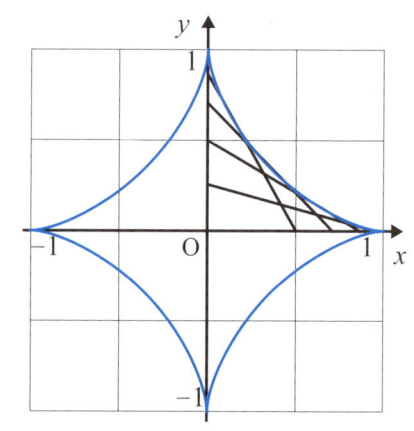

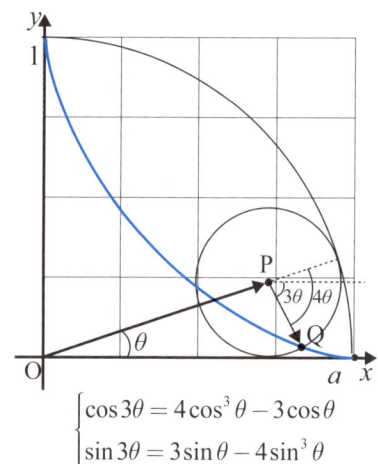

$$\begin{cases} \cos 3\theta = 4\cos^3\theta - 3\cos\theta \\ \sin 3\theta = 3\sin\theta - 4\sin^3\theta \end{cases}$$

●アステロイドの座標

$$\overrightarrow{OP} = \left(\frac{3}{4}a\cos\theta, \frac{3}{4}a\sin\theta\right)$$

$$\overrightarrow{PQ} = \left(\frac{1}{4}a\cos 3\theta, -\frac{1}{4}a\sin 3\theta\right)$$

$$\overrightarrow{OQ} = \overrightarrow{OP} + \overrightarrow{PQ}$$

$$= \left(\frac{3}{4}a\cos\theta + \frac{1}{4}a\cos 3\theta, \frac{3}{4}a\sin\theta - \frac{1}{4}a\sin 3\theta\right)$$

$$\overrightarrow{OQ} = \frac{a}{4}(3\cos\theta + \cos 3\theta, 3\sin\theta - \sin 3\theta)$$

$$= (a\cos^3\theta, a\sin^3\theta)$$

●面積

$$S = 4\int_a^0 y\,dx = 4\int_0^{\frac{\pi}{2}} y\frac{dx}{d\theta}d\theta = 4\int_0^{\frac{\pi}{2}}(a\sin^3\theta)(3a\cos^2\theta)(-\sin\theta)d\theta$$

$$= -12a^2\int_0^{\frac{\pi}{2}}\sin^4\cos^2\theta\,d\theta = -12a^2\int_0^{\frac{\pi}{2}}(\sin^4-\sin^6\theta)d\theta$$

$$= 12a^2\left(\int_0^{\frac{\pi}{2}}\sin^6\theta\,d\theta - \int_0^{\frac{\pi}{2}}\sin^4\theta\,d\theta\right),\quad I_n \equiv \int_0^{\frac{\pi}{2}}\sin^n\theta\,d\theta$$

高次の $\sin^n\theta$ の積分には部分積分と漸化式を利用する（ウォリスの公式）。

$$S = 12a^2(I_6 - I_4)\quad \left[\int f(x)g'(x)dx = f(x)g(x) - \int f'(x)g(x)dx\right]$$

$$\therefore I_n = \int_0^{\frac{\pi}{2}}\sin^n\theta\,d\theta = \int_0^{\frac{\pi}{2}}\sin^{n-1}\theta\sin\theta\,d\theta$$

$$= \left[\sin^{n-1}\theta\cdot(-\cos\theta)\right]_0^{\frac{\pi}{2}} - \int_0^{\frac{\pi}{2}}(n-1)\sin^{n-2}\theta\cos\theta\cdot(-\cos\theta)d\theta$$

$$= (n-1)\int_0^{\frac{\pi}{2}}\sin^{n-2}\theta\cos^2\theta\,d\theta = (n-1)\int_0^{\frac{\pi}{2}}\sin^{n-2}\theta(1-\sin^2\theta)d\theta$$

$$= (n-1)\left[\int_0^{\frac{\pi}{2}}\sin^{n-2}\theta\,d\theta - \int_0^{\frac{\pi}{2}}\sin^n\theta\,d\theta\right] = (n-1)[I_{n-2} - I_n]$$

$$\therefore I_n = \frac{n-1}{n}I_{n-2}\ (n=2,4\cdots),\quad I_0 = \int_0^{\frac{\pi}{2}}\sin^0\theta\,d\theta = \int_0^{\frac{\pi}{2}}d\theta = \frac{\pi}{2}$$

$$\therefore I_6 = \frac{5}{6}I_4 = \frac{5}{6}\cdot\frac{3}{4}I_2 = \frac{5}{6}\cdot\frac{3}{4}\cdot\frac{1}{2}I_0 \Rightarrow I_6 = \frac{5}{16}I_0 = \frac{5}{32}\pi,\ I_4 = \frac{3}{8}I_0 = \frac{3}{16}\pi$$

$$\therefore S = 12a^2\left(\frac{3}{16}\pi - \frac{5}{32}\pi\right) = \frac{12}{32}(6-5)\pi a^2 = \frac{3}{8}\pi a^2$$

●曲線の長さ

$$\begin{cases}\dfrac{dx}{d\theta} = 3a\cos^2\theta\cdot(-\sin\theta)\\ \dfrac{dy}{d\theta} = 3a\sin^2\theta\cdot\cos\theta\end{cases} \Rightarrow L = 4\int_{(0,a)}^{(0,a)}ds = 4\int_0^{\frac{\pi}{2}}\sqrt{\left(\frac{dx}{d\theta}\right)^2 + \left(\frac{dy}{d\theta}\right)^2}d\theta$$

$$\left(\frac{dx}{d\theta}\right)^2 + \left(\frac{dy}{d\theta}\right)^2 = 9a^2[\cos^4\theta\cdot\sin^2\theta + \sin^4\theta\cdot\cos^2\theta] = 9a^2\cos^2\theta\cdot\sin^2\theta$$

$$= (3a)^2(\sin\theta\cos\theta)^2 = (3a)^2\left(\frac{\sin 2\theta}{2}\right)^2$$

$$L = 12a\int_0^{\frac{\pi}{2}}\frac{\sin 2\theta}{2}d\theta = 6a\int_0^{\frac{\pi}{2}}\sin 2\theta\,d\theta = 6a\left[-\frac{1}{2}\cos 2\theta\right]_0^{\frac{\pi}{2}} = -3a(-1-1) = 6a$$

[4] カージオイド曲線の面積と長さ

カージオイドはギリシア語で「心臓形」を表します。カージオイドは、(1.0)を中心とする半径1の円の円周上の点と原点を結ぶ直線を直径とする円の包絡線（P.158 参照）でもあります。

●パスカルの蝸牛形（リマソン曲線）　●カージオイド（心臓形）

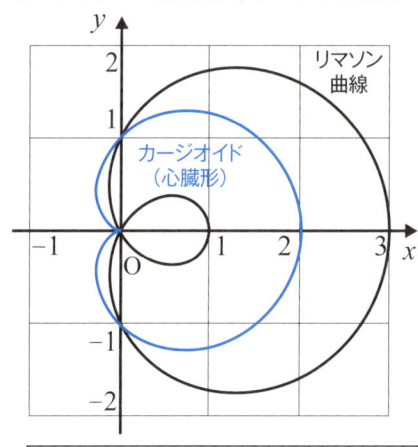

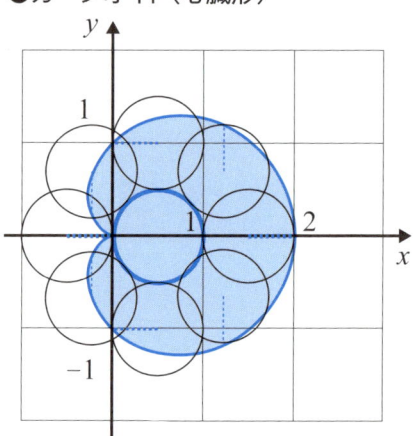

パスカルの蝸牛形（リマソン曲線）
$$\begin{cases} x = (l + a\cos\theta)\cos\theta \\ y = (l + a\cos\theta)\sin\theta \end{cases}$$

$a = l \Rightarrow \begin{cases} x = a(1+\cos\theta)\cos\theta \\ y = a(1+\cos\theta)\sin\theta \end{cases}$ カージオイド（心臓形）

$a = 2l \Rightarrow \begin{cases} x = a(1+2\cos\theta)\cos\theta \\ y = a(1+2\cos\theta)\sin\theta \end{cases}$ リマソン曲線

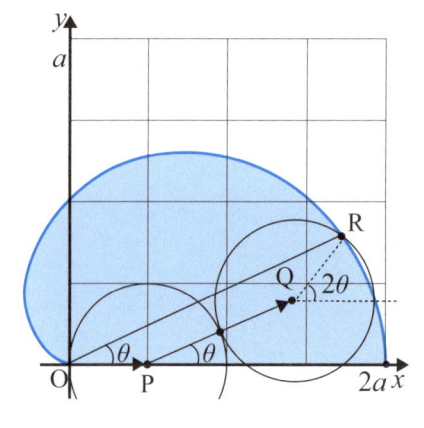

●カージオイドの座標

$\overrightarrow{OP} = \left(\dfrac{a}{2}, 0\right)$　$\overrightarrow{PQ} = (a\cos\theta, a\sin\theta)$

$\overrightarrow{QR} = \left(\dfrac{a}{2}\cos 2\theta, \dfrac{a}{2}\sin 2\theta\right)$

$\overrightarrow{OR} = \overrightarrow{OP} + \overrightarrow{PQ} + \overrightarrow{QR}$

$= \left(\dfrac{a}{2} + a\cos\theta + \dfrac{a}{2}\cos 2\theta, a\sin\theta + \dfrac{a}{2}\sin 2\theta\right)$

$= (a(1+\cos\theta)\cos\theta, a(1+\cos\theta)\sin\theta)$

カージオイド曲線はマイクやアンテナの指向性を表し、電波源の方向を調べる用途にも利用されます。

カージオイドは、「パスカルの原理」で有名なパスカルの父親が、角の三等分のために発見した「パスカルの蝸牛形」（蝸牛：かたつむり）の一種であり、蝸牛を意味するラテン語にちなんで「リマソン曲線」とも呼ばれます。リマソン曲線は NTT のロゴに類似しています。

●リマソン曲線

●面積

$$\begin{cases} x = a(1+\cos\theta)\cos\theta \\ y = a(1+\cos\theta)\sin\theta \end{cases} \Rightarrow r = a(1+\cos\theta)$$

極座標で表せる場合はその方が積分が簡単（P.30参照）。

$$\frac{S}{2} = \frac{1}{2}\int_0^\pi [g(r)]^2 d\theta = \frac{1}{2}\int_0^\pi [a(1+\cos\theta)]^2 d\theta = \frac{a^2}{2}\int_0^\pi (1+\cos\theta)^2 d\theta$$

$$\frac{S}{a^2} = \int_0^\pi (1+\cos\theta)^2 d\theta = \int_0^\pi (\cos^2\theta + 2\cos\theta + 1)d\theta$$

$$= \int_0^\pi \left(\frac{\cos 2\theta + 1}{2} + 2\cos\theta + 1\right)d\theta = \left[\frac{1}{2}\sin 2\theta + 2\sin\theta + \frac{3}{2}\theta\right]_0^\pi = \frac{3}{2}\pi, \quad S = \frac{3}{2}\pi a^2$$

●曲線の長さ

$$\begin{cases} x = a(1+\cos\theta)\cos\theta = a(\cos\theta + \cos^2\theta) \\ y = a(1+\cos\theta)\sin\theta = a(\sin\theta + \sin\theta\cos\theta) \end{cases}$$

微分するには展開してからの方が簡単。

$$L = 2\int_{(2,0)}^{(0,0)} ds = 2\int_0^\pi \sqrt{\left(\frac{dx}{d\theta}\right)^2 + \left(\frac{dy}{d\theta}\right)^2} d\theta$$

$$\begin{cases} \dfrac{dx}{d\theta} = a[-\sin\theta - 2\sin\theta\cos\theta] = -a(\sin\theta + \sin 2\theta) \\ \dfrac{dy}{d\theta} = a[\cos\theta + \cos^2\theta - \sin^2\theta] = a[\cos\theta + \cos 2\theta] \end{cases}$$

$$\left(\frac{dx}{d\theta}\right)^2 + \left(\frac{dy}{d\theta}\right)^2 = a^2\left[(\sin\theta + \sin 2\theta)^2 + (\cos\theta + \cos 2\theta)^2\right]$$

$$= a^2[2 + 2\sin\theta\sin 2\theta + 2\cos\theta\cos 2\theta] = 2a^2[1 + \cos(2\theta - \theta)]$$

$$= 2a^2(1+\cos\theta) = 4a^2\cos^2\frac{\theta}{2} = \left(2a\cos\frac{\theta}{2}\right)^2$$

$$L = 2\int_0^\pi \left(2a\cos\frac{\theta}{2}\right)d\theta = 4a\int_0^\pi \cos\frac{\theta}{2}d\theta = 4a\left[2\sin\frac{\theta}{2}\right]_0^\pi = 8a$$

Sec.9 2×2の行列と行列式の使い方

[1] 行列と行列式の意味と用途

●行列は何に使う

本書で「行列」は、2元1次連立方程式の解法にしか利用しません。ですから、**2元1次連立方程式から行列をつくる手順と逆行列の求め方**さえ理解いただければ十分です。本節ではその内容だけを解説します。

●行列とは何か

行列は、変数が2つ以上の複数の1次式で表される関係を簡潔に記述するために用いられます。行列を利用すると、2元連立1次方程式をいつも同じ形で解くことができます。複数の1次方程式を変数を消去して解いていってもよいのですが、これを2×2の正方行列（行数と列数が等しい行列）で表して解く方が、見通しよく解くことができます。

正方行列の「行列式」の値が0になると行列に対応する2元連立1次方程式が解けません。行列式はこの判別に利用します。

行列の基本は多元連立1次方程式であり、その計算はコンピュータがもっとも得意とする計算分野であって、建物や橋の構造計算や電子回路の解析に多く用いられます。行列はまた、座標上の平行移動や回転などに用いられたり、「確率過程」の分野で気象や経済の予測に用いられたりします。

●行列と線型代数

行列は、線型性を満たす数学的対象に関する学問である「線型代数」と呼ばれる数学のほんの入門部分にすぎません（「線型」は「linear」の訳であり線の形（line type）を示しているわけではないので「線形」とはいいません）。線型代数というとその先にもっとむずかしい内容が続きますが、本書では不要です。

P.27では「微積分の線型性」を述べましたが、同様に微分方程式などでも線型性/非線型性が重要になります。行列の線型性とは次のようなものです。

$$A \equiv \begin{pmatrix} a & b \\ c & d \end{pmatrix}, \quad B \equiv \begin{pmatrix} e & f \\ g & h \end{pmatrix} \text{に対して、和と定数倍を次のように定義すると、}$$

$$A + B = \begin{pmatrix} a & b \\ c & d \end{pmatrix} + \begin{pmatrix} e & f \\ g & h \end{pmatrix} \equiv \begin{pmatrix} a+e & b+f \\ c+g & d+h \end{pmatrix} \leftarrow 和$$

$$pA = p\begin{pmatrix} a & b \\ c & d \end{pmatrix} \equiv \begin{pmatrix} pa & pb \\ pc & pd \end{pmatrix} \leftarrow 定数倍$$

次のように線型性が成立します。

$$\underbrace{f(pA + qB)}_{和の分解} = \underbrace{pf(A)}_{} + \underbrace{qf(B)}_{}$$

$$\underbrace{\begin{pmatrix} pa+qe & pb+qf \\ pc+qg & pd+qh \end{pmatrix} = \begin{pmatrix} pa & pb \\ pc & pd \end{pmatrix} + \begin{pmatrix} qe & qf \\ qg & qh \end{pmatrix} = p\begin{pmatrix} a & b \\ c & d \end{pmatrix} + q\begin{pmatrix} e & f \\ g & h \end{pmatrix}}_{定数倍の分解}$$

［2］行列をつくって2元連立1次方程式を解く

　行列は、(x, y) という2つの変数で構成された「変数ベクトル」を、たとえば2つの定数 a、b を使って「$ax+by$」に変換するためのツールです。

$$\begin{cases} ax + by \\ cx + dy \end{cases} \Leftrightarrow \begin{pmatrix} a & b \\ c & d \end{pmatrix} \begin{pmatrix} x \\ y \end{pmatrix}$$

●行列のつくり方

　ベクトルは複数の「成分」で構成され、行列の成分は「要素」とも呼ばれます。青実線で示した要素同士の積の和が左上段の式、青点線で示した要素同士の積の和が左下段の式になります。これが行列のつくり方です。

　もっと簡単にいうと、次のようになります。

(1) 2元連立1次方程式を $ax+by=c$ の形に整理する。

(2) その係数を行列の中に配置する。

●2元連立1次方程式の解き方

2元連立1次方程式において、行列 A とベクトル X、P を次のように定義すると、2元1次方程式が行列とベクトルの関係式として得られます。X は変数ベクトル、P は定数ベクトルと呼ばれます。

$$\begin{cases} ax+by=p \\ cx+dy=q \end{cases} \Leftrightarrow \begin{pmatrix} a & b \\ c & d \end{pmatrix}\begin{pmatrix} x \\ y \end{pmatrix} = \begin{pmatrix} p \\ q \end{pmatrix} \Leftrightarrow AX=P$$

(行列 $=A$、ベクトル $=X$、$=P$)

正方行列 A には、ある一定の条件を満たす場合に限り「逆行列 A^{-1}」が存在し、元の行列とかけあわせると「単位行列 I」(ベクトルにかけても内容が変わらない行列)になります($A^{-1}A=I$)。そのある条件は、逆行列をつくる過程で判明します。単位行列 I は記述する必要がないので、数字の1と同様に消えます。

逆行列は右頁上段の計算にしたがいます。行列 A とその逆行列 A^{-1} の積は次のようになります。

$$A^{-1}A = \frac{1}{ad-bc}\begin{pmatrix} d & -b \\ -c & a \end{pmatrix}\begin{pmatrix} a & b \\ c & d \end{pmatrix} = \begin{pmatrix} 1 & 0 \\ 0 & 1 \end{pmatrix} = I$$

まとめると次のようになります。

●逆行列のつくり方

2×2の行列の逆行列の求め方を簡単にまとめると次のようになります。

(1) 行列の $ad-bc$ を分母とする分数をつくる。

(2) 左上・右下成分を交換し、右上・左下成分に(-1)をかけた行列を分数の後ろに書く。

行列の逆行列と積の非可換性の計算

●行列の積の定義と非可換性の関係

行列 $A \equiv \begin{pmatrix} a & b \\ c & d \end{pmatrix}$, $B \equiv \begin{pmatrix} e & f \\ g & h \end{pmatrix}$ に対して、積 AB を次のように定義すると、

$$AB = \begin{pmatrix} a & b \\ c & d \end{pmatrix}\begin{pmatrix} e & f \\ g & h \end{pmatrix} \equiv \begin{pmatrix} ae+bg & af+bh \\ ce+dg & cf+dh \end{pmatrix}$$

積 BA は次のようになり、

$$BA = \begin{pmatrix} e & f \\ g & h \end{pmatrix}\begin{pmatrix} a & b \\ c & d \end{pmatrix} = \begin{pmatrix} ae+fc & be+df \\ ag+ch & bg+dh \end{pmatrix}$$

積 AB の各要素と積 BA の各要素は等しいとは限らないので、$AB \neq AB$ となる。

$$\begin{cases} ae+bg \neq ae+fc \\ af+bh \neq be+df \\ ce+dg \neq ag+ch \\ cf+dh \neq bg+dh \end{cases} \Rightarrow AB \neq AB$$

●逆行列を求める計算

行列 $A \equiv \begin{pmatrix} a & b \\ c & d \end{pmatrix}$ に対して、$BA = I = \begin{pmatrix} 1 & 0 \\ 0 & 1 \end{pmatrix}$ となる行列 $B \equiv \begin{pmatrix} e & f \\ g & h \end{pmatrix}$ を求める。

$$BA = \begin{pmatrix} e & f \\ g & h \end{pmatrix}\begin{pmatrix} a & b \\ c & d \end{pmatrix} = \begin{pmatrix} ae+fc & be+df \\ ag+ch & bg+dh \end{pmatrix} = \begin{pmatrix} 1 & 0 \\ 0 & 1 \end{pmatrix}$$

この関係から 4 つの方程式が得られ、これらを解くと、

$$\begin{cases} ae+fc=1 \\ be+df=0 \\ ag+ch=0 \\ bg+dh=1 \end{cases} \Rightarrow \begin{cases} f=-\dfrac{b}{d}e \\ g=-\dfrac{c}{a}h \end{cases} \Rightarrow \begin{cases} ae+c\left(-\dfrac{b}{d}e\right)=\dfrac{ad-bc}{d}e=1 \\ b\left(-\dfrac{c}{a}h\right)+dh=\dfrac{ad-bc}{a}h=1 \end{cases}$$

$$ad \neq bc \Rightarrow \begin{cases} e=\dfrac{d}{ad-bc} \\ h=\dfrac{a}{ad-bc} \end{cases} \Rightarrow \begin{cases} f=\dfrac{-b}{ad-bc} \\ g=\dfrac{-c}{ad-bc} \end{cases} \Rightarrow \begin{pmatrix} e & f \\ g & h \end{pmatrix} = \dfrac{1}{ad-bc}\begin{pmatrix} d & -b \\ -c & a \end{pmatrix}$$

逆行列が得られます。

●2元連立1次方程式の解

方程式から行列をつくり、その行列の逆行列をつくって「行列方程式に左からかける」と、左辺は変数ベクトルになり、右辺の定数ベクトルに逆行列をかけたものが2元連立1次方程式の解です。以上をまとめると次のようになります。

$$\underset{\text{2元1次方程式}}{\begin{cases} ax+by=p \\ cx+dy=q \end{cases}} \Leftrightarrow \begin{pmatrix} a & b \\ c & d \end{pmatrix}\begin{pmatrix} x \\ y \end{pmatrix} = \begin{pmatrix} p \\ q \end{pmatrix} \Leftrightarrow \underset{\text{行列方程式}}{AX=P}$$

行列方程式の解は

$$X = A^{-1}P \quad A^{-1} = \frac{1}{ad-bc}\begin{pmatrix} d & -b \\ -c & a \end{pmatrix}$$

まとめて書くと、 $X = \dfrac{1}{ad-bc}\begin{pmatrix} d & -b \\ -c & a \end{pmatrix}\begin{pmatrix} p \\ q \end{pmatrix}$

●行列の非可換性

上で「左からかける」と述べたのは、**行列を右からかけた結果と左からかけた結果が異なる**からです(「積の非可換性」といいます)。この説明は前頁に示しました。

●2元連立1次方程式の解が存在する条件

行列の「$ad-bc$」は行列 A の「行列式」と呼ばれ、「det」(determinant)で表し、「$det\ A = ad-bc$」と表現します。2元連立1次方程式では「$ad-bc$」がキーポイントです。これが 0 の場合は解が定まりません。

$$\begin{cases} ax+by=p & (\times c) \Rightarrow acx+bcy=cp \\ cx+dy=q & (\times a) \Rightarrow acx+ady=aq \end{cases} \Rightarrow y(bc-ad) = cp-aq$$

$$ad-bc=0 \Rightarrow \forall y(cp=aq)$$

$$ad-bc \neq 0 \Rightarrow y = \frac{aq-cp}{ad-bc}$$

この関係が示すことは、$acx+bcy=cp(=aq)$ を満たす (x,y) がすべて解であるが、係数が $cp=aq$ を満たさなければならない。ということです。係数が $cp=aq$ を満たす場合には (x,y) は1組には決まらず、これを不定解といいます。逆に係数

が $cp=aq$ を満たさない場合には「解はなし」ということになるわけです。これは「一般の係数に対しては解はない」ということです。

右の計算は、左頁の $cp \neq aq$ の場合であり「解なし」となります。解があるかないかは、行列式を計算すればすぐにわかります。

$$\begin{cases} x+2y=4 \\ 2x+4y=6 \end{cases} \Leftrightarrow \begin{pmatrix} 1 & 2 \\ 2 & 4 \end{pmatrix}\begin{pmatrix} x \\ y \end{pmatrix}=\begin{pmatrix} 4 \\ 6 \end{pmatrix}$$

$$\begin{pmatrix} 1 & 2 \\ 2 & 4 \end{pmatrix}^{-1}=\frac{1}{4-4}\begin{pmatrix} 4 & -2 \\ -2 & 1 \end{pmatrix}$$

[3] 2元連立1次方程式の解き方を比べる

簡単な2元連立1次方程式を、さまざまな方法で解きます。行列を使って解が出てくるようすを見てください。右に示す問題を3つの方法で解きます。

$$\begin{cases} x+2y=4 \\ 3x+4y=6 \end{cases}$$

●**消去法**

$$\begin{cases} x+2y=4 & (A) \\ 3x+4y=6 & (B) \end{cases}$$

$2A-B$ を求めて y を消去する。

$2(A)-(B)=-x=8-6=2$

$x=-2, \quad y=\frac{1}{2}(4+2)=3$

●**代入法**

$$\begin{cases} x+2y=4 \Rightarrow x=4-2y \\ 3x+4y=6 \end{cases}$$

$3(4-2y)+4y=6 \Rightarrow 2y=6 \Rightarrow y=3, \quad x=-2$

●**行列を使う場合**

$$\begin{cases} x+2y=4 \\ 3x+4y=6 \end{cases} \Leftrightarrow \begin{pmatrix} 1 & 2 \\ 3 & 4 \end{pmatrix}\begin{pmatrix} x \\ y \end{pmatrix}=\begin{pmatrix} 4 \\ 6 \end{pmatrix}$$

$$\begin{pmatrix} 1 & 2 \\ 3 & 4 \end{pmatrix}^{-1}=\frac{1}{4-6}\begin{pmatrix} 4 & -2 \\ -3 & 1 \end{pmatrix}=-\frac{1}{2}\begin{pmatrix} 4 & -2 \\ -3 & 1 \end{pmatrix}$$

$$\begin{pmatrix} x \\ y \end{pmatrix}=\begin{pmatrix} 1 & 2 \\ 3 & 4 \end{pmatrix}^{-1}\begin{pmatrix} 4 \\ 6 \end{pmatrix}=\begin{pmatrix} 4 & -2 \\ -3 & 1 \end{pmatrix}\begin{pmatrix} -2 \\ -3 \end{pmatrix}=\begin{pmatrix} -8+6 \\ 6-3 \end{pmatrix}=\begin{pmatrix} -2 \\ 3 \end{pmatrix}$$

行列が便利なのは次の場合です。
- 文字係数のままで解を求める場合で、その計算が面倒な場合
- 方程式の係数が複雑で消去法や代入法では計算が面倒な場合
- コンピュータで計算する場合

第2章 高校物理から始まる微分方程式

自然現象の変化は微分方程式にしたがいます。第2章では、高校物理で登場した運動方程式と微分方程式の関係から始めて、常微分方程式を解説します。

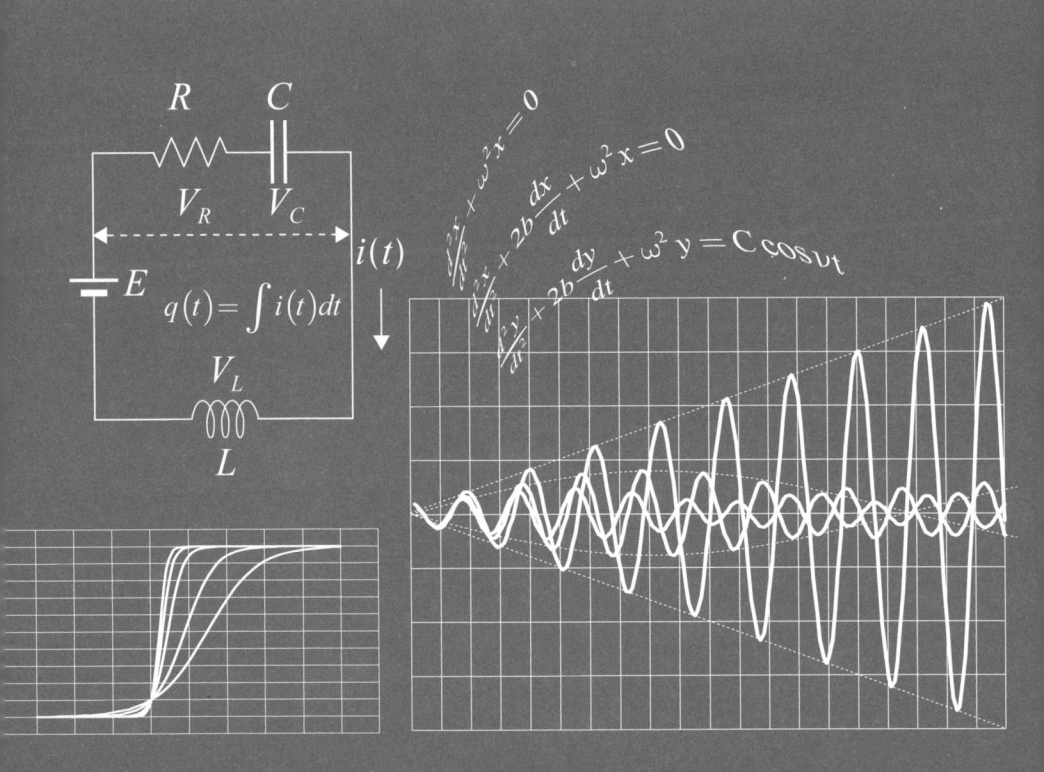

Sec.1 高校物理にもあった微分方程式

［1］高校物理と微分方程式の代表例

　何らかの未知の関数とその導関数の間の関係を記述した、関数に関する方程式を微分方程式といいます。含まれる導関数の種類によって数多くの種類の微分方程式がありますが、物理の世界は実は「微分方程式だらけ」です。

　「運動方程式」と呼ばれるものはすべて微分方程式です。運動方程式では、次のように、左辺に力、右辺に加速度を表記します。

$$F = m\alpha$$

　この右辺は、加速度 α が位置を表す x を時間で微分した速度 $dx/dt = v$ をさらに微分した「2階の微分」であり、導関数を明示して書くと、上の運動方程式は、

$$\alpha = \frac{dv}{dt} = \frac{d}{dt}\left(\frac{dx}{dt}\right) = \frac{d^2 x}{dt^2} \Rightarrow F = m\frac{d^2 x}{dt^2}$$

となります。この式の右辺に力 F が表すものを記述して解いていくので、**運動方程式を解くすべての計算が、実はすべて微分方程式を解いていたのです。**

　代表的な例をあげてみましょう。
- ●落下運動（自由落下、空気抵抗のある落下）
- ●斜面を滑り降りる運動（自由滑降、空気抵抗のある滑降）
- ●バネによる単振動や振り子による運動、波の運動

　その他、放射性崩壊やコンデンサーの放電、電場・磁場の関係の中にも微分方程式があります。高校数学では一時期、微分方程式があつかわれたことがあり

ましたが、高校物理は「微積分を利用しない物理」、大学物理は「微積分を利用する物理」です。微分方程式の骨格を解説する前にまず、力学における基本的な微分方程式を探し出してみましょう。

[2] 自由落下運動と微分方程式（右辺が定数の場合）

最高次数の導関数が2次の微分方程式を「2階の微分方程式」といいます。微分方程式では、2階の導関数は「2階微分」と略称されます。**落下運動の運動方程式は2階微分が定数の微分方程式**です。

$$F = m\frac{d^2 x}{dt^2} = mg \Rightarrow \frac{d^2 x}{dt^2} = g$$

落下運動を解く際には、「2階微分が定数の微分方程式」を解いていたのです。その結果が次のようになることはご存知でしょう。これは実は微積分の計算だったのです。落下距離、速度、加速度の関係はまさに微積分で関係づけられています。

高校物理で学んだ位置（落下距離）を微分して速度を求め、速度をさらに微分して加速度を求めてみましょう。このように、落下距離の1階微分が速度、速度を微分した2階微分が加速度であり、加速度を積分したものが速度、速度を積分したものが距離なのです。

$$\begin{array}{ll} \text{位置} & x = \frac{1}{2}gt^2 \quad x = \int v\,dt = g\int t\,dt = \frac{1}{2}gt^2 \\ \text{速度} & v = \frac{dx}{dt} = gt \quad\quad v = \int g\,dt = g\int dt = gt \\ \text{加速度} & \alpha = \frac{dv}{dt} = g \end{array}$$

（微分 / 積分）

距離、速度、加速度の関係はまさに微積分で関係づけられています。この落下運動のグラフを次頁に示します。これが、「2階微分＝定数の微分方程式」の解の

グラフです。他の運動でも「2階微分＝定数」の場合はみな同じです。

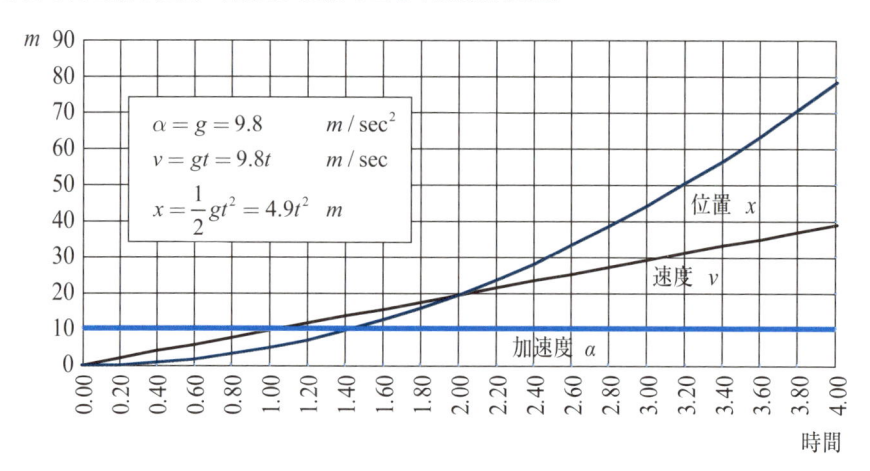

●目で見る落下運動（右辺が定数の2階の微分方程式）

$\alpha = g = 9.8 \quad m/\sec^2$
$v = gt = 9.8t \quad m/\sec$
$x = \frac{1}{2}gt^2 = 4.9t^2 \quad m$

定数の加速度は水平な直線、速度は加速度を傾きとする直線、位置（落下距離）は速度を積分した2次関数となります。

［3］バネによる振動と微分方程式（右辺が変位に比例する場合）

次に、平面上のバネにつながれた物体の振動運動は、変位 x に比例する逆向きの力を受ける運動であり、これは三角関数で表される運動でした。

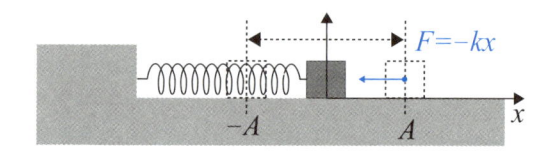

$$F = m\alpha = -kx \Rightarrow m\frac{d^2x}{dt^2} = -kx \Rightarrow \frac{d^2x}{dt^2} = -\left(\frac{k}{m}\right)x$$

$$\omega^2 \equiv \left(\frac{k}{m}\right) \Rightarrow x = A\sin(\omega t + \theta_0)$$

落下運動が2階微分=定数の微分方程式で表されるのに対して、バネによる振動運動は力（加速度）が変位 x に負数の比例定数で比例するので、**右辺が変位 x に負数で比例する2階の微分方程式**で表されます。

　これは「単振動」と呼ばれ、量子力学や統計力学にも頻繁に登場する、非常に基本的な振動運動の1つです。このような、2階微分が変位 x に比例する微分方程式は、比例定数が正の場合は指数関数、負の場合は三角関数で表されることがわかっています。この解説には少し準備が必要なので、P.91 で解説します。

　三角関数で表された変位 $A\sin(\omega t+\theta_0)$ を微分して、元の微分方程式を満足していることを確認しておきます。

$$\begin{cases} v = \dfrac{dx}{dt} = \omega A\cos(\omega t + \theta_0) \\ \alpha = \dfrac{dv}{dt} = -\omega^2 A\sin(\omega t + \theta_0) \end{cases} \Rightarrow \dfrac{d^2 x}{dt^2} = -\omega^2 x$$

　この場合も、変位、速度、加速度は微積分で関係づけられています。この振動運動のグラフを示します。これが、**2階微分が変位 x に逆向きで比例する微分方程式の解のグラフ**です。

●目で見る振動（2階微分が変位に負数で比例する微分方程式）

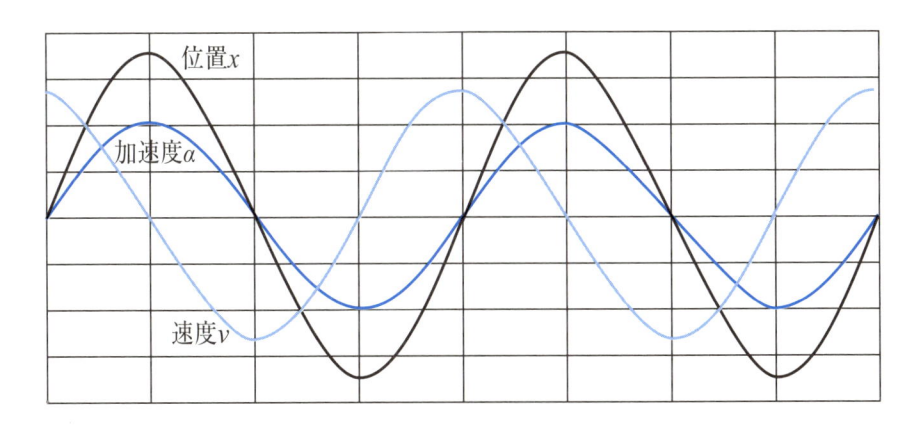

前頁のグラフは $\omega^2 A=1$、$\omega<1$ の場合のものです。変位が大きくなればなるほど逆向きの大きな力がかかるのが振動運動です。

[4] 動摩擦がある斜面上の落下運動と微分方程式

次に、斜面上の運動は落下運動とあまり変わらないので「動摩擦がある場合の斜面上の運動」を考えます。

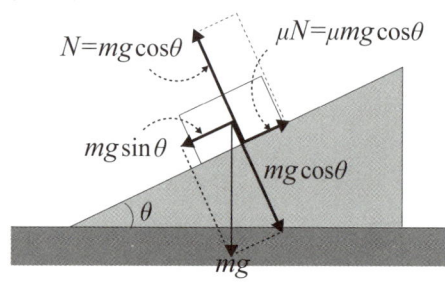

重力は、斜面に平行な $mg\sin\theta$ と斜面に垂直な $mg\cos\theta$ とに分解され、$mg\sin\theta$ が斜面を滑り降りる運動を起こします。次に、斜面を押す $mg\cos\theta$ の反作用力として、物体は斜面から同じ大きさの抗力を受けますが、この抗力に動摩擦係数 μ を乗じた $\mu mg\cos\theta$ が落下に逆らう力となり、下の方程式が得られます。

$$\text{運動方程式}\quad F = m\alpha = mg\sin\theta - \mu mg\cos\theta$$
$$\text{微分方程式}\quad \frac{d^2x}{dt^2} = \alpha = g(\sin\theta - \mu\cos\theta)$$

ということは、微分方程式の右辺が定数 $g(\sin\theta - \cos\theta)$ になり、自由落下運動とまったく同じで、加速度が少しだけ（$\mu m\cos\theta$）小さい微分方程式に帰着します。「パターンがわかれば解けたも同じ」なのです。

$$\begin{aligned} F &= m\alpha = mg\sin\theta - \mu mg\cos\theta \\ \frac{d^2x}{dt^2} &= g\sin\theta - \mu g\cos\theta = g(\sin\theta - \mu\cos\theta) \end{aligned} \Rightarrow \begin{cases} v = \alpha t = gt(\sin\theta - \mu\cos\theta) \\ x = \dfrac{1}{2}gt^2(\sin\theta - \mu\cos\theta) \end{cases}$$

[5] 重力があるバネ振動と微分方程式

次に、もっと微分方程式らしい例を紹介しましょう。「重力がある場合のバネにつながれた物体の運動」では、働く力は重力とバネの力の両方であり、最初に得られる微分方程式の右辺には、変位に比例した項と定数項が両方現れます。

$$F = m\alpha = mg - kx = m\frac{d^2x}{dt^2} \Rightarrow \frac{d^2x}{dt^2} = \underbrace{g}_{\text{定数}} - \underbrace{\left(\frac{k}{m}\right)x}_{\text{変位}}$$

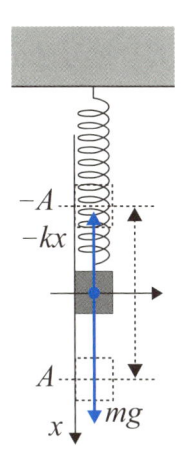

しかしこれは「$x=y+g(m/k)$」という置き換えをすると右辺から定数が消えて、変位に比例する項だけの微分方程式に帰着できます。これは前述したバネの運動と同じであり、その運動は、重力がない場合の振動の中心より少し ($g(m/k)$) 下の位置を中心とした振動運動です。**重力がない場合とパターンは同じなのです。**

$$x \equiv y + p \Rightarrow \frac{d^2}{dt^2}(y+p) = g - \left(\frac{k}{m}\right)(y+p)$$

$$\Rightarrow \frac{d^2y}{dt^2} = g - \left(\frac{k}{m}\right)(y+p) = -\left(\frac{k}{m}\right)y + \left[g - \left(\frac{k}{m}\right)p\right]$$

$$\underline{p \equiv g\left(\frac{m}{k}\right)} \Rightarrow \underline{\frac{d^2y}{dt^2} = -\left(\frac{k}{m}\right)y \equiv -\omega^2 y}$$

この置き換えで　　定数が消えて振動の形になる

$$y = A\sin(\omega t + \theta_0) \Rightarrow x = y + p = A\sin(\omega t + \theta_0) + \underline{g\left(\frac{m}{k}\right)}$$

振動の中心がこの分だけ下に下がる →

まとめると、振動運動の場合は、加速度がわかれば位置がわかってしまうので、解はこのようになります。

$$x \equiv y + g\left(\frac{m}{k}\right) \Rightarrow \frac{d^2y}{dt^2} = -\omega^2 y$$
$$\Rightarrow x = A\sin(\omega t + \theta_0) + g\left(\frac{m}{k}\right)$$

[6] 振り子の運動の微分方程式

ここまでは簡単だったのですが、次は少し大変です。糸の一端を固定し、他端におもりを付けてつるし、鉛直面内で振らせるものを「単振り子」といいます（これに対して、振動が鉛直面内でない場合は糸が円錐表面の形を描く「円錐振り子」になります）。

高校物理ではこれは「本質的には単振動と同じもの」と習ったはずです。しかしこれは、**振れ角が非常に小さい場合にだけ適用できる**ことで、振れ角がおおむね40°を超えるとズレが目立ってきます。まず運動方程式を書いてみましょう。力の分解の考え方を語る好例なので、少し遠回りします。

右頁に2つの方法を示します。最初は水平・垂直の2つの方向に力を分解してみましたが、この考え方は使い物になりません。水平・垂直のどちらにも張力 T が残り、これは定数ではなく時間 t や角度 θ の関数になるので、あつかいが面倒です。この方法ではまず解けません。

一方糸の長さは変わらないので、運動によって変化するのは振れ角 θ だけです。したがって、力は水平・垂直ではなく接線方向・法線方向に分解しなければなりません。そして**解くのは振れ角 θ に関する方程式**です。θ が非常に小さい場合には、$\sin\theta$ を θ で近似でき（「$\sin\theta \sim \theta$」と表記します）、この手法を使えばおなじみの微分方程式が得られ、P.74 に示した例と同じなので容易に解くことができます。

$$\sin\theta \sim \theta \Rightarrow \frac{d^2\theta}{dt^2} = -\omega^2\theta \Rightarrow \theta = A\sin(\omega t + \alpha)$$

θ を x で置き換えると、高校物理の方程式が得られます。

$$\frac{d^2 x}{dt^2} = -\omega^2 x \Rightarrow x = A\sin(\omega t + \alpha)$$

しかし、θ がおおむね40°を超えると、$\sin\theta$ を θ で近似できなくなります。θ で近似できる場合は「線型微分方程式」なのですが、θ で近似できない場合は元の微分方程式「$(d^2x/dt^2) = -\omega^2\sin\theta$」を解かなければならなくなります。これ

単振り子の運動がしたがう微分方程式の導出

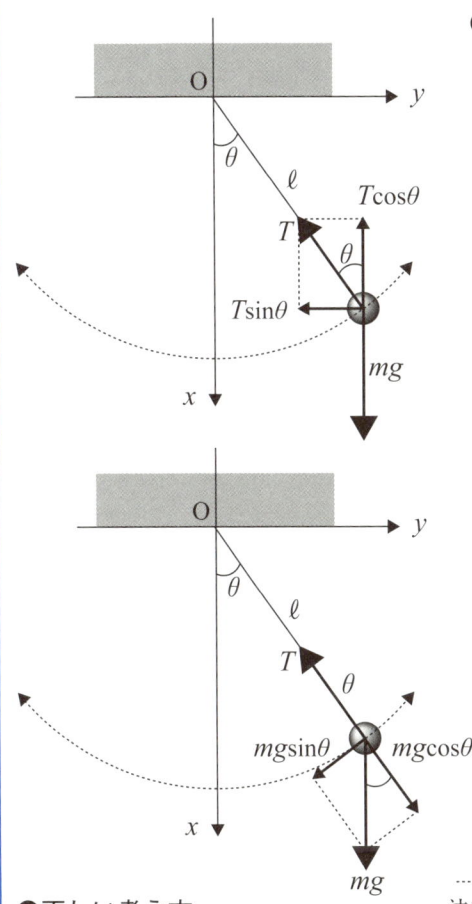

●間違った考え方

おもりにかかる張力を水平方向と垂直方向に分解し、重力を加えて運動方程式を書く。

$$\begin{cases} F_x = mg - T\cos\theta = m\dfrac{d^2x}{dt^2} \\ F_y = -T\sin\theta = m\dfrac{d^2y}{dt^2} \end{cases}$$

質量で割って微分方程式を導く。

$$\begin{cases} \dfrac{d^2x}{dt^2} = g - \dfrac{T}{m}\cos\theta \\ \dfrac{d^2y}{dt^2} = -\dfrac{T}{m}\sin\theta \end{cases}$$

おもりの座標 (x,y) を糸の長さと振れ角 θ で表し、運動方程式から振れ角を消去する。

$$\begin{cases} x = l\cos\theta \\ y = l\sin\theta \end{cases} \Rightarrow \begin{cases} \dfrac{d^2x}{dt^2} = g - \left(\dfrac{T}{lm}\right)x \\ \dfrac{d^2y}{dt^2} = -\left(\dfrac{T}{lm}\right)y \end{cases}$$

これで解ければよいのですが、実は張力 T が θ に依存する $T(\theta)$ であるために、これは間違っています。

●正しい考え方

他にも遠心力が生じて、これが張力や重力と釣り合っています。ですから力は水平・垂直ではなく接線・法線方向に分解しなければなりません。

$$\begin{cases} F_r = T(\theta) = mr\omega^2 - mg\cos\theta \\ F_\theta = -mg\sin\theta = m\dfrac{d^2s}{dt^2} \end{cases}$$

法線方向の運動はないので、振れ角だけの微分方程式を導きます。

$$\begin{cases} \dfrac{d^2s}{dt^2} = -g\sin\theta \\ s = l\theta \end{cases} \Rightarrow \dfrac{d^2\theta}{dt^2} = -\dfrac{g}{l}\sin\theta$$

s: 周の長さは糸の長さ×触れ角

次の微分方程式が得られます。

$$\boxed{\omega^2 \equiv \dfrac{g}{l} \Rightarrow \dfrac{d^2\theta}{dt^2} = -\omega^2\sin\theta}$$

は非線型微分方程式となり、その解は初等関数では表すことができず「楕円関数」が必要になります（線型・非線型の違いは、P.87 参照）。

[7] 放射性崩壊の微分方程式

放射性崩壊とは、不安定な原子（放射性同位体）の原子核が、α粒子またはβ線（以上は素粒子）あるいはγ線（光子、電磁波エネルギー）を放出して他の原子の原子核に変わることです。安定している原子はそのまま安定しますが、不安定な原子はさまざまな崩壊を繰り返し、最終的には鉛の同位体などの元素に至るまで崩壊し続けます。

この放射性崩壊も「**原子の崩壊数は原子数に比例する**」という微分方程式に支配されている現象です。ただし、今までに述べた落下運動や振動運動などを支配する2階の微分方程式とは違って、1階の微分方程式にしたがいます。

原子の崩壊数 $n(t)$ が原子数 $N(t)$ に比例し、その比例定数を λ（ラムダ）とすると、これが原子崩壊の過程を表す微分方程式です。

$$n(t) = -\frac{d}{dt}N(t), \quad \frac{d}{dt}N(t) = -\lambda N(t)$$

比例定数 λ は単位時間に崩壊する割合であり、「崩壊率」と呼ばれます。上の微分方程式を解いて、原子数を時間の関数として求めます。

$$\frac{\frac{dN}{dt}}{N} = -\lambda \Rightarrow \int \frac{\frac{dN}{dt}}{N} dt = -\lambda \int dt \Rightarrow \log N = -\lambda t + C$$
$$N = e^{-\lambda t + C} = e^C e^{-\lambda t}$$
$$t = 0 : N = e^C \equiv N_0 \Rightarrow N = N_0 e^{-\lambda t} \Rightarrow N(t) = N_0 e^{-\lambda t}$$

原子の崩壊では、原子数が元の数の半分になる期間を「半減期」といい、τ（タウ）で表します。上の崩壊率 λ をこの半減期で表します。

$$\frac{N(t+\tau)}{N(t)} = \frac{1}{2} \Rightarrow \frac{N_0 e^{-\lambda(t+\tau)}}{N_0 e^{-\lambda t}} = e^{-\lambda \tau} = \frac{1}{2} \Rightarrow \lambda \tau = \log 2 \Rightarrow \lambda = \frac{\log 2}{\tau}$$

この関係を使って、ある時刻 t における崩壊数の原子数に対する比と半減期の関係を求めます。次のように、崩壊数の原子数に対する比（崩壊割合）と半減期の積は一定値であることがわかります。

$$n(t) = \frac{\log 2}{\tau} N(t) \Rightarrow \tau \cdot \frac{n(t)}{N(t)} = \log 2$$

結果として、原子数の変化は指数関数の減衰曲線で表され（下左図）、崩壊割合と半減期の積のグラフは双曲線になります（下右図）。

●原子数の時間変化

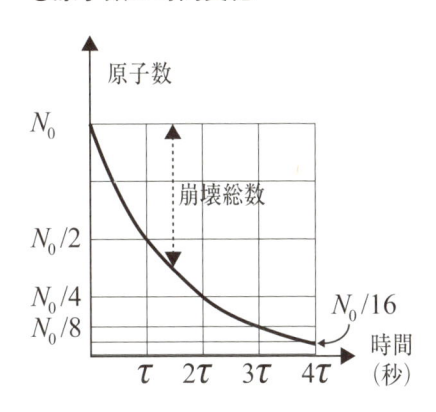

●崩壊割合と半減期の関係

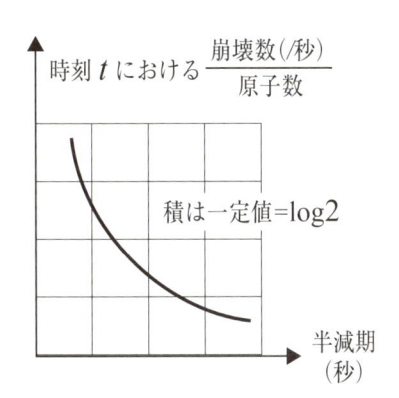

[8] コンデンサーの充放電の微分方程式

コンデンサーを充放電する現象を、高校物理では「時間変化がある現象」として述べていますが、その電気量や電流の変化の方程式はあつかってはいません。

右図に示す、抵抗値 R の抵抗、静電容量 C のコンデンサーと起電力 E の電源からなる直流回路で、コンデンサーの極板にたまっている電気量を $q(t)$ とすると、これは $q(t)$ についての**簡単な1階の線型微分方程式**であり、次節で述べる「変数分離法」を使って、P.96 以降で解きます。

$$q(t) = \int i(t) dt$$

$$\begin{cases} E = V_R + V_C \\ V_R = i(t)R = R\dfrac{d}{dt}q(t) \\ V_C = \dfrac{1}{C}q(t) \end{cases}$$

$$E = R\frac{d}{dt}q(t) + \frac{1}{C}q(t)$$

Sec.2 重力列車のしくみはバネの振動と同じ

[1] 微分方程式がわかれば運動がわかる

　本節では、1つのおもしろい例として、「不思議の国のアリス」の作者であるイギリスの数学者ルイス・キャロルが考えた、重力だけで走る列車「重力列車」を紹介します。これはいったいどんな原理で走るのでしょうか。

　高校物理では主に次の3種類の運動をあつかい、それらは次のような微分方程式で記述されています。微分方程式がわかれば運動がわかります。ですから、重力列車も対応する微分方程式がわかれば運動がわかります。

- 落下運動・斜面を滑り降りる運動： $d^2x/dt^2=g$（定数）　…等加速度運動
- バネの運動や振り子の運動： $d^2x/dt^2=-\omega^2 x$　…振動運動
- 放射性崩壊： $dx/dt=-\lambda x$　…減衰

　重力列車を支配する微分方程式が、実はバネの振動を記述する微分方程式とまったく同じことがわかります。そしてその所要時間を求めるのに時間の積分は不要で、周期運動の場合は多くの場合、周期さえわかれば十分です。

[2] 重力列車とは何か

　重力列車とは、右上図に示すように、重力を利用して地中を走り、短時間で目的地に到着する超高速弾丸列車のことです。最初は重力に引かれてゆっくりと走り出し、だんだん重力で加速して高速になりますが、目的地に着くころは逆向きの力に引かれて減速します。動力は不要ですから、**夢のエコトレイン**です。

　まず、運動方程式を書いてみましょう。列車が角度 θ の地点で受ける重力加速度 α と、その真空チューブ内で受ける進行方向の加速度 β を求めます。出発点における角度は θ_0 です。α は地上ではなく地中での重力加速度なので、$F=mg$

●重力列車

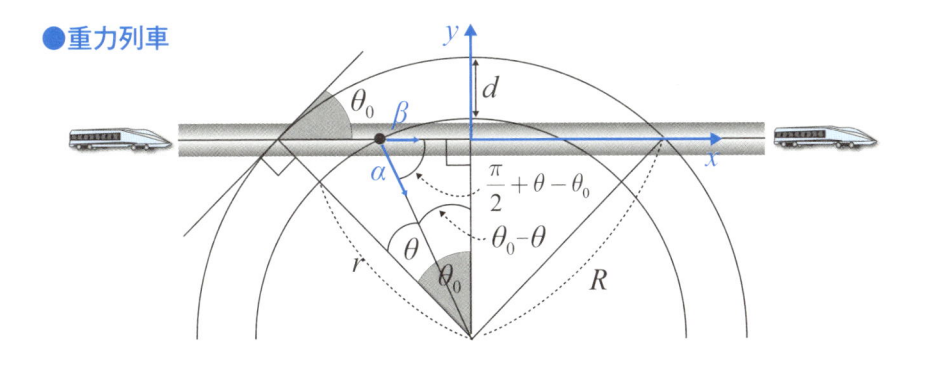

ではなく万有引力の加速度を使います。そして β はその進行方向成分です。

$$F = m\alpha = \frac{GMm}{r^2} \Rightarrow \alpha = \frac{GM}{r^2}$$

$$\beta = \alpha \cos\left(\frac{\pi}{2} + \theta - \theta_0\right) = -\alpha \sin(\theta - \theta_0)$$

　座標軸を上図に示しました。要素の符号に注意します。上の式で GM が邪魔なので、これをなじみのある重力加速度に置き換えます。またこの場合の M は、地球の密度を ρ として、「地球の質量」ではなく重力列車がいる地点における地球の中心からの距離を半径とする「地球の内部質量」です。

$$\begin{cases} \text{地球の内側の質量} \quad M = \frac{4}{3}\pi r^3 \cdot \rho \\ \text{地球全体の質量} \quad M_0 = \frac{4}{3}\pi R^3 \cdot \rho \end{cases} \Rightarrow GM = \left(\frac{r}{R}\right)^3 GM_0$$

物体に働く重力 $\quad f = mg = \dfrac{GM_0 m}{R^2} \Rightarrow GM_0 = gR^2$

$\therefore GM = \left(\dfrac{r}{R}\right)^3 gR^2 = r^2\left(\dfrac{r}{R}\right)g \Rightarrow \alpha = \dfrac{GM}{r^2} = \dfrac{r}{R}g$

$\therefore \beta = -\dfrac{r}{R}g\sin(\theta - \theta_0)$ 　進行方向の加速度

　加速度の次は重力列車の位置を求めて、運動方程式を作ります。位置が三角

関数で表され、その時間についての2階微分が位置の負数倍になっているので、もうそれだけでこの運動が単振動であることがわかります。

$$x(\theta) = -r\sin(\theta_0 - \theta) = r\sin(\theta - \theta_0)$$
$$x(0) = -r\sin\theta_0,\ x(\theta_0) = 0,\ x(2\theta_0) = r\sin\theta_0$$
$$\beta = \frac{d^2x}{dt^2} = -\frac{r}{R}g\sin(\theta - \theta_0) = -\frac{g}{R}x \Rightarrow \frac{d^2x}{dt^2} = -\frac{g}{R}x$$

$$\frac{d^2x}{dt^2} = -\frac{g}{R}x$$

この関係から、次のように位置まで計算できますが、欲しいのは出発点から目的地までの所要時間です。この運動は振動運動ですから、所要時間は振幅の端から端までの移動にかかる時間、したがって周期（＝2π/角速度）の半分です。

$$\omega^2 \equiv \frac{g}{R} \Rightarrow \frac{d^2x}{dt^2} = -\omega^2 x \Rightarrow x = (R\sin\theta_0)\sin(\omega t + \theta_0)$$
$$T = \frac{2\pi}{\omega} = 2\pi\sqrt{\frac{R}{g}} = 2\pi\sqrt{\frac{6378km}{9.8m/s^2}} = 2\pi\sqrt{\frac{6.378\times 10^6}{9.8}}\,(s)$$
$$= 5.07\times 10^3\,(s) = 84\min \Rightarrow \frac{T}{2} = 42\min$$

これはまさに「バネ運動」と同じであって、地球上のどの2点を結んでも所要時間は約42分です。**まったく異なる運動でもそのしくみは共通**なのです。

ただしこの重力列車は、人類の英知がいつの日か超高温・超高圧に打ち勝ったときに初めて実現します。なぜなら、もしニューヨークまで42分で行けるとしても、最大深度はマグマが混在するマントル層内部の$2300km$近くになり、温度は多くの金属が溶けてしまう約1200度、圧力は$110GPa ≒ 110$万気圧（$1MPa = 10$気圧）というものだからです（右頁参照）。

ニューヨーク以遠に行こうとすると今度は溶融金属でできている外核の中を通らなければなりません（右頁表のグレーの部分）。もっと地表近くを通る場合は超高温・超高圧が緩和されますが、高速になると空気抵抗が大きくなるので、いずれの場合も真空チューブが絶対に必要です。

地球内部の圧力・密度と温度

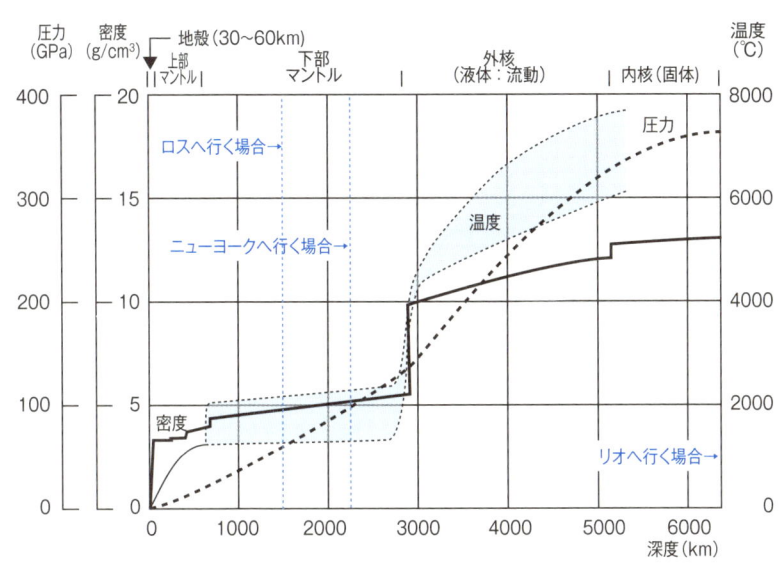

角度 θ_0	1-$\cos\theta_0$	初期加速度 (単位g)	最大深度: d (km)	2地点間の道のり:l (km)	最大速度 (km/h)	温度 t (℃)	圧力 P (GPa)	到達都市名	距離 (km)
0	0.000	0.000	0.0	0	0	0	0.0		
1	0.000	0.017	1.0	223	497	29	0.0		
2	0.001	0.035	3.9	445	993	117	0.2		
3	0.001	0.052	8.7	668	1,490	262	0.3		
4	0.002	0.070	15.5	891	1,985	466	0.6		
5	0.004	0.087	24.3	1,113	2,481	728	1.0	ソウル	1,160
6	0.005	0.105	34.9	1,336	2,975	1,048	1.4		
7	0.007	0.122	47.5	1,558	3,469	1,200	1.9		
8	0.010	0.139	62.1	1,781	3,961	1,200	2.5	上海	1,780
9	0.012	0.156	78.5	2,004	4,452	1,200	3.1		
10	0.015	0.174	96.9	2,226	4,942	1,200	3.9		
15	0.034	0.259	217.3	3,340	7,366	1,200	8.7	香港	2,890
20	0.060	0.342	384.6	4,453	9,734	1,200	15.4		
25	0.094	0.423	597.6	5,566	12,028	1,200	23.9	シンガポール	5,330
30	0.134	0.500	854.5	6,679	14,231	1,200	34.2		
35	0.181	0.574	1,153.4	7,792	16,325	1,200	48.4	モスクワ	7,490
40	0.234	0.643	1,492.2	8,905	18,295	1,200	67.1	ロサンゼルス	8,820
45	0.293	0.707	1,868.1	10,019	20,125	1,200	87.7	ロンドン	9,580
50	0.357	0.766	2,278.3	11,132	21,803	1,200	110.3	ニューヨーク	10,850
60	0.500	0.866	3,189.0	13,358	24,648	4,200	170.0		
70	0.658	0.940	4,196.6	15,584	26,745	5,300	260.0		
80	0.826	0.985	5,270.5	17,811	28,029	6,000	330.0		
90	1.000	1.000	6,378.0	20,037	28,462	6,000	360.0	リオデジャネイロ	18,590

（温度は上のグラフの下端から取得）

Sec.3 微分方程式はパターンで解く

[1] 求積法で解ける微分方程式

　前節ではすでに見たことのあるはずの微分方程式を紹介しましたが、本節では**微分方程式の解き方のパターン分類**を行います。微分方程式とは、変数とその関数およびその導関数を含む関数に関する方程式のことでした。そしてその方程式を満足させる関数をその微分方程式の「解」と呼びます。

　微分方程式の解を、代数的演算（四則演算と n 乗根を求める操作）と変数変換や有限回の積分操作によって求める方法を「求積法」といいます。一般の微分方程式は求積法で解を求めることができず、求積法で解ける微分方程式はむしろ例外といってよいでしょう。しかし、高校物理や大学の初等の物理では、求積法で解けない微分方程式はあまり登場しません。

　それでも積分しなければならないときは、不定積分ではなく定積分を数値積分で求めたり、微分方程式にべき級数を代入したりして解きます。$P(x)$、$Q(x)$、$A(y)$ を既知の関数として、求積法で解ける微分方程式の一般形は次の通りです。

●変数分離法で解く
　　変数分離形：　　　　　　　　$y' = P(x)A(y)$　　（P.89 参照）
●定数変化法で解く
　　1階の線型常微分方程式：　　$y'+P(x)y=Q(x)$　　（P.90 参照）
●定数係数2階線型微分方程式
　係数が定数の場合は、2階線型方程式の多くが解けます（P.91 参照）。その他、「同次形」と呼ばれる「$y'=A(y/x)$」の形の微分方程式は、$z \equiv y/x$ とおき、$y=xz$ の両辺を x で微分して、$y' = z+xz'=A(z)$ から、$dz/[A(z)-z]=dx/x$ が得られ、変数分離法を利用して解くことができます。

●微分方程式の分類

微分方程式の分類		斉次		非斉次	
		xを含まない項がない	例	xを含まない項がある	例
線型	定数係数	一般解が求められる	$\dfrac{d^2x}{dt^2} = -\omega^2 x$ （単振動）	多くの場合非線型になる	
	それ以外	容易に解けるものもあるが、一般的には解くのが難しい			
非線型			$\dfrac{d^2\theta}{dt^2} = -\dfrac{g}{l}\sin\theta$ （単振り子）	非斉次項は外力項	$\dfrac{d^2x}{dt^2} = g$ （自由落下）

[2] いろいろある微分方程式

微分方程式には主に次の3つの大きな分類があります。上表にそれらの分類と微分方程式の例を示します。

●常微分方程式と偏微分方程式

1つの変数の関数の導関数だけを含む微分方程式を「常微分方程式」（あるいは単に「微分方程式」）、2つ以上の変数の関数の導関数を含む微分方程式を「偏微分方程式」といいます。物理現象では、偏微分方程式が必要になる場合の方が圧倒的に多く、これは第3章で取り扱います。

●線型方程式と非線型方程式

微分方程式が線型か非線型かは「線型性」（P.65 参照）が成立するかどうかで分けられます。線型方程式には、「$f(x)$ と $g(x)$ が方程式の解である時 $af(x)+bg(x)$ も解である」という「重ね合わせの原理」が成立するという大きな特徴があります。関数とその関数がすべて1乗項である場合は線型であり、x^2、$x^{-1/2}$、$\sin x$、e^x などを含む場合は非線型方程式になります。

前節であつかった高校物理に登場する微分方程式はほとんどが1階または2階の線型常微分方程式です。波動方程式は2階の偏微分方程式であり、P.136 で解説します。また、g を重力加速度とする落下運動の方程式は、左辺に含まれる

変位が倍になっても右辺は一定なので、これは非線型の微分方程式です。

$$\text{非斉次非線型微分方程式} \quad \frac{d^2x}{dt^2} = g$$

非線型微分方程式の場合は、右辺が定数の場合を除いて一般的な解法がなく、解ける場合もありますが、相当に複雑な手続きや特殊な関数の知識を必要とします。例としては、P.78で述べた単振り子の問題を厳密に解こうとしても「楕円積分」という複雑な関数が必要になります。

しかし例外もあって、落下運動の方程式「$d^2x/dt^2 = g$」は非線型微分方程式ですが、容易に解くことができます。また空気抵抗を考える雨粒の落下の問題など、かなり簡単に解けてしまう非線型微分方程式もあります（P.118参照）。

● 斉次方程式と非斉次方程式

微分方程式のすべての項が変数を含む方程式を「斉次方程式」（または同次方程式）、変数を含まない定数項がある方程式を「非斉次方程式」（または非同次方程式）といいます（斉次性についてはP.27参照）。

変数を含まない項は外部からの影響を表すので「外力項」とも呼ばれます。斉次方程式に変数とその微分項しかなければ「定数係数線型微分方程式」になりますが、外力項はほぼ非線型なので、非斉次方程式の多くは非線型方程式です。

● 解の種類:一般解・特殊解・特異解

もっとも簡単な2階微分方程式は落下運動の微分方程式です。この方程式の解は $x=(1/2)gt^2+at+b$ で表され、これらの2つの積分定数 a,b は、たとえば $t=0$ の際の初期条件によって決定されます。$x(0)=x_0=x'(0)=v_0=0$ ならば、$a=b=0$ となって、$x=(1/2)gt^2$ となります。

ここで、2階の微分方程式の解に2つの積分定数 a,b が含まれることに注目してください。どんな2階の微分方程式であっても、その解に積分定数は原則として2つ含まれます。この解を2階の微分方程式の「一般解」と呼びます。これに対して、初期条件を与えて求めた解が「特殊解」です。2階の微分方程式の一般解から特殊解を求めるには初期条件は2つ必要です。

さらに、微分方程式の解の中には、方程式の解であるにもかかわらず、積分定数にどのような値を代入しても表すことのできない解も存在し、このような解は「特異解」と呼びます（ただしこのような方程式は本書では登場しません）。

[3] 基本的なテクニックその1…変数分離法

　もっとも使い勝手がよく強力なのがこの変数分離法です。この考え方は、変数 x と関数 y を両辺に振り分けて、左右別個に積分してしまうという方法です（正確には置換積分を行っているのですが、この説明の方が簡単でしょう）。

　x の関数と y の関数が混合していると積分できないのですが、微分方程式が次のように、「導関数＝x の関数と y の関数の積」の形をしている場合には、比較的簡単に解くことができます。

$$\frac{dy}{dx} = P(x)A(y)$$

　次のように、右辺の y の関数で両辺を割って、**x の関数と y の関数を分離すると積分することができます。x の関数と y の関数が等号で結ばれる場合は定数以外はあり得ない**からです。

$\dfrac{d}{dx}f(x) \equiv \dfrac{dy}{dx}$　　に対して

$\dfrac{dy}{dx} = P(x)A(y)$　　のように右辺が x の関数と y の関数の積として書ける場合は、

$A(y) \neq 0 \Rightarrow \dfrac{dy}{A(y)} = P(x)dx$　　y の関数が 0 でない場合は、それで両辺を割ると左辺は y、右辺は x の関数

$\displaystyle\int \dfrac{1}{A(y)}dy = \int P(x)dx + C \Rightarrow y = f(x)$　　両辺を積分して整理すると求める関数が得られる。

$A(y) = 0 \Rightarrow y = C$　　y の関数が 0 の場合も、特異解の定数解が得られる

　なおこれは、**常微分における変数分離法**であり、偏微分には趣の異なる手法があって、それもまた変数分離法と呼ばれます（P.139 参照）。

[4] 基本的なテクニックその2…定数変化法

　変数分離法と並んで強力なテクニックがこの定数変化法です。1階の線型常微分方程式はこの形式しかありえず、これは右辺が0の場合は斉次微分方程式、0でない場合は非斉次微分方程式です。1階の線型常微分方程式はこの考え方で求積法によって解くことができます。

$$\frac{dy}{dx} + P(x)y = Q(x)$$

　この方程式で「右辺は0」と仮定して斉次方程式を解き、その解の積分定数を「定数から関数に変化させる」と、元の非斉次方程式が解ける、というものです。

$\frac{dy}{dx} + P(x)y = Q(x)$ 　　この非斉次方程式を解く前に

$\frac{dy_1}{dx} + P(x)y_1 = 0$ 　　この斉次方程式の解を y_1 として解きます。

$\Rightarrow \frac{dy_1}{y_1} = -P(x)dx$ 　　移項して両辺を y_1 で割ると変数分離できます。

$\Rightarrow \log|y_1| = -\int P(x)dx + C$ 　　両辺を積分して積分定数を付加し、対数記号を取ると y_1 が求められます。
$\Rightarrow y_1 = e^{-\int P(x)dx + C} = e^C e^{-\int P(x)dx} \equiv Ae^{-\int P(x)dx}$ 　　非斉次方程式の解を y_1 の積分定数を関数 $g(x)$ として再定義します。
$A \Rightarrow g(x) \Rightarrow y = y_1 g(x)$

$\Rightarrow \frac{d}{dx}[y_1 g(x)] + P(x)[y_1 g(x)]$ 　　$y_1 g(x)$ を最初の方程式に代入して $g(x)$ が満たす方程式を求めます。
$= \frac{dy_1}{dx}g(x) + \frac{dg}{dx}y_1 + P(x)[y_1 g(x)]$

$= g(x)\left[\frac{dy_1}{dx} + y_1 P(x)\right] + y_1 \frac{dg}{dx} = y_1 \frac{dg}{dx} = Q(x)$

$\Rightarrow \frac{dg}{dx} = \frac{Q(x)}{y_1} = Q(x)e^{\int P(x)dx}$ 　　$g(x)$ の微分が簡単な形になったので、後は再度積分するだけです。

$\Rightarrow g(x) = \int Q(x)e^{\int P(x)dx}dx + C$

$\Rightarrow y = y_1 g(x) = e^{-\int P(x)dx}\left[\int Q(x)e^{\int P(x)dx}dx + C\right]$

[5] 定数係数2階線型微分方程式の解法

2階線型微分方程式において、係数が定数の場合は、基本的な解法があります。高校物理で登場した微分方程式の多くは斉次方程式です。

$$\text{定数係数 2階線型非斉次方程式} \quad \frac{d^2 f_1}{dx^2} + a\frac{df_1}{dx} + bf_1 = R(x)$$

$$\text{定数係数 2階線型斉次方程式} \quad \frac{d^2 f_2}{dx^2} + a\frac{df_2}{dx} + bf_2 = 0$$

非斉次方程式の場合は、まず斉次方程式の一般解と、非斉次方程式の特殊解を求めると、それらの和が非斉次方程式の一般解になります。これは次項で説明します。

2階線型斉次方程式の一般解は、「$g(x) = e^{px}$（pは複素数）」と推定して得られる2つの解の線型結合です。p が実数か虚数かはこの時点では定まりません。

●斉次方程式の特性方程式を解く（2階斉次方程式の一般解の形）

斉次方程式に $g(x) = e^{px}$ を代入すると、

$$(p^2 + ap + b)e^{px} = 0$$

が得られます。$e^{px} = 0$ では意味がないので、前半の $p^2 + ap + b$ が0になります。この方程式「$p^2 + ap + b = 0$」は「特性方程式」と呼ばれます（P.223参照）。その2つの解を α, β とおくと、その値に対して次のいずれかの解が対応します。

- ●相異なる2つの実数解 → e^{px} の形の指数関数解の線型結合
- ●相異なる2つの虚数解 → 三角関数解の線型結合
- ●重根の実数解 → e^{px} の形の解と xe^{px} の形の解の線型結合

ここで「$g(x) = e^{px}$（pは複素数）」とおくということは、定数係数2階線型微分方程式の解が上の3種類しかないとわかっているということです。

特性方程式に2つの解があることから元の斉次方程式にも2つの解が存在するわけですが、線型微分方程式の線型性から $g_A(x)$ と $g_B(x)$ が解である場合にはその線型結合である $Ag_A(x) + Bg_B(x)$ が一般解です。

●pが相異なる2つの実数の場合

この場合の斉次方程式の解は $e^{\alpha x}$ と $e^{\beta x}$ です。そして一般解は $Ae^{\alpha x}+Be^{\beta x}$ です。これは、放射性崩壊を表す微分方程式の解と同形です。

●pが相異なる2つの虚数の場合

この場合の斉次方程式の解は $e^{i\alpha x}$ と $e^{i\beta x}$ ですが、指数の虚数乗は我々の世界にはそのままでは現れず、三角関数となって現れます。ここで「オイラーの公式（P.32 参照）」という新しい数学が登場します。

$$e^{i\theta} = \cos\theta + i\sin\theta$$

$\alpha, \beta = \gamma \pm i\delta$ とおくと、次の置き換えが可能です。

$$\begin{aligned}
g(x) &\equiv Ae^{\alpha x} + Be^{\beta x} \\
g(x) &= e^{\gamma x}\left(Ae^{i\delta x} + Be^{-i\delta x}\right) \\
&= e^{\gamma x}\left[A(\cos\delta x + i\sin\delta x) + B(\cos\delta x - i\sin\delta x)\right] \\
&= e^{\gamma x}\left[(A+B)\cos\delta x + i(A-B)\sin\delta x\right] \\
&\equiv e^{\gamma x}\left(C\cos\delta x + D\sin\delta x\right)
\end{aligned}$$

つまり、一般解は $Ce^{\gamma x}\cos\delta x + De^{\gamma x}\sin\delta x$ です。これが波動や振動を表す微分方程式に相当します。強制振動のような場合は非線型非斉次方程式になり、これにさらに何かの特殊解が加わります。

●pが重根の場合

$p^2+ap+b=0$ が重根を持つ場合には、一層複雑なことが起きます。これが $(x-\alpha)^2=0$ となって解が1つになってしまいますが、これでは何かおかしいので、元の方程式に戻って、$g(x)=h(x)e^{\alpha x}$ とおいて、定数変化法を用いてみます。

p の方程式が重根を持つということは次式が成立します。

$$p^2 + ap + b = (p-\alpha)^2 = 0 \Rightarrow \begin{cases} a = -2\alpha \\ b = \alpha^2 \end{cases}$$

$g(x)=h(x)e^{\alpha x}$ とおいて斉次方程式に代入します。

$$g(x) \equiv h(x)e^{\alpha x} \Rightarrow \frac{d^2g}{dx^2} + a\frac{dg}{dx} + bg = 0$$

$$\begin{cases} \dfrac{dg}{dx} = \dfrac{dh}{dx}e^{\alpha x} + \alpha h(x)e^{\alpha x} \\ \dfrac{d^2g}{dx^2} = \dfrac{d^2h}{dx^2}e^{\alpha x} + 2\alpha\dfrac{dh}{dx}e^{\alpha x} + \alpha^2 h(x)e^{\alpha x} \end{cases}$$

$e^{\alpha x} \neq 0$ なので、両辺をこれで割ると次のようになります。

$$\left[\frac{d^2h}{dx^2} + 2\alpha\frac{dh}{dx} + \alpha^2 h(x)\right] + a\left[\frac{dh}{dx} + \alpha h(x)\right] + bh(x) = 0$$

$$\frac{d^2h}{dx^2} + (2\alpha + a)\frac{dh}{dx} + (\alpha^2 + a\alpha + b)h(x) = 0$$

a, b についての上の条件を代入すると、$h(x)$ が次のように求まります。

$$\begin{cases} 2\alpha + a = 0 \\ \alpha^2 + a\alpha + b = 0 \end{cases} \Rightarrow \frac{d^2h}{dx^2} = 0 \Rightarrow h(x) = Ax + B$$

この場合、$h(x)$ としてすべての1次式が適するので、$p^2 + ap + b = 0$ が重根を持つ場合には、$e^{\alpha x}$ の形の解と $xe^{\alpha x}$ の形の解が存在し、一般解はそれらの線型結合の $Ae^{\alpha x} + Bxe^{\alpha x}$ です。この不思議な現象は「2つの解が縮退している」と考えます。縮退した解は、相異なる2つの実数解がある場合の、両者が同じになった極限として理解することができます（P.102 参照）。

[6] 定数係数2階微分方程式の非斉次方程式の解法
●非斉次方程式の一般解

非斉次方程式の場合は、**斉次方程式の一般解と非斉次方程式の特殊解の和が非斉次方程式の一般解**になります。2階の微分方程式を解くには、経緯はどうあれ積分が2回必要です。1回の積分で任意定数が1つ登場します。したがって、2階微分方程式の一般解は、かならず2つの任意定数を含んだ形になります。

もし1つでも非斉次方程式の特殊解が見つかると、斉次方程式の一般解と非斉次方程式の特殊解の和には2つの任意定数が含まれます。したがってこれは2階

の非斉次方程式の一般解になります。これを数式で示すと次のようになります。

斉次方程式の一般解を $g(x)=Ag_a(x)+Bg_b(x)$ とします。すると $g(x)$ は斉次方程式を満たすので次の式が成立します。

$$g''(x)+ag'(x)+bg(x)=0$$

これに対して非斉次方程式の特殊解を $h(x)$ とすると、

$$h''(x)+ah'(x)+bh(x)=R(x)$$

が成立します。ここで $y(x)=g(x)+h(x)$ とおいて上の2式を加えると、

$$y''(x)+ay'(x)+by(x)=R(x)$$

が成立します。$y(x)=Ag_a(x)+Bg_b(x)+h(x)$ には任意定数が2つ含まれており、これはこの解が2階の微分方程式の一般解であることを示しています。初期条件を組み込んでこれらの定数を定めると、それが非斉次方程式の一般解になります。

●2階非斉次方程式の特殊解の形

2階非斉次方程式の特殊解は次の式を代入して係数を決定します。斉次方程式の判別式＝0の場合の一般解では、e^x に加えて xe^x の項が出現しましたが、非斉次方程式の特殊解でもほぼ同様のことが起きます。そして、これらの定石を用いて特殊解の未定係数を求めます（以下、特性方程式の根を特性根と呼びます）。

(1) $R(x) = Ax+B$ （1次式の場合）

  0 が特性根ではない場合 $h(x)=Cx+D$
  0 が特性根で重根ではない場合 $h(x)=x(Cx+D)$
  0 が特性根で重根の場合 $h(x)=x^2(Cx+D)$

(2) $R(x) = A\cos ax + B\sin ax$ （三角関数）の場合

  $\pm ia$ が特性根ではない場合 $h(x)=C\cos ax+D\sin ax$
  $\pm ia$ が特性根である場合 $h(x)=x(C\cos ax+D\sin ax)$

(3) $R(x) = Ae^{bx}$ （指数関数）の場合

  b が特性根でない場合 $h(x)=Ce^{bx}$
  b が特性根で重根ではない場合 $h(x)=Cxe^{bx}$
  b が特性根で重根の場合 $h(x)=Cx^2e^{bx}$

手順が非常に複雑ですが、そうではない方法は P.233 以降で紹介します。

[7] 定数係数2階非斉次方程式の一般解の形

外力が $A\cos(vt+\alpha)$ で表される場合、斉次方程式の特性方程式 $p^2+ap+b=0$ の判別式 D の符号の違いと外力の振動数 v との関係を組み合わせると、定数係数2階非斉次微分方程式の解の形は次のように決まります。

●D>0（pが相異なる2つの実数）の場合

斉次方程式の解は $e^{\alpha t}$ と $e^{\beta t}$ であり、一般解は $Ae^{\alpha t}+Be^{\beta t}$ です。この場合に、非斉次方程式の特殊解 $h_1(t)$ は次のようになり、

$v\neq\alpha,\beta$ の場合： $\quad h_1(t)=C\cos vt+D\sin vt$

$v=\alpha,\beta$ の場合： $\quad h_1(t)=t(C\cos vt+D\sin vt)$

非斉次方程式の一般解 $y(t)$ は「$Ae^{\alpha t}+Be^{\beta t}+h_1(t)$」のように決まります。

●D=0（pが重根）の場合

斉次方程式の解は $e^{\alpha t}$ と $te^{\alpha t}$ とであり、一般解は $Ae^{\alpha t}+Bte^{\alpha t}$ です。この場合に、非斉次方程式の特殊解 $h_2(x)$ は次のようになり、

$v\neq\alpha,\beta$ の場合： $\quad h_2(t)=C\cos vt+D\sin vt$

$v=\alpha,\beta$ の場合： $\quad h_2(t)=t(C\cos vt+D\sin vt)$

非斉次方程式の一般解 $y(t)$ は「$Ae^{\alpha t}+Bte^{\alpha t}+h_2(t)$」のように決まります。

●D<0（pが相異なる2つの虚数）の場合

斉次方程式の解は $e^{\alpha t}$ と $e^{\beta t}$ ですが、一般解は $Ae^{\alpha t}+Be^{\beta t}$ をオイラーの公式によって組み替えた $Ce^{\gamma t}\cos\delta t+De^{\gamma t}\sin\delta t$ です。A と B は共役複素数でなければならず、これは次のように導けます。

$Ae^{\alpha t}+Be^{\beta t}=Ae^{\gamma t}(\cos\delta t+i\sin\delta t)+Be^{\gamma t}(\cos\delta t-i\sin\delta t)$

$=(A+B)e^{\gamma t}\cos\delta t+(A-B)e^{\gamma t}\sin\delta t$

$A\equiv ReA+iImA$、$B\equiv ReA+iImA \Rightarrow C\equiv 2ReA$、$D\equiv 2ImA$

この場合に、非斉次方程式の特殊解 $h_3(x)$ は次のようになり、

$v\neq\alpha,\beta$ の場合： $\quad h_3(t)=C\cos vt+D\sin vt$

$v=\alpha,\beta$ の場合： $\quad h_3(t)=t(C\cos vt+D\sin vt)$

非斉次方程式の一般解 $y(t)$ は「$Ce^{\gamma t}\cos\delta t+De^{\gamma t}\sin\delta t+h_3(x)$」のように決まります。

Sec.4 直流回路の線型微分方程式を解く

[1] 直流回路の微分方程式

　直流回路の微分方程式は、微分方程式の中でもやさしいもので、前節で述べたいくつかのテクニックを最初に試すにはもってこいの主題です。

　抵抗値 R の抵抗、静電容量 C のコンデンサと起電力 E の電源からなる直流回路は一般に「RC 回路」と呼ばれ、これにさらにインダクタンス L のコイルを加えた直流回路は「RLC 回路」と呼ばれます。これらの回路を下図に示します。

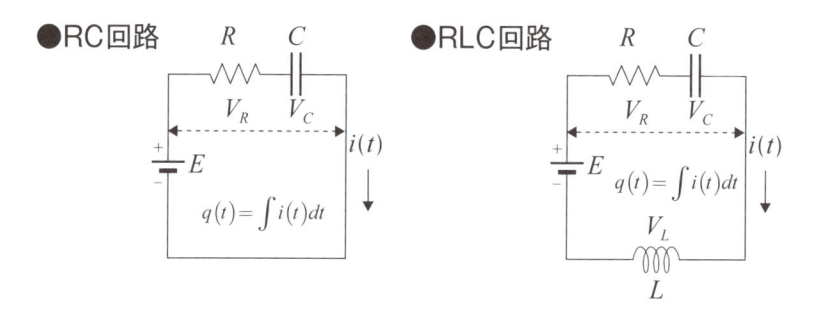

●RC回路　　　　　　　　　　●RLC回路

　本節では、直流回路において電流 $i(t)$ や電気量 $q(t)$ が時間的に変化する「過渡現象」を微分方程式を解いて明らかにします。直流回路では、電源 E が供給する起電力 E が抵抗、コンデンサとコイルに分配されます。**それぞれの両端の電位差を V_R, V_L, V_C とすると、これらには「$E = V_R + V_L + V_C$」という関係があります。**

　抵抗では、流れる電流に比例して電圧が降下します。したがって、電流 $i(t)$ と電圧降下 V_R の関係はもっともシンプルで「$V_R = i(t) \cdot R$」となります。

　コンデンサーには、両端にかかる電圧によって、コンデンサーの容量の上限まで電荷が蓄えられます。蓄えられる電気量 $q(t)$ は時間に依存し、電圧が時間的に変化するとそれに比例して電気量も変化するという特徴があり、「$V_C = q(t)/C$」

と表されます。コイルの場合は、コイルに流れる電流 $i(t)$ の時間変化に比例して電圧が発生するので、「$V_L = L(d/dt)i(t)$」と表されます。

$$\begin{cases} E = V_R + V_C + V_L = i(t)R + \frac{1}{C}q(t) + L\frac{d}{dt}i(t) \\ q(t) = \int i(t)dt \Leftrightarrow i(t) = \frac{dq}{dt} \end{cases}$$

　この関係から微分方程式をつくるのですが、中に積分を含んでは面倒なので、コンデンサーを含む場合には $i(t)$ ではなく $q(t)$ の微分方程式の方が簡単です。つまり、コンデンサーがある場合は $q(t)$、コンデンサーがない場合は $i(t)$ の微分方程式をあつかいます。

●RC 回路　$E = V_R + V_C$
$$= R\frac{dq}{dt} + \frac{1}{C}q(t) \Rightarrow \frac{dq}{dt} + \frac{1}{RC}q(t) - \frac{E}{R} = 0 \qquad q(t) \text{に関する方程式}$$

●RL 回路　$E = V_R + V_L$
$$= Ri(t) + L\frac{di}{dt} \Rightarrow \frac{di}{dt} + \frac{R}{L}i(t) - \frac{E}{L} = 0 \qquad i(t) \text{に関する方程式}$$

●LC 回路　$E = V_L + V_C$
$$= L\frac{d^2q}{dt^2} + \frac{1}{C}q(t) \Rightarrow \frac{d^2q}{dt^2} + \frac{1}{LC}q(t) - \frac{E}{L} = 0 \qquad q(t) \text{に関する方程式}$$

●RLC 回路　$E = V_R + V_L + V_C$
$$= R\frac{dq}{dt} + L\frac{d^2q}{dt^2} + \frac{1}{C}q(t) \Rightarrow \frac{d^2q}{dt^2} + \frac{R}{L}\frac{dq}{dt} + \frac{1}{LC}q(t) - \frac{E}{L} = 0$$
$$q(t) \text{に関する方程式}$$

[2] RC回路の微分方程式を解く

　RC 回路は定数係数の1階線型斉次微分方程式です。

$$\frac{dq}{dt} + \frac{1}{RC}q(t) - \frac{E}{R} = 0$$

これは次のように置き換えると定数項がなくなり、変数分離法を適用できます。

$$\frac{dq}{dt} = \frac{E}{R} - \frac{1}{RC}q(t) = -\frac{1}{RC}(q(t) - CE)$$

$$f(t) \equiv q(t) - CE \Rightarrow \frac{df}{dt} = -\frac{1}{RC}f(t)$$

$$\int \frac{f'(t)}{f(t)}dt = \log|f(t)| = -\frac{1}{RC}\int dt = -\frac{t}{RC} + A$$

$$\Rightarrow f(t) = e^{-\frac{t}{RC}+A} \Rightarrow q(t) = e^{-\frac{t}{RC}+A} + CE$$

充電の場合はここで $q(0)=0$ として積分定数 A を決定します。

$$q(0) = e^A + CE = 0 \Rightarrow e^A = -CE \Rightarrow q(t) = CE\left(1 - e^{-\frac{t}{RC}}\right)$$

$$i(t) = \frac{dq}{dt} = \frac{E}{R}e^{-\frac{t}{RC}}$$

放電の場合はここで、$E=0$、$q(0)=Q$（コンデンサーの最大電気量）として積分定数 A を決定します。

$$q(0) = e^A = Q \Rightarrow q(t) = Qe^{-\frac{t}{RC}}$$

上の2つの初期条件に対応する、充放電のグラフを示しておきます。

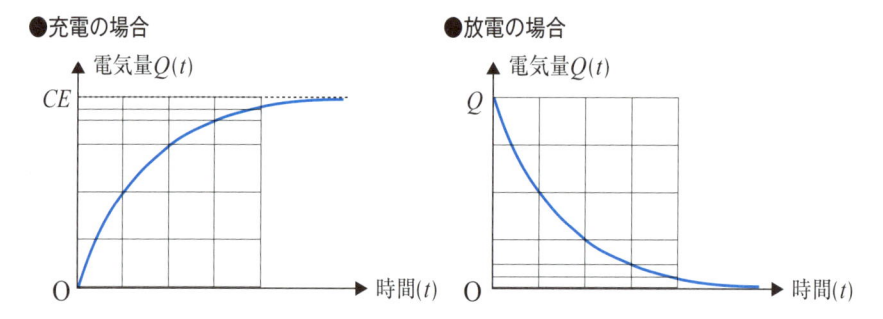

●充電の場合　　　　　　　　●放電の場合

[3] RLC回路の微分方程式を解く

RLC 回路は定数係数の2階線型斉次微分方程式です。

$$E = R\frac{dq}{dt} + L\frac{d^2q}{dt^2} + \frac{1}{C}q(t)$$
$$\Rightarrow \frac{d^2q}{dt^2} + \frac{R}{L}\frac{dq}{dt} + \frac{1}{LC}q(t) - \frac{E}{L} = 0$$

これも次のように置き換えて定数項をなくします。

$$f(t) \equiv q(t) - CE \Rightarrow \frac{d^2f}{dt^2} + \frac{R}{L}\frac{df}{dt} + \frac{1}{LC}f(t) = 0$$

特性方程式をつくり、その解を求めます。

$$p^2 + \frac{R}{L}p + \frac{1}{LC} = 0$$

$$p = \frac{-\frac{R}{L} \pm \sqrt{\left(\frac{R}{L}\right)^2 - \frac{4}{LC}}}{2} = \frac{-R \pm \sqrt{R^2 - \frac{4L}{C}}}{2L}$$

$$D \equiv R^2 - \frac{4L}{C} \Rightarrow p = \frac{-R \pm \sqrt{D}}{2L} \equiv \alpha, \beta$$

この α, β は、前節でも述べた通り、実数の場合はよいのですが虚数の場合には話が複雑になります。本節では初期条件も組み込んで解くので、若干詳しく解説します。

$$D > 0: \quad p = \alpha, \beta = \frac{-R \pm \sqrt{D}}{2L} \quad (\alpha > \beta)$$

$$D = 0: \quad p = \alpha = \frac{-R}{2L} \quad \left(D = R^2 - \frac{4L}{C} = 0\right)$$

$$D < 0: \quad p = \alpha, \beta = \frac{-R \pm \sqrt{D}}{2L} = \frac{-R \pm i\sqrt{-D}}{2L}$$

解が複素数の場合は、右のような置き換えをやって、オイラーの公式を利用して三角関数を導出します。
$$\begin{cases} \frac{-R}{2L} \equiv \gamma \\ \frac{\sqrt{-D}}{2L} \equiv \delta \end{cases} \Rightarrow p = \alpha, \beta = \gamma \pm i\delta$$

前節で述べた通り、特性方程式の判別式 D の符号によって、斉次微分方程式の解は次のように3種類に分かれます。

$$\begin{cases} D>0: & f(t) = Ae^{\alpha t} + Be^{\beta t} \\ D=0: & f(t) = (A+Bt)e^{\alpha t} \\ D<0: & f(t) = e^{\gamma t}\left[A\cos(\delta t) + B\sin(\delta t)\right] \end{cases}$$

$$\Rightarrow \begin{cases} D>0: & q(t) = Ae^{\alpha t} + Be^{\beta t} + CE \\ D=0: & q(t) = (A+Bt)e^{\alpha t} + CE \\ D<0: & q(t) = e^{\gamma t}\left[A\cos(\delta t) + B\sin(\delta t)\right] + CE \end{cases}$$

そして本節ではこれらを、「$q(0)=q'(0)=0$」の初期条件を適用して解きます。これは「回路に電流は流れておらず、コンデンサーにも電荷が蓄積されておらず、その状態で電源のスイッチをオンにする」ということです。

ということは、コンデンサーに電荷が蓄積されることから、$q(t)$ に指数関数的な振る舞いが生じ、コイルでは $i(t)=q'(t)$ と $V_L=Li'(t)=Lq''(t)$ から振動が生じ、$q(t)$ に三角関数的な振る舞いが生じて、それらのせめぎあいのようすが判別式 D の符号で決まるということです。それぞれの場合の $q(t)$、$i(t)$ の振る舞いをグラフ化して確認します。

● $D>0$ の場合：

次のように、係数が決まります。

$$q(t) = Ae^{\alpha t} + Be^{\beta t} + CE \qquad q(0) = A + B + CE = 0$$
$$q'(t) = A\alpha e^{\alpha t} + B\beta e^{\beta t} \qquad q'(0) = A\alpha + B\beta = 0$$
$$\begin{pmatrix} 1 & 1 \\ \alpha & \beta \end{pmatrix}\begin{pmatrix} A \\ B \end{pmatrix} = -CE\begin{pmatrix} 1 \\ 0 \end{pmatrix}$$
$$\begin{pmatrix} A \\ B \end{pmatrix} = -CE\begin{pmatrix} 1 & 1 \\ \alpha & \beta \end{pmatrix}^{-1}\begin{pmatrix} 1 \\ 0 \end{pmatrix} = \frac{-CE}{\beta-\alpha}\begin{pmatrix} \beta & -1 \\ -\alpha & 1 \end{pmatrix}\begin{pmatrix} 1 \\ 0 \end{pmatrix} = \frac{CE}{\alpha-\beta}\begin{pmatrix} \beta \\ -\alpha \end{pmatrix}$$
$$A = \frac{\beta}{\alpha-\beta}CE, \quad B = \frac{\alpha}{\beta-\alpha}CE$$

これによって電気量 $q(t)$ と電流 $i(t)$ は次のように書けます。

$$q(t) = CE\left(\frac{\beta}{\alpha-\beta}e^{\alpha t} + \frac{\alpha}{\beta-\alpha}e^{\beta t} + 1\right)$$

$$i(t) = \frac{dq}{dt} = CE\left(\frac{\alpha\beta}{\alpha-\beta}e^{\alpha t} + \frac{\alpha\beta}{\beta-\alpha}e^{\beta t}\right) = \frac{\alpha\beta}{\alpha-\beta}CE\left(e^{\alpha t} - e^{\beta t}\right)$$

ここでα, βを求めて代入します。

$$\begin{cases} \alpha,\beta = \dfrac{-R\pm\sqrt{D}}{2L} \\ \quad (\alpha > \beta) \\ D \equiv R^2 - \dfrac{4L}{C} \end{cases} \Rightarrow \begin{cases} \alpha = \dfrac{\sqrt{D}-R}{2L} \\ \beta = -\dfrac{\sqrt{D}+R}{2L} \end{cases} \Rightarrow \begin{cases} \beta - \alpha = -\dfrac{\sqrt{D}}{L} \\ \alpha\beta = \dfrac{R^2-D}{4L^2} = \dfrac{\frac{4L}{C}}{4L^2} = \dfrac{1}{LC} \end{cases}$$

$$\therefore q(t) = CE\left[1 + \frac{L}{\sqrt{D}}\left(\left(-\frac{\sqrt{D}+R}{2L}\right)e^{\frac{\sqrt{D}-R}{2L}t} - \left(\frac{\sqrt{D}-R}{2L}\right)e^{-\frac{\sqrt{D}+R}{2L}t}\right)\right]$$

$$= CE\left[1 - \left(\frac{1}{2} + \frac{R}{2\sqrt{D}}\right)e^{\frac{\sqrt{D}-R}{2L}t} - \left(\frac{1}{2} - \frac{R}{2\sqrt{D}}\right)e^{-\frac{\sqrt{D}+R}{2L}t}\right]$$

$$i(t) = -CE\left[\frac{D-R^2}{4L\sqrt{D}}e^{\frac{\sqrt{D}-R}{2L}t} - \frac{D-R^2}{4L\sqrt{D}}e^{-\frac{\sqrt{D}+R}{2L}t}\right] = \frac{E}{\sqrt{D}}\left(e^{\frac{\sqrt{D}-R}{2L}t} - e^{-\frac{\sqrt{D}+R}{2L}t}\right)$$

●D=0の場合:

P.99 で述べた考え方にしたがって、次のように解 α と係数が決まります。

$$D = R^2 - \frac{4L}{C} = 0 \Rightarrow p = \alpha = -\frac{R}{2L}$$

$$q(t) = Ae^{\alpha t} + Bte^{\alpha t} + CE \qquad q(0) = A + CE = 0$$

$$q'(t) = A\alpha e^{\alpha t} + B\left(e^{\alpha t} + \alpha te^{\alpha t}\right) \quad q'(0) = A\alpha + B = 0$$

$$\Rightarrow A = -CE, B = -A\alpha = \alpha CE$$

これによって電気量 $q(t)$ と電流 $i(t)$ は次のように書けます。

$$q(t) = \left(-e^{\alpha t} + \alpha te^{\alpha t} + 1\right)CE = CE\left[(\alpha t - 1)e^{\alpha t} + 1\right]$$

$$= CE\left[1 - \left(1 - \frac{R}{2L}t\right)e^{-\frac{R}{2L}t}\right]$$

$$i(t) = q'(t) = CE\left(\alpha e^{\alpha t} + (\alpha t - 1)\alpha e^{\alpha t}\right) = CE\alpha^2 \cdot te^{\alpha t} = CE\left(\frac{R}{2L}\right)^2 \cdot te^{-\frac{R}{2L}t}$$

$D=0$ の場合の解の縮退は、べき級数展開を利用して、$D>0$ の場合の解の $D \to 0$ の極限として説明することができます。確かに2つの指数関数解が、1つの指数関数解と1つの（$x \times$指数関数）の解に分解されることがわかります。

$$q(t) = CE\left[1 - \left(\frac{1}{2} + \frac{R}{2\sqrt{D}}\right)e^{\frac{\sqrt{D}-R}{2L}t} - \left(\frac{1}{2} - \frac{R}{2\sqrt{D}}\right)e^{-\frac{\sqrt{D}+R}{2L}t}\right]$$

$$= CE\left[1 - \frac{1}{2}e^{-\frac{R}{2L}t}\left(e^{\frac{\sqrt{D}}{2L}t} + e^{-\frac{\sqrt{D}}{2L}t}\right) - \frac{R}{4L}e^{-\frac{R}{2L}t}\left(\frac{2L}{\sqrt{D}}\right)\left(e^{\frac{\sqrt{D}}{2L}t} - e^{-\frac{\sqrt{D}}{2L}t}\right)\right]$$

$\dfrac{\sqrt{D}}{2L} \equiv y \Rightarrow \lim_{y \to 0}\dfrac{e^{yt} - e^{-yt}}{y}$　　余った因数　　$2t$

$$= \lim_{y \to 0}\frac{\left(1 + yt + \frac{(yt)^2}{2!} + \cdots\right) - \left(1 - yt + \frac{(yt)^2}{2!} - \cdots\right)}{y} = 2t$$

$$\lim_{D \to 0} q(t) = CE\left[1 - e^{-\frac{R}{2L}t} - \frac{R}{4L}e^{-\frac{R}{2L}t} \cdot 2t\right] = CE\left[1 - e^{-\frac{R}{2L}t} - \frac{R}{2L}te^{-\frac{R}{2L}t}\right]$$

●D<0の場合:

次のように、α, β から γ, δ を定義します。

$$D = R^2 - \frac{4L}{C} < 0:$$
$$\alpha, \beta = \left(-\frac{R}{2L}\right) \pm \frac{\sqrt{-D}}{2L}i \begin{cases} \gamma \equiv -\dfrac{R}{2L} \\ \delta \equiv \dfrac{\sqrt{-D}}{2L} \end{cases} \Rightarrow \begin{cases} \alpha = \gamma + i\delta \\ \beta = \gamma - i\delta \end{cases}$$

次のように、係数が決まります。

$$q(t) = e^{\gamma t}\left[A\cos(\delta t) + B\sin(\delta t)\right] + CE$$
$$q'(t) = \gamma e^{\gamma t}\left[A\cos(\delta t) + B\sin(\delta t)\right] + e^{\gamma t}\left[-A\delta\sin(\delta t) + B\delta\cos(\delta t)\right]$$
$$q(0) = A + CE = 0 \Rightarrow A = -CE$$
$$q'(0) = A\gamma + B\delta = 0 \Rightarrow B = -\frac{\gamma}{\delta}A = \frac{\gamma}{\delta}CE$$

これによって電気量 $q(t)$ と電流 $i(t)$ は次のように書けます。

$$q(t) = CEe^{\gamma t}\left[-\cos(\delta t) + \frac{\gamma}{\delta}\sin(\delta t)\right] + CE$$

$$= CE\left[1 + e^{\gamma t}\left(-\cos(\delta t) + \frac{\gamma}{\delta}\sin(\delta t)\right)\right]$$

$$q(t) = CE\left[1 - e^{-\frac{R}{2L}t}\left(\cos\left(\frac{\sqrt{-D}}{2L}t\right) + \frac{R}{\sqrt{-D}}\sin\left(\frac{\sqrt{-D}}{2L}t\right)\right)\right]$$

$$i(t) = q'(t) = CEe^{\gamma t}\left[\gamma\left(-\cos(\delta t) + \frac{\gamma}{\delta}\sin(\delta t)\right) + (\delta\sin(\delta t) + \gamma\cos(\delta t))\right]$$

$$= CE\left(\frac{\gamma^2 + \delta^2}{\delta}\right)e^{\gamma t}\sin(\delta t)$$

$$\frac{\gamma^2 + \delta^2}{\delta} = \delta\left(1 + \frac{\gamma^2}{\delta^2}\right) = \frac{\sqrt{-D}}{2L}\left[1 + \left(\frac{R}{\sqrt{-D}}\right)^2\right] = \frac{\sqrt{-D}}{2L}\left[\frac{R^2 - D}{-D}\right] = \frac{2}{C\sqrt{-D}}$$

$$i(t) = \frac{2E}{\sqrt{-D}}e^{\gamma t}\sin(\delta t)$$

$q(t)$ はあまりきれいにはなりませんが、電流 $i(t)$ は簡単になります。これで長々とした計算が終わりましたが、指数関数と三角関数が組み合わさって出てくるようすをご理解いただけたでしょうか。

[4] RLC回路の微分方程式の解を見る

グラフ化するために、最終解に対して R, L, C のサンプル値を決めます。

●$D>0$ の場合

$$(R, L, C) = (1, 0.25, 1.1): D = R^2 - \frac{4L}{C} = R^2 - \frac{1}{1.1} = 0.09, \quad \sqrt{D} = 0.3$$

$$\frac{R}{\sqrt{D}} = 3.33 \Rightarrow q(t) = CE\left(1 - 2.17e^{-1.4t} + 1.17e^{-2.6t}\right), \quad i(t) = \frac{E}{0.3}\left(e^{-1.4t} - e^{-2.6t}\right)$$

●$D=0$ の場合　$(R, L, C) = (1, 0.25, 1) \Rightarrow \gamma = -\frac{R}{2L} = -2$

$$q(t) = E\left[-(2t+1)e^{-2t} + 1\right], \quad i(t) = 4E \cdot te^{-2t}$$

●$D<0$ の場合　$(R, L, C) = (1, 0.25, 0.2): D = R^2 - \frac{4L}{C} = 1 - 5 = -4$

$$q(t) = 0.2e^{-2t}\left[-\cos(4t) - \frac{1}{4}\sin(4t)\right] + 0.2E$$

$$i(t) = Ee^{-2t}\sin(4t)$$

これらに対応するグラフを、解と並べて右頁に示します。解の示す通り、D>0 の場合は電気量 q(t) は CE に漸近的に近づき、電流 i(t) はピークを過ぎて電気量が満杯になると 0 に漸近的に近づきます。

D<0 の場合はコイルの影響が大きくなり、電流 i(t) が大きくなるとその反動が表れて振動し、電気量 q(t) はいったん CE を超えて振動して漸近的に CE に近づきます。電流 i(t) は電気量が満杯になると 0 に漸近的に近づきます。D=0 の場合は D>0 の場合と D<0 の境界に位置して、その挙動もそれらの中間的なものになります。電気量 q(t) の立ち上がりが急峻ではないあたりにその特徴が見えます。

[5] LC回路の微分方程式の解

前項で得られた解を並べてみると、R=0 の場合は D<0 となり、LC 回路の解は三角関数だけで表されることはすぐにわかります。D<0 の場合の複雑な解で、R=0 とすると、抵抗が入っていないため、振動し続ける簡単な解になります。

$$R = 0 \Rightarrow D < 0 \Rightarrow \quad q(t) = CE\left[1 - \cos\left(\frac{t}{\sqrt{LC}}\right)\right], \ i(t) = E\sqrt{\frac{C}{L}} \sin\left(\frac{t}{\sqrt{LC}}\right)$$

[6] RL回路の微分方程式の解

C=0 の RL 回路はコンデンサーがないので q(t) がなく、本節で解いた方程式では表されないのですが、P.97 に示した電流 i(t) についての簡単な方程式を解けば、下に示すように抵抗によって電流を消費する解が得られます。これは、原子数が放射性崩壊によって減少するパターンとまったく同じです。

$$\frac{di}{dt} + \frac{R}{L}i(t) - \frac{E}{L} = 0 \Rightarrow \frac{di}{dt} + \frac{R}{L}\left(i(t) - \frac{E}{R}\right) = 0$$

$$f(t) \equiv i(t) - \frac{E}{R} \Rightarrow \frac{df}{dt} = -\frac{R}{L}f(t) \Rightarrow \log|f(t)| = -\frac{R}{L}t + A$$

$$\Rightarrow f(t) = e^{-\frac{R}{L}t + A} = e^A e^{-\frac{R}{L}t} \Rightarrow i(t) = \frac{E}{R} + e^A e^{-\frac{R}{L}t}$$

$$i(0) = \frac{E}{R} + e^A = 0 \Rightarrow e^A = -\frac{E}{R} \Rightarrow i(t) = \frac{E}{R}\left(1 - e^{-\frac{R}{L}t}\right)$$

●さまざまな場合の電流と電気量の変化

[D>0 の場合]

$$q(t) = CE\left[1 - \left(\frac{1}{2} + \frac{R}{2\sqrt{D}}\right)e^{\frac{\sqrt{D}-R}{2L}t} - \left(\frac{1}{2} - \frac{R}{2\sqrt{D}}\right)e^{-\frac{\sqrt{D}+R}{2L}t}\right]$$

$$i(t) = \frac{E}{\sqrt{D}}\left(e^{\frac{\sqrt{D}-R}{2L}t} - e^{-\frac{\sqrt{D}+R}{2L}t}\right)$$

$i(0)=0$ なので、$q(t)$ の立ち上がりは最初は遅く、最後は CE に到達する。$i(t)$ の第2項は収束が早く、$i(t)$ の減衰は第1項に左右される。

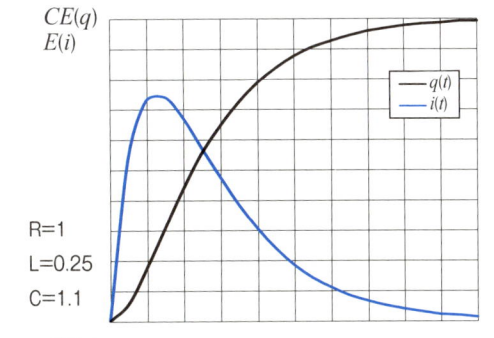

R=1
L=0.25
C=1.1

[D=0 の場合]

$$q(t) = CE\left[\left(-\frac{R}{2L}t - 1\right)e^{-\frac{R}{2L}t} + 1\right]$$

$$i(t) = CE\left(\frac{R}{2L}\right)^2 \cdot te^{-\frac{R}{2L}t}$$

$i(0)=0$ なので、$q(t)$ の立ち上がりが最初は遅く、最後は CE に到達するのは同じ。

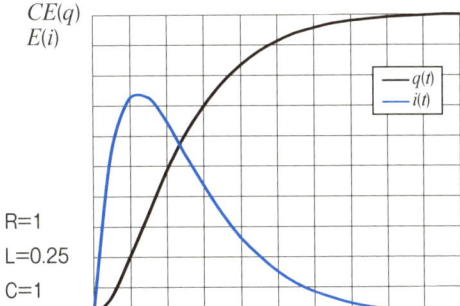

R=1
L=0.25
C=1

[D<0 の場合]

コイルの影響が大きく、電流 $i(t)$ が大きくなる反動で振動が起こり、電気量 $q(t)$ はいったん CE を超えて振動して漸近的に CE に近づく。

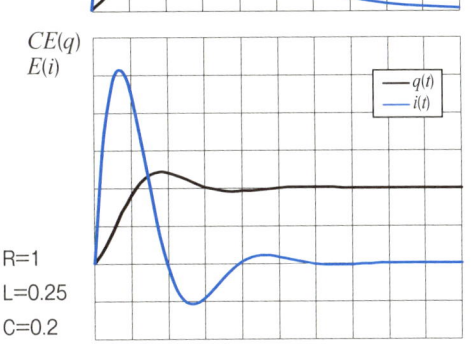

R=1
L=0.25
C=0.2

$$q(t) = CE\left[1 - e^{-\frac{R}{2L}t}\left(\cos\left(\frac{\sqrt{-D}}{2L}t\right) + \frac{R}{\sqrt{-D}}\sin\left(\frac{\sqrt{-D}}{2L}t\right)\right)\right]$$

$$i(t) = \frac{2E}{\sqrt{-D}}e^{\gamma t}\sin(\delta t)$$

Sec.5 減衰振動・強制振動の微分方程式を解く

[1] 微分方程式は自然に共通

　P.86で、「微分方程式はパターンで解く」と述べました。ここで、今までの説明をよく理解されている方々には「繰り返し」と思われるかもしれませんが、前節で述べた電気回路の場合とバネ振動や振り子運動の場合を比較してみましょう。右頁の表で縦に並んだものは、微分方程式の係数こそ異なりますが、まったく同じ微分方程式にしたがいます。つまり、

● RC 回路・RL 回路の電気量と放射性崩壊の原子数は同じ方程式にしたがう
● RLC 回路の減衰振動とバネの減衰振動は同じ方程式にしたがう
● LC 回路の振動とバネの単振動は同じ方程式にしたがう
● 交流回路の強制振動とバネの強制振動は同じ方程式にしたがう

　ということです。そして本節では、若干重複しますが、バネの減衰振動と強制振動を解説します。そしてこれらの微分方程式を、第4章ではフーリエ変換やラプラス変換を用いて解きます。

[2] バネの減衰振動

　P.74で下図のような単振動の微分方程式を解きましたが、今度はこれに摩擦がある場合の振動で、これは減衰振動と呼ばれます。

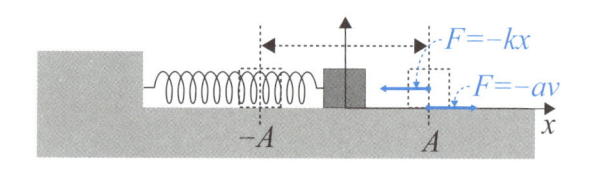

$F = -kx$
$F = -av$
$-A$　　A　　x

　この運動は、単振動に速度に比例した摩擦が生じる場合と考えられます。この

	指数減衰	指数的減衰	減衰振動	振動	強制振動
グラフ	●LC回路（充電） ●LC回路（放電） ●RL回路				（共鳴の図）
電気回路	直流回路				交流回路
^	RC回路 RL回路	RLC回路		LC回路	^
^	^	$D \geq 0$	$D < 0$	^	^
^	$\dfrac{dq}{dt} + \dfrac{1}{RC}q(t) - \dfrac{E}{R} = 0$	$\dfrac{d^2q}{dt^2} + \dfrac{R}{L}\dfrac{dq}{dt} + \dfrac{1}{LC}q(t) - \dfrac{E}{L} = 0$		$\dfrac{di}{dt} + \dfrac{R}{L}i(t) - \dfrac{E}{L} = 0$	^
^	●LC回路（充電） $q(t) = CE\left(1 - e^{-\frac{t}{RC}}\right)$ $i(t) = \dfrac{E}{R}e^{-\frac{t}{RC}}$ ●LC回路（放電） $q(t) = Qe^{-\frac{t}{RC}}$ $i(t) = \left(-\dfrac{Q}{RC}\right)e^{-\frac{t}{RC}}$ ●RL回路 $i(t) = \dfrac{E}{R}\left(1 - e^{-\frac{R}{L}t}\right)$	●$D>0$ $q(t) =$ $CE\left[1 - \left(\dfrac{1}{2} + \dfrac{R}{2\sqrt{D}}\right)e^{\frac{\sqrt{D}-R}{2L}t}\right.$ $\left. -\left(\dfrac{1}{2} - \dfrac{R}{2\sqrt{D}}\right)e^{\frac{\sqrt{D}+R}{2L}t}\right]$ $i(t) =$ $\dfrac{E}{\sqrt{D}}\left(e^{\frac{\sqrt{D}-R}{2L}t} - e^{-\frac{\sqrt{D}+R}{2L}t}\right)$ ●$D=0$ $q(t) =$ $CE\left[1 - \left(1 - \dfrac{R}{2L}t\right)e^{-\frac{R}{2L}t}\right]$ $i(t) =$ $CE\left(\dfrac{R}{2L}\right)^2 \cdot te^{-\frac{R}{2L}t}$	●$D<0$ $q(t) = CE\left[1 - e^{-\frac{R}{2L}t}\right.$ $\left(\cos\left(\dfrac{\sqrt{-D}}{2L}t\right) +\right.$ $\left.\left.\dfrac{R}{\sqrt{-D}}\sin\left(\dfrac{\sqrt{-D}}{2L}t\right)\right)\right]$ $i(t) = \dfrac{2E}{\sqrt{-D}}e^{-\gamma t}\sin(\delta t)$ $D = R^2 - \dfrac{4L}{C}$	$q(t) =$ $CE\left[1 - \cos\left(\dfrac{t}{\sqrt{LC}}\right)\right]$ $i(t) =$ $E\sqrt{\dfrac{C}{L}}\sin\left(\dfrac{t}{\sqrt{LC}}\right)$	（下の 強制振動 と同形） （背景がグレーの部分は前節で述べた内容です）
物理	放射性崩壊 $\dfrac{d}{dt}N(t) = -\lambda N(t)$ $N(t) = N_0 e^{-\lambda t}$		バネの減衰振動 $\dfrac{d^2x}{dt^2} + 2b\dfrac{dx}{dt} + \omega^2 x = 0$ ●$D<0$ $x(t) =$ $x_0 e^{-bt}\left[\cos\sqrt{-D}t\right.$ $\left.+\dfrac{b}{\sqrt{-D}}\sin\sqrt{-D}t\right]$	バネの単振動 $\dfrac{d^2x}{dt^2} = -\omega^2 x$ $x = x_0 \sin(\omega t + \theta_0)$	バネの強制振動 $\dfrac{d^2y}{dt^2} + 2b\dfrac{dy}{dt} + \omega^2 y$ $= C\cos\nu t$ $y(t) = x_0 \cos\omega t +$ $Amp(\nu) \times$ $[\cos(\nu t + \alpha) - \cos\omega t]$ $Amp(\nu) =$ $\dfrac{C}{\sqrt{(\omega^2 - \nu^2)^2 + (2b\nu)^2}}$

[第2章 高校物理から始まる微分方程式]

107

方程式は次のように表されます。

$$m\frac{d^2x}{dt^2} = -kx - a\frac{dx}{dt} \Rightarrow \frac{d^2x}{dt^2} + 2b\frac{dx}{dt} + \omega^2 x = 0 \quad \begin{cases} \omega \equiv \sqrt{\frac{k}{m}} \\ 2b \equiv \frac{a}{m} \end{cases}$$

$$x(0) \equiv x_0, \quad x'(0) \equiv 0$$

$$\frac{d^2x}{dt^2} + 2b\frac{dx}{dt} + \omega^2 x = 0$$

上で「$2b$」とおいたのは、後でこれと角速度 ω との比較の際に見やすくなるからです。ω は単位時間に回転する角度を意味する「角速度」ですが、振動の理論ではこれを「角振動数」または単に「振動数」と呼びます。P.91と同様に、$x(t)=e^{pt}$ をこの方程式に代入して、

$$p^2 + 2bp + \omega^2 = 0$$

が得られます。この p に関する2次方程式の判別式は $D=b^2-\omega^2$ となり、b と ω の大小で解の種類が次のように決まります。そして、$b>\omega$ を元の方程式に戻って考えると、摩擦力が復元力より大きいということを意味します。そして、$b=\omega$ は摩擦力=復元力、$b<\omega$ は摩擦力<復元力を意味します。

$b>\omega \Rightarrow D>0$： 摩擦力>復元力

     2つの実数解　→　2つの指数関数解の線型結合

$b=\omega \Rightarrow D=0$： 摩擦力=復元力

     縮退した2つの実数解　→　e^{pt} と xe^{px} の解の線型結合

$b<\omega \Rightarrow D<0$： 摩擦力<復元力

     2つの虚数解　→　2つの三角関数解の線型結合

前節で示したように、それぞれの場合の一般解は、次のようになります。

$$g(t) = \begin{cases} Ae^{(\sqrt{b^2-\omega^2}-b)t} + Be^{-(\sqrt{b^2-\omega^2}+b)t} & (b>\omega) \\ (A+Bt)e^{-bt} & (b=\omega) \\ e^{-bt}\left[A\cos\sqrt{\omega^2-b^2}\,t + B\sin\sqrt{\omega^2-b^2}\,t\right] & (b<\omega) \end{cases}$$

[3] 摩擦力＞復元力の場合（b>ω、D>0）

摩擦力が復元力より大きい場合は、振動せず一方的に減衰します。一般解に初期条件 $x(0)=x_0, x'(0)=0$ を適用します。

$$D \equiv b^2 - \omega^2, \quad p = -b \pm \sqrt{D} \equiv \alpha, \beta \quad (\alpha > \beta)$$

$$b > \omega: \quad p = \alpha, \beta = -b \pm \sqrt{D}$$

$$x(t) = Ae^{(\sqrt{D}-b)t} + Be^{-(\sqrt{D}+b)t}$$

$$x(0) = A + B = x_0 \Rightarrow B = x_0 - A$$

$$x'(t) = A(\sqrt{D}-b)e^{(\sqrt{D}-b)t} - B(\sqrt{D}+b)e^{-(\sqrt{D}+b)t}$$

$$x'(0) = A(\sqrt{D}-b) - B(\sqrt{D}+b) = 0$$

$$\begin{pmatrix} 1 & 1 \\ \sqrt{D}-b & -(\sqrt{D}+b) \end{pmatrix} \begin{pmatrix} A \\ B \end{pmatrix} = \begin{pmatrix} x_0 \\ 0 \end{pmatrix}, \quad \begin{pmatrix} 1 & 1 \\ \sqrt{D}-b & -(\sqrt{D}+b) \end{pmatrix}^{-1}$$

$$= \frac{1}{(-\sqrt{D}-b)-(\sqrt{D}-b)} \begin{pmatrix} -(\sqrt{D}+b) & -1 \\ -(\sqrt{D}-b) & 1 \end{pmatrix} = \frac{1}{2\sqrt{D}} \begin{pmatrix} \sqrt{D}+b & 1 \\ \sqrt{D}-b & -1 \end{pmatrix}$$

$$\therefore \begin{pmatrix} A \\ B \end{pmatrix} = \frac{1}{2\sqrt{D}} \begin{pmatrix} \sqrt{D}+b & 1 \\ \sqrt{D}-b & -1 \end{pmatrix} \begin{pmatrix} x_0 \\ 0 \end{pmatrix} = \frac{1}{2\sqrt{D}} \begin{pmatrix} \sqrt{D}+b \\ \sqrt{D}-b \end{pmatrix} x_0$$

$$\therefore A = \frac{\sqrt{D}+b}{2\sqrt{D}} x_0, \quad B = \frac{\sqrt{D}-b}{2\sqrt{D}} x_0$$

$$x(t) = x_0 \left[\frac{\sqrt{D}+b}{2\sqrt{D}} e^{(\sqrt{D}-b)t} + \frac{\sqrt{D}-b}{2\sqrt{D}} e^{-(\sqrt{D}+b)t} \right]$$

$$= x_0 \left[\frac{1}{2}\left(1 + \frac{1}{\sqrt{1-\left(\frac{\omega}{b}\right)^2}}\right) e^{b\left(\sqrt{1-\left(\frac{\omega}{b}\right)^2}-1\right)t} + \frac{1}{2}\left(1 - \frac{1}{\sqrt{1-\left(\frac{\omega}{b}\right)^2}}\right) e^{-b\left(\sqrt{1-\left(\frac{\omega}{b}\right)^2}+1\right)t} \right]$$

最後に2項が残ります。この解は双曲線関数に整理できますが、このままの方が増減が見やすいでしょう。第1項と第2項を比べると、第2項は振幅が小さいうえに減衰も早いので、減衰の全体像の動向は主に第1項が握っています。

［4］摩擦力＝復元力の場合（b=ω、D=0）

摩擦力が復元力に等しい場合も、振動は起きずに一方的に減衰します。一般解に初期条件 $x(0)=x_0, x'(0)=0$ を適用すると、最終的には有効な解は1つに絞られます。

$$b = \omega: \quad p = \alpha = -b \quad (D=0)$$
$$x(t) = Ae^{-bt} + Bte^{-bt}$$
$$x(0) = A = x_0$$
$$x'(t) = -bAe^{-bt} + B[1-bt]e^{-bt} = (B - bA - bBt)e^{-bt}$$
$$x'(0) = B - bA = 0 \Rightarrow B = bA = bx_0$$
$$x(t) = x_0 e^{-bt} + bx_0 te^{-bt} = x_0(1+bt)e^{-bt}$$

［5］摩擦力＜復元力の場合（b<ω、D<0）

摩擦力が復元力より小さい場合は、振動が起きます。

$$b < \omega: \quad p = \alpha, \beta = -b \pm \sqrt{D} = -b \pm i\sqrt{-D} = -b \pm i\sqrt{\omega^2 - b^2}$$
$$x(t) = Ae^{-(b-i\sqrt{-D})t} + Be^{-(b+i\sqrt{-D})t} = e^{-bt}\left(Ae^{i\sqrt{-D}t} + Be^{-i\sqrt{-D}t}\right)$$
$$= e^{-bt}\left[A\left(\cos\sqrt{-D}t + i\sin\sqrt{-D}t\right) + B\left(\cos\sqrt{-D}t - i\sin\sqrt{-D}t\right)\right]$$
$$= e^{-bt}\left[(A+B)\cos\sqrt{-D}t + i(A-B)\sin\sqrt{-D}t\right] \in \mathbf{R}$$
$$\Rightarrow x(t) \equiv e^{-bt}\left[A'\cos\sqrt{-D}t + B'\sin\sqrt{-D}t\right]$$

求める関数は実数値関数です。そのためには、$A+B$ は実数、$A-B$ は純虚数でなければなりません（ここで $A=B$ とはしないように注意してください）。ここで、「$A+B$ は実数、$A-B$ も実数」として、$A+B \equiv A'$、$i(A-B) \equiv B'$ と再定義し、これらの一般解に初期条件 $x(0)=x_0, x'(0)=0$ を適用します。

$$x(0) = A' = x_0$$
$$x'(t) = e^{-bt}(-b)\left(A'\cos\sqrt{-D}t + B'\sin\sqrt{-D}t\right)$$
$$\quad + e^{-bt}\sqrt{-D}\left(-A'\sin\sqrt{-D} + B'\cos\sqrt{-D}t\right)$$

$$= e^{-bt}\left[\left(-bA' + B'\sqrt{-D}\right)\cos\sqrt{-D}t + \left(-bB' - A'\sqrt{-D}\right)\sin\sqrt{-D}t\right]$$

$$x'(0) = -bA' + B'\sqrt{-D} = 0 \Rightarrow B' = \frac{bA'}{\sqrt{-D}}$$

$$\therefore x(t) = x_0 e^{-bt}\left[\cos\sqrt{-D}t + \frac{b}{\sqrt{-D}}\sin\sqrt{-D}t\right]$$

$$= x_0 e^{-bt}\left[\cos\sqrt{\omega^2 - b^2}\,t + \left\{\left(\frac{\omega}{b}\right)^2 - 1\right\}^{-\frac{1}{2}}\sin\sqrt{\omega^2 - b^2}\,t\right]$$

$$1 + \frac{1}{\left(\frac{\omega}{b}\right)^2 - 1} = \frac{\left(\frac{\omega}{b}\right)^2}{\left(\frac{\omega}{b}\right)^2 - 1} = \frac{1}{1 - \left(\frac{b}{\omega}\right)^2}$$

$$\therefore x(t) = x_0 e^{-bt}\sqrt{\frac{1}{1 - \left(\frac{b}{\omega}\right)^2}}\cos\left(\sqrt{\omega^2 - b^2}\,t - \theta_0\right) \quad \tan\theta_0 = \left\{\left(\frac{\omega}{b}\right)^2 - 1\right\}^{-\frac{1}{2}}$$

以上の3つの場合の変動をグラフ化すると次のようになります。

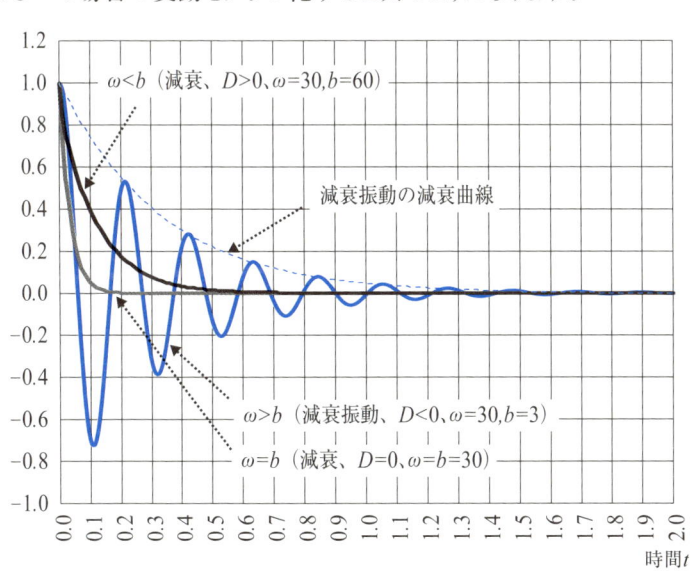

3つの曲線を重ねて描くと、摩擦力がだんだん小さくなって（黒⇒灰）減衰が限界を超えて勢い余って振動を始める（灰⇒青）状況が理解できると思います。

[6] バネの強制振動と非斉次方程式

今度はさらに外力によって強制的に振動させられる場合の振動であり、「強制振動」と呼ばれます。本項では復元力＞摩擦力（ω＞b）の場合のみをあつかいます。それ以外は、減衰するか強制振動にしたがうかで、単純であまり興味深くないからです。

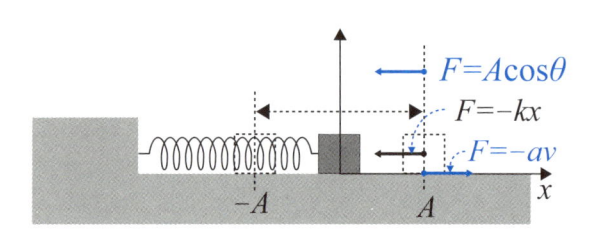

この場合、前項までで求めた減衰運動が斉次方程式であり、それに対して外部から加えられる力を含めると非斉次方程式方程式になります。バネの固有振動数 ω（$\omega^2 = k/m$）に対して強制力の振動数をνと表記します。するとこの場合の斉次方程式、非斉次方程式は次のようになります。

$$
\begin{aligned}
&\text{非斉次方程式} \quad \begin{cases} \dfrac{d^2 y}{dt^2} + 2b\dfrac{dy}{dt} + \omega^2 y = C\cos\nu t \end{cases} \\
&\text{斉次方程式} \quad \begin{cases} \dfrac{d^2 g}{dt^2} + 2b\dfrac{dg}{dt} + \omega^2 g = 0 \end{cases}
\end{aligned}
$$

P.87 の表記からは、$x \Rightarrow t$ の置き換えを行っています。P.93 でも述べましたが、非斉次方程式の一般解は斉次方程式の一般解と非斉次方程式の特殊解の和であり、斉次方程式の一般解は特性方程式の判別式の符号に対応して次のように3つに分かれます。2階の方程式の解なので、それぞれ2つの積分定数が残ります。

$$
g(t) = \begin{cases} Ae^{\left(\sqrt{b^2-\omega^2}-b\right)t} + Be^{-\left(\sqrt{b^2-\omega^2}+b\right)t} & (b > \omega) \\ (A + Bt)e^{-bt} & (b = \omega) \\ e^{-bt}\left[A\cos\sqrt{\omega^2-b^2}\,t + B\sin\sqrt{\omega^2-b^2}\,t\right] & (b < \omega) \end{cases}
$$

ここで、非斉次方程式の特殊解を求める手順をまとめておきます。
(1) 斉次方程式の一般解 $g(t)$ を求める。
(2) 非斉次方程式の特殊解 $h(t)$ を求める。
(3) 非斉次方程式の一般解 $y(t)=g(t)+h(t)$ を合成する。
(4) 非斉次方程式の特殊解 $y(t)$ を求める。

●非斉次方程式の特殊解 h(t) を求める

斉次方程式の一般解 $g(t)$ はすでに求めました。非斉次方程式の特殊解 $h(t)$ は、外力が $C\cos\nu t$ で表される場合、同じ位相の $h(t)=D\cos\nu t$ と仮定します。この D が決まればそれが特殊解です。

$$\begin{cases} \dfrac{d^2 y}{dt^2}+2b\dfrac{dy}{dt}+\omega^2 y = C\cos\nu t \\ h(t)\equiv D\cos\nu t \end{cases} \begin{cases} y(t)=g(t)+h(t) \\ y(0)=x_0,\quad y'(0)=0 \end{cases}$$

$$D\nu^2[-\cos\nu t]+2b\nu D[-\sin\nu t]+\omega^2 D\cos\nu t = C\cos\nu t$$

$$(-D\nu^2+\omega^2 D)\cos\nu t+(-2b\nu D)\sin\nu t = C\cos\nu t$$

$$D(\omega^2-\nu^2)\cos\nu t-(2b\nu D)\sin\nu t = C\cos\nu t$$

●抵抗がない場合の特殊解 h(t) を求める

上の式では、$\cos\nu t$ と $\sin\nu t$ が混在して解けませんが、$b=0$ の場合、すなわち抵抗がない場合はこの方程式は次のように簡単に解けます。$b\neq 0$ の場合との比較のために、振幅を $Amp(\nu)$ とおいておきます。

$$D(\omega^2-\nu^2)\cos\nu t = C\cos\nu t$$

$$\Rightarrow D=\frac{C}{\omega^2-\nu^2} \Rightarrow h(t)\equiv \frac{C}{\omega^2-\nu^2}\cos\nu t$$

$$Amp(\nu)\equiv \frac{C}{\omega^2-\nu^2}$$

●抵抗がない場合の特殊解 y(t) を求める

斉次方程式の一般解 $g(t)$ と $h(t)$ の和が非斉次方程式の一般解です。その結果に対して初期条件 $x(0)=x_0, x'(0)=0$ を適用し特殊解を求めます。

$$y(t) = g(t) + h(t) = [A\cos\omega t + B\sin\omega t] + Amp(\nu)\cos\nu t$$
$$y(0) = A + Amp(\nu) = x_0 \Rightarrow A = x_0 - Amp(\nu)$$
$$y'(t) = -\omega A\sin\omega t + \omega B\cos\omega t - \nu Amp(\nu)\sin\nu t$$
$$y'(0) = \omega B = 0 \Rightarrow B = 0$$
$$\therefore y(t) = [(x_0 - Amp(\nu))\cos\omega t] + Amp(\nu)\cos\nu t$$
$$= x_0 \cos\omega t + Amp(\nu)(\cos\nu t - \cos\omega t)$$

この $y(t)$ が $b=0$ の場合の特殊解です。$y'(0)=0$ としたために $B\sin\omega t$ の方の解は不要になります。

●抵抗がある場合の非斉次方程式の特殊解 h(t) を求める

$b \neq 0$ の場合を解くには、上の式のままでは計算できないので、$h(t) = De^{i\nu t}$ とおき直して解きます。そうすると、複素振幅が得られて、その絶対値が実数振幅 D になります。ここでも振幅を $Amp(\nu)$ とおいておきます。

$$\begin{cases} \dfrac{d^2 y}{dt^2} + 2b\dfrac{dy}{dt} + \omega^2 y = C\cos\nu t \\ h(t) \equiv De^{i\nu t} \end{cases} \quad \begin{cases} y(t) = g(t) + h(t) \\ y(0) = x_0, \quad y'(0) = 0 \end{cases}$$

$$-D\nu^2 e^{i\nu t} + 2b \cdot i\nu De^{i\nu t} + \omega^2 De^{i\nu t} = Ce^{i\nu t}$$
$$D(\omega^2 - \nu^2) + (2ib\nu D) = C$$
$$D = \frac{C}{(\omega^2 - \nu^2) + i2b\nu} \Rightarrow |D| = \frac{C}{\sqrt{(\omega^2 - \nu^2)^2 + (2b\nu)^2}} \equiv Amp(\nu)$$

$h(t)$ を求めるには $De^{i\nu t}$ の実部を求めます。その過程で位相のズレを表す $\cos\alpha, \sin\alpha$ も求めておきます。得られた答えは、外力と振動数 ν は一致するが、位相が α だけ変わっている振動、というものでした。外力の振動数 ν が固有振動数 ω の影響を受けているのです。

$$h(t) = \mathrm{Re}[De^{i\nu t}] = \mathrm{Re}\left[\frac{(\omega^2 - \nu^2) - i2b\nu}{(\omega^2 - \nu^2)^2 + (2b\nu)^2}(\cos\nu t + i\sin\nu t)\right]C$$
$$= \frac{(\omega^2 - \nu^2)\cos\nu t + 2b\nu\sin\nu t}{(\omega^2 - \nu^2)^2 + (2b\nu)^2}C = \frac{\cos(\nu t + \alpha)}{\sqrt{(\omega^2 - \nu^2)^2 + (2b\nu)^2}}C$$

$$= Amp(\nu)\cos(\nu t + \alpha)$$

$$\tan\alpha = -\frac{2b\nu}{\omega^2 - \nu^2} = \frac{2b\nu}{\nu^2 - \omega^2} \quad \begin{cases} \cos\alpha = \dfrac{\omega^2 - \nu^2}{\sqrt{(\omega^2 - \nu^2)^2 + (2b\nu)^2}} \\ \sin\alpha = -\dfrac{2b\nu}{\sqrt{(\omega^2 - \nu^2)^2 + (2b\nu)^2}} \end{cases}$$

ここで小休止して、求めた特殊解の意味をまとめておきます。

非斉次方程式	$\dfrac{d^2y}{dt^2} + 2b\dfrac{dy}{dt} + \omega^2 y = C\cos\nu t$
その一般解	$y(t) = g(t) + h(t)$
初期条件	$y(0) = x_0,\quad y'(0) = 0$
特殊解	$h(t) = Amp(\nu)\cos(\nu t + \alpha)$
振幅	$Amp(\nu) = \dfrac{C}{\sqrt{(\omega^2 - \nu^2)^2 + (2b\nu)^2}}$

●抵抗がある場合の特殊解 y(t) を求める

最初に見やすくするために、ω_b を定義しておきます。

$$\omega_b \equiv \sqrt{\omega^2 - b^2} = \omega\sqrt{1 - \left(\frac{b}{\omega}\right)^2}$$

$$y(t) = e^{-bt}\left[A\cos\omega_b t + B\sin\omega_b t\right] + Amp(\nu)\cos(\nu t + \alpha)$$

$$y(0) = A + \cos\alpha\, Amp(\nu) = x_0 \Rightarrow A = x_0 - \cos\alpha\, Amp(\nu)$$

$$y'(t) = e^{-bt}\left[(-bA + \omega_b B)\cos\omega_b t + (-bB - \omega_b A)\sin\omega_b t\right]$$
$$\quad - \nu\, Amp(\nu)\sin(\nu t + \alpha)$$

$$y'(0) = (-bA + \omega_b B) - \nu\, Amp(\nu)\sin\alpha = 0$$

$$\omega_b B = bA + \nu\sin\alpha\, Amp(\nu) = b\left[x_0 - \cos\alpha\, Amp(\nu)\right] + \nu\sin\alpha\, Amp(\nu)$$
$$= bx_0 + Amp(\nu)\left[\nu\sin\alpha - b\cos\alpha\right]$$

$$B = \left(\frac{b}{\omega_b}\right)x_0 + \left[\left(\frac{\nu}{\omega_b}\right)\sin\alpha - \left(\frac{b}{\omega_b}\right)\cos\alpha\right]Amp(\nu)$$

これで次のように非斉次方程式の特殊解 $y(t)$ を求めることができました。

$$\begin{aligned}
y(t) &= (x_0 - \cos\alpha\, Amp(\nu))e^{-bt}\cos\omega_b t \\
&\quad + \left[\left(\frac{b}{\omega_b}\right)x_0 + \left[\left(\frac{\nu}{\omega_b}\right)\sin\alpha - \left(\frac{b}{\omega_b}\right)\cos\alpha\right]Amp(\nu)\right]e^{-bt}\sin\omega_b t \\
&\quad + Amp(\nu)\cos(\nu t + \alpha) \\
&= e^{-bt}\left[x_0 \cos\omega_b t + \left(\frac{b}{\omega_b}\right)x_0 \sin\omega_b t\right] \\
&\quad + Amp(\nu)\left[\cos(\nu t + \alpha) - e^{-bt}\left(\cos\alpha\cos\omega_b t + \left[\left(\frac{\nu}{\omega_b}\right)\sin\alpha - \left(\frac{b}{\omega_b}\right)\cos\alpha\right]\sin\omega_b t\right)\right] \\
Amp(\nu) &= \frac{C}{\sqrt{(\omega^2 - \nu^2)^2 + (2b\nu)^2}}
\end{aligned}$$

この解が、$b=0$ の場合にすでに求めた特殊解と一致することを確認しておきます。

$$b = 0 \Rightarrow \begin{cases} \omega_b = \sqrt{\omega^2 - b^2} \to \omega \\ \sin\alpha = 0 \to \cos\alpha = 1 \end{cases}$$

$$y(t) = x_0 \cos\omega t + Amp(\nu)[\cos(\nu t + \alpha) - \cos\omega t]$$

[7] 振動の振幅の変動（ω>bの場合）

　強制振動の振幅 $Amp(\nu)$ で強制振動数 ν が固有振動数 ω に近い場合は振幅がだんだん大きくなります。この現象を「共鳴」といいます。$\nu = \omega$ の場合は分母・分子はともに 0 になりますが、これは微分操作に相当して結局は振動を表します。

$$\begin{aligned}
y(t) &= x_0 \cos\omega t + \frac{C}{\omega^2 - \nu^2}[\cos\nu t - \cos\omega t] \\
&= x_0 \cos\omega t - \frac{Ct}{\omega + \nu}\left[\frac{\cos\nu t - \cos\omega t}{(\omega - \nu)t}\right] \quad \nu = \omega + h \\
&= x_0 \cos\omega t - \frac{Ct}{\omega + \nu}\left[\frac{\cos(\omega + h)t - \cos\omega t}{ht}\right] \\
\lim_{h \to 0} y(t) &= x_0 \cos\omega t + \frac{C}{2\omega}t\sin\omega t
\end{aligned}$$

$$Amp(\nu) = \frac{C}{\sqrt{(\omega^2 - \nu^2)^2 + (2b\nu)^2}}$$

下に、強制振動数 v に対する固有振動数 ω の関係と、強制振動の振る舞いの例を示します。**固有振動数 ω の至近では振幅が大きくなったり小さくなったりする「うなり」が生じます。正確に等しい場合は「共鳴」が生じて、振幅が時間に比例してだんだん大きくなります。**

● 周波数の共鳴

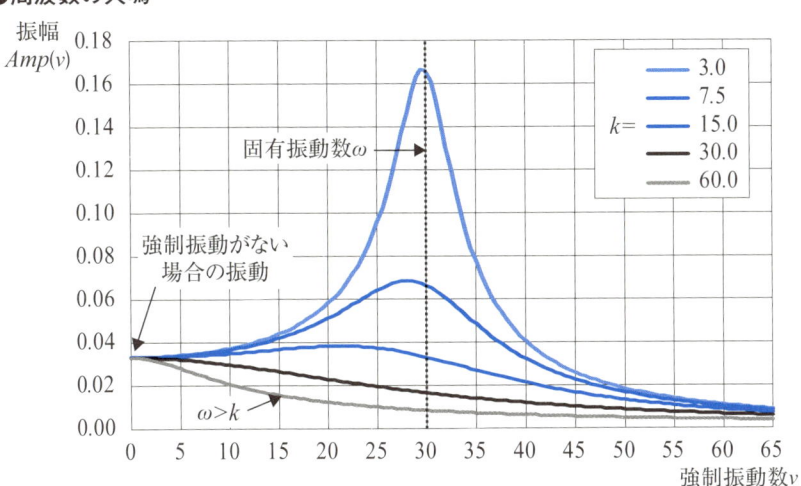

● 強制振動…共鳴とうなり

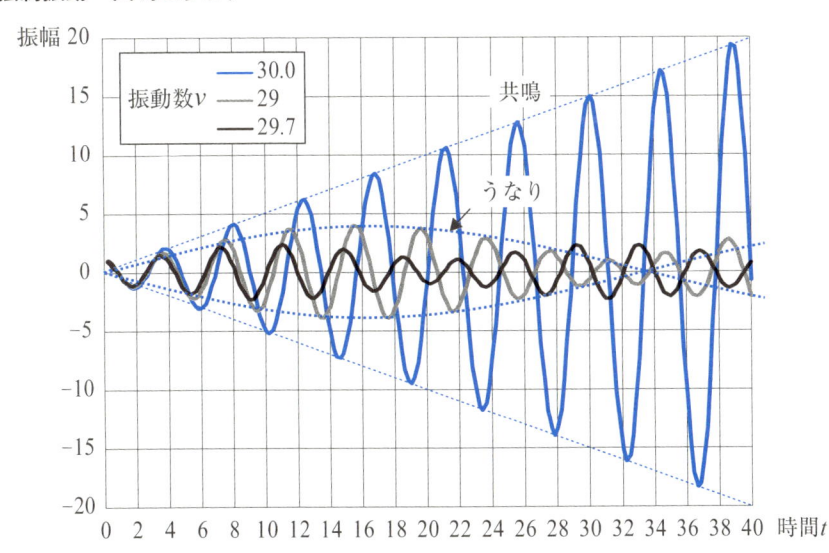

Sec.6 雨粒の落下速度はどれくらいか

［1］空気抵抗のある落下運動

　雨粒の落下に際しては、雨粒の大きさによって空気抵抗が変わります。雨雲の下端は平均的には地上約 500m ～ 2,000m 程度といわれているので、もし空気抵抗がなければ、

　　速度^2 = 2 × 9.8m/s^2（重力加速度）× 落下距離（n）

の公式から、500m から落下した場合は秒速 99m（時速 356km）、2,000m から落下した場合は秒速 198m（時速 713km）になります。雨粒の速度は音速の 2/3 に近づき、傘を突き破ってしまいそうですが、そんなことは起きません。

　雨に対する空気抵抗は、速度が小さいうちは速度に比例し、速度が大きくなると速度の2乗に比例します。その運動方程式は次のようになります。

$$v < 0.1 m/s: \quad F = m\alpha = mg - kv$$
$$v > 1 m/s: \quad F = m\alpha = mg - kv^2$$

ただしこの場合は比例定数 k が難物であり、本節末尾で簡単に説明します。

［2］速度に比例する空気抵抗を受ける落下運動

　速度に比例する空気抵抗を受ける落下運動は、下に示すように時間に関する2階の線型斉次微分方程式ですが、ここには x の項がないので、速度の微分方程式と考えれば1階の線型斉次微分方程式になります。

$$m\frac{d^2x}{dt^2} = mg - k\frac{dx}{dt} \Leftrightarrow m\frac{dv}{dt} = mg - kv$$

小さな雨粒は、このような速度に比例する空気抵抗を受けます。この方程式は次のように、置き換えと変数分離法で解くことができます。

$$\frac{dv}{dt} = g - \frac{k}{m}v = -\frac{k}{m}\left(v - \frac{mg}{k}\right)$$

$$v - \frac{mg}{k} \equiv u$$

$$\frac{du}{dt} = -\frac{k}{m}u \Rightarrow \frac{du}{u} = -\frac{k}{m}dt$$

$$\int \frac{du}{u} = \log|u| = -\frac{k}{m}\int dt + C$$

$$= -\frac{k}{m}t + C$$

$$u = e^C e^{-\frac{k}{m}t} \Rightarrow v(t) = e^C e^{-\frac{k}{m}t} + \frac{mg}{k}$$

$$v(0) = 0 \Rightarrow v(t) = \frac{mg}{k}\left(1 - e^{-\frac{k}{m}t}\right)$$

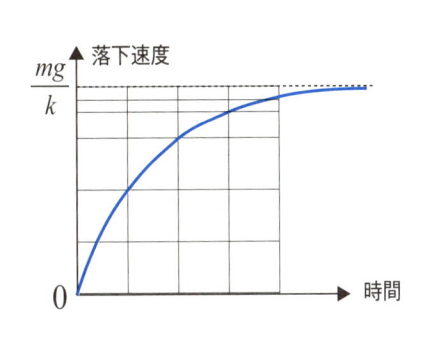

出てきた解は、十分時間が経過すると速度が一定値「mg/k」に近づき、その値を超えることはありません。この速度を「終端速度」と呼びます。その振る舞いを上図に示します。

$$v(t) = \frac{mg}{k}\left(1 - e^{-\frac{k}{m}t}\right) \xrightarrow{t \to \infty} \frac{mg}{k}$$

次に位置を求めるにはこの速度を積分します。

$$x(t) = \int v(t)dt = \frac{mg}{k}\int \left(1 - e^{-\frac{k}{m}t}\right)dt$$

$$= \frac{mg}{k}\left[t - \left(-\frac{m}{k}\right)e^{-\frac{k}{m}t}\right] + C = \frac{m}{k}gt + \left(\frac{m}{k}\right)^2 g e^{-\frac{k}{m}t} + C$$

$$x(0) = 0 \Rightarrow v(t) = \frac{m}{k}gt + \left(\frac{m}{k}\right)^2 g\left(e^{-\frac{k}{m}t} - 1\right)$$

第1項が終端速度に対応する項です。

［3］速度の2乗に比例する空気抵抗を受ける落下運動

大きな雨粒は速度の2乗に比例する空気抵抗を受けます。テニスやゴルフのボールは初速が大きいので、最初からこのような空気抵抗を受けます。

$$\frac{dv}{dt} = g - \frac{k}{m}v^2 = -\frac{k}{m}\left(v^2 - \frac{mg}{k}\right) \quad v \equiv \sqrt{\frac{mg}{k}}\tanh u$$

この方程式はv^2を含むため非線型であり（P.87参照）、非線型微分方程式は一般的には簡単に解けないのですが、この場合は上に示した「双曲線関数」を使った置き換えを利用すると、比較的簡単に解くことができます。

$$\frac{dv}{dt} = -\frac{k}{m}\left(v^2 - \frac{mg}{k}\right) = -\frac{k}{m}\left(\frac{mg}{k}\tanh^2 u - \frac{mg}{k}\right)$$

$$= -g(\tanh^2 u - 1) = g\frac{1}{\cosh^2 u} \quad [\cosh^2 u - \sinh^2 u = 1]$$

$$\frac{dv}{dt} = \frac{du}{dt}\cdot\frac{dv}{du}$$

$$\frac{dv}{du} = \sqrt{\frac{mg}{k}}\left(\frac{\sinh u}{\cosh u}\right)' = \sqrt{\frac{mg}{k}}\frac{\cosh^2 u - \sinh^2 u}{\cosh^2 u} = \sqrt{\frac{mg}{k}}\frac{1}{\cosh^2 u}$$

$$\therefore \sqrt{\frac{mg}{k}}\frac{1}{\cosh^2 u}\frac{du}{dt} = g\frac{1}{\cosh^2 u} \Rightarrow \frac{du}{dt} = \sqrt{\frac{kg}{m}}$$

$$\therefore \int du = u = \sqrt{\frac{kg}{m}}\int dt + C = \sqrt{\frac{kg}{m}}t + C$$

$$\therefore v(t) = \sqrt{\frac{mg}{k}}\tanh\left(\sqrt{\frac{kg}{m}}t + C\right)$$

$$v(0) = 0 \Rightarrow v(t) = \sqrt{\frac{mg}{k}}\tanh\left(\sqrt{\frac{kg}{m}}t\right)$$

双曲線関数は、P.38で述べた通り「中身は指数関数」です。この場合にも$x \to \infty$のとき$\tanh x \to 1$となるので「終端速度」があります。

$$\lim_{x \to \infty}\tanh x = \lim_{x \to \infty}\frac{e^x - e^{-x}}{e^x + e^{-x}} = 1 \Rightarrow \lim_{t \to \infty}v(t) = \sqrt{\frac{mg}{k}}$$

[4] 雨粒の落下速度

　一般的には、雨粒の直径は 0.1mm ～ 3mm であり、気象通報では、直径 0.5mm 以上を「雨」、0.5mm 未満を「霧雨」、さらに小さいものは「霧粒」、もっと小さいものは「雲粒」と呼ばれます。雨粒の大きさによって、空気の粘性との関係を表す「レイノルズ数」が変わり、終端速度はレイノルズ数で決まります。

　下図に示すように、比例定数 k の中の抵抗係数 C_D がレイノルズ数に依存していて、雨粒の大きさで空気抵抗が速度の何乗に比例するかが変わります。直径 0.08mm 以下では速度に比例し、この直径を超えると空気抵抗は速度の 2 乗ではなく 3/2 乗に比例します。

　直径が 6.5mm のかなり大粒の雨粒でやっと空気抵抗が落下速度の 2 乗に比例します。理論的な終端速度を右表にまとめました。ただし直径が 3mm を超えると、水滴が円盤状につぶれて速度がさらに落ち、上限は秒速 9m くらいといわれています。

直径	秒速
0.003mm	0.3mm
0.01mm	3.0mm
0.08mm	19cm
0.1mm	24cm
0.5mm	1.2m
3.0mm	7.1m
6.5mm	15.3m

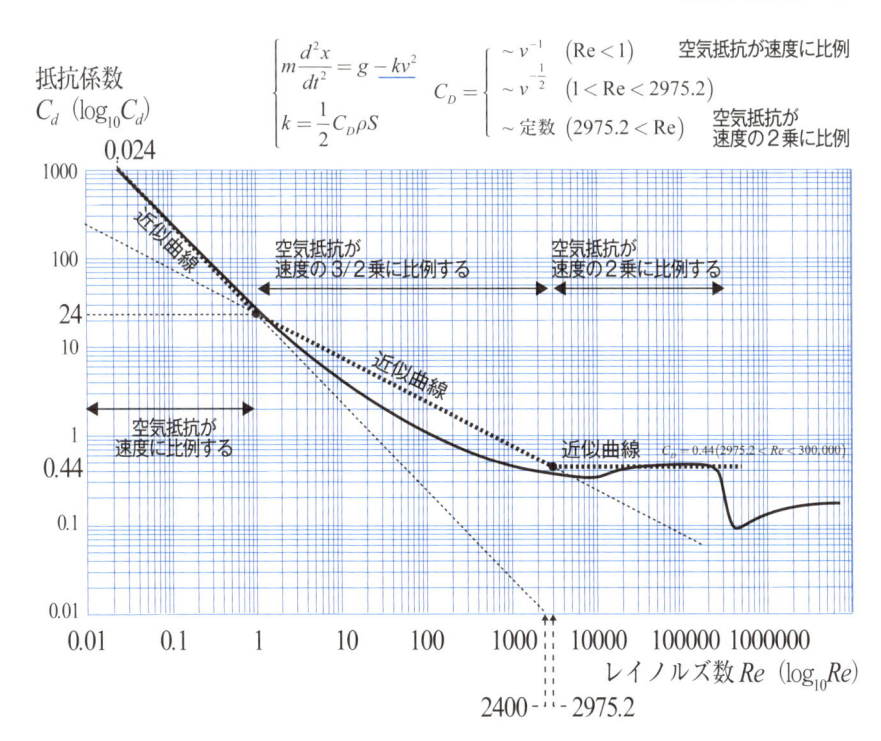

$$\begin{cases} m\dfrac{d^2x}{dt^2} = g - kv^2 \\ k = \dfrac{1}{2} C_D \rho S \end{cases} \quad C_D = \begin{cases} \sim v^{-1} & (\text{Re} < 1) \\ \sim v^{-\frac{1}{2}} & (1 < \text{Re} < 2975.2) \\ \sim \text{定数} & (2975.2 < \text{Re}) \end{cases}$$

空気抵抗が速度に比例
空気抵抗が速度の 2 乗に比例

Sec.7 人口増加や新製品売上の分析に使う曲線を求める

[1] マルサスのモデルとロジスティック方程式

　微分方程式のやさしい例としてかならず取り上げられるのが「マルサスのモデル」を表す微分方程式であり、それの修正版が「ロジスティック方程式」です。

　マルサスのモデルは、「生物の増える速さは現在の生物の個体数に比例する」というもので、「食糧は1次関数的にしか増産できないが人口は制限されなければ指数関数的に増加する」ので、マルサスは「人類はいつか滅びる」と予想しました。これが「マルサスの人口論」と呼ばれるものです。

　しかし実際には、個体数が増加すればその増加を抑制する因子が加わると考えた方が現実的であり、ある程度までは急激に増え、**増えすぎると抑制力が働いてきて、最終的にはある値で安定してくる**、と考えて作られたのが「ロジスティック方程式」です。ロジスティック方程式は、新製品の売上など、最初は急激に増加するが、やがて飽和に達して頭打ちになる現象によくあてはまることからよく知られるようになりました。

[2] 上限がないマルサスのモデル

　マルサスのモデルの微分方程式は、放射性崩壊（P.80参照）の比例定数の符号を逆にした簡単なものです。増加率を r とします。

$$\frac{dN}{dt} = -\lambda N(t) \Leftrightarrow \frac{dN}{dt} = rN(t)$$

放射性崩壊　　　個体数の増加
$N(t)$：原子数　　$N(t)$：個体数

これを解く方法は、放射性崩壊の場合とまったく同じで、変数分離法だけで解けます。

$$\frac{dN}{dt} = rN(t) \Rightarrow \frac{dN}{N(t)} = rdt \Rightarrow \log|N(t)| = rt + C$$
$$\Rightarrow N(t) = e^{rt+C} = e^C e^{rt}$$
$$N(0) \equiv N_0 \Rightarrow N(t) = N_0 e^{rt}$$

結果は放射性崩壊の解と似た形になります。

$$N(t) = N_0 e^{rt}$$

この解のグラフは次のようになります。

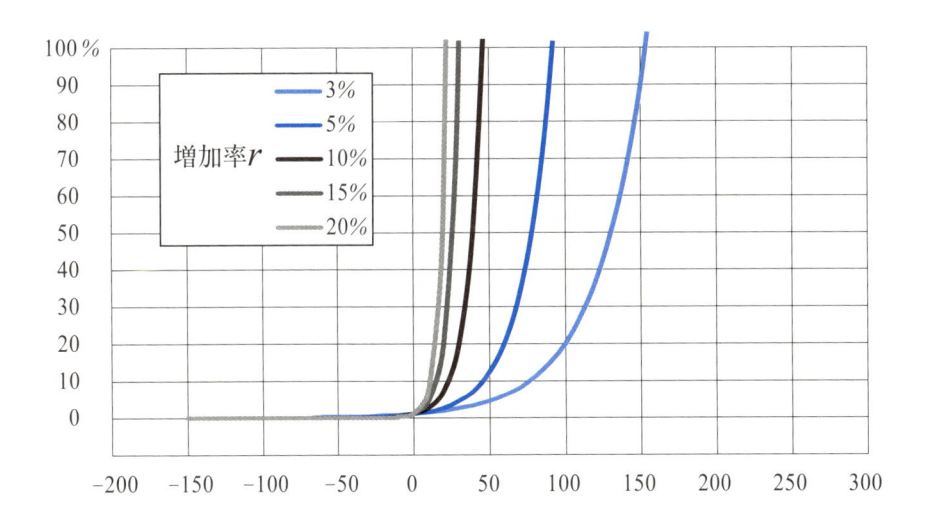

[3] 上限があるロジスティック方程式

これに対してロジスティック方程式は、上の微分方程式の初期増加率 r を修正したものです。たとえば現実的には、人口密度が大きくなると、環境が悪化して出生率が低下します。このような効果を考慮に入れるために、M を個体数の上限数として、初期増加率に「(上限数 M− 個体数 N)／上限数 M」をかけて頭打

ち効果を組み込みました。

　この因子「（上限数 M − 個体数 N）／上限数 M」は、個体数 N の密度の増加が増加率 r にブレーキをかけるので、この因子を「密度因子 F」と呼びます。初期増加率に密度因子をかけたものが「実質増加率 R」であり、個体数 N が上限数 M に近づくにつれて実質増加率 R は減少し、個体数 N ＝ 上限数 M ならば増加は止まり、個体数 N ＞ 上限数 M の場合は実質増加率 R はマイナスとなり、個体数 N は上限数 M になるまで減少します。

$$\frac{dN}{dt} = rN \Rightarrow \begin{cases} \frac{dN}{dt} = RN \\ R = r\left(\frac{M-N}{M}\right) \end{cases} \Rightarrow \frac{dN}{dt} = r\left(\frac{M-N}{M}\right)N$$

　この微分方程式は、個体数 N が右辺に2回出てくるので、空気抵抗が速度の2乗に比例する落下運動と同様に、非線型の1階の斉次方程式です。この微分方程式は非線型ですが、変数分離法に部分分数分解のテクニックを応用すれば容易に解くことができます。

$$\frac{M}{(M-N)N}dN = rdt = \left(\frac{1}{M-N} + \frac{1}{N}\right)dN$$

$$r\int dt = rt = \int\left(\frac{1}{M-N} + \frac{1}{N}\right)dN = -\log|M-N| + \log|N| + A$$

$$\Rightarrow e^{rt-A} \equiv Be^{rt} = \frac{N}{M-N}$$

$$\Rightarrow N(t) = \frac{MBe^{rt}}{1+Be^{rt}} = \frac{M}{\frac{1}{B}e^{-rt}+1} \equiv \frac{M}{1+Ce^{-rt}}$$

$$N(0) = \frac{M}{1+C} \equiv N_0 \Rightarrow 1+C = \frac{M}{N_0} \Rightarrow C = \frac{M}{N_0} - 1$$

$$N(t) = \frac{M}{1+\left(\frac{M}{N_0}-1\right)e^{-rt}}$$

結果は放射性崩壊の解と似た形になります。

$$N(t) = \frac{M}{1 + \left(\frac{M}{N_0} - 1\right)e^{-rt}}$$

この曲線は、$t=0$ で N_0 であり、$t \to \infty$ で M に近づき、$t \to -\infty$ で 0 に近づきます。この曲線の形を見るために、$N_0=1$、$M=10$ としてグラフを書くと、次のようになります。

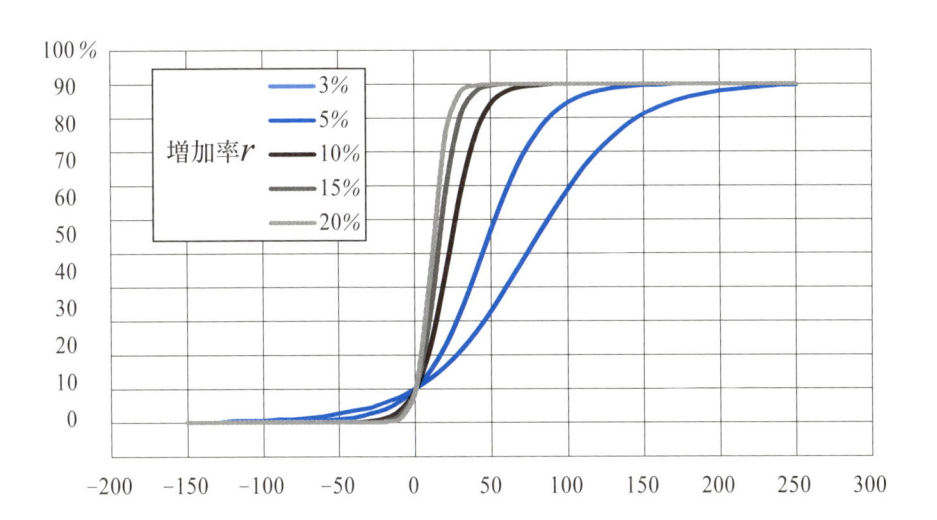

人口増加は環境や出生率などが増加を抑制するように、新製品を売り出してもその市場規模には上限があり、上のグラフはそのようすをよく表しています。

これを新製品の売上の分析に利用するなら、たとえば現在の売上を N_0、過去の市場規模の成長率を初期成長率 r とすると、**今後の市場の実質的な成長曲線を描くことができます**。上のグラフでいうと、**$t<0$ のグラフの数値から M を推定し、あるいは M を仮定すると、M にいたる経過を予測できる**ということです。

第3章 偏微分方程式はどう使う

第2章では1つの変数に従う常微分方程式を解説しましたが、本章では、波動などのように、時間と位置など2つ以上の変数にしたがう偏微分方程式を解説します。

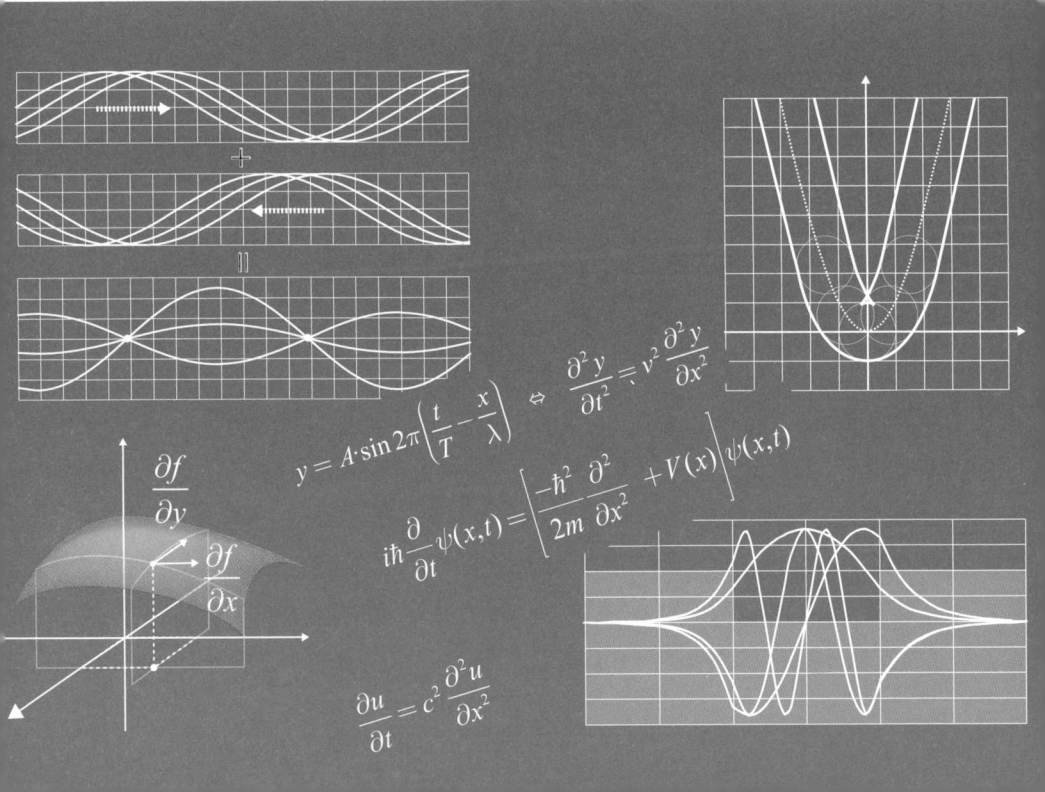

Sec.1 偏微分方程式とは何か

［1］物理によく出てくる偏微分方程式

　偏微分は、2つ以上の変数が存在する場合に登場します。物理現象には、複数の変数の変化によって表される物理量が数多くあります。たとえば、時間の経過にしたがって進む波（「進行波」といいます）は、次のように三角関数で表されます。

$$y = A \cdot \sin 2\pi \left(\frac{t}{T} - \frac{x}{\lambda} \right)$$

　三角関数の正弦関数 $\sin x$ と余弦関数 $\cos x$ は、位相が $\pi/2$ ずれているだけなので（$\cos(x-\pi/2)=\sin x$）どちらを使ってもいいのですが、波動を表す場合はふつう正弦関数を使って表現され、これを「正弦波」といいます。
　進行波は、位置と時間を変数とする関数で表され、波を観察する場合には次のように片方の変数を固定して観察します。これが偏微分です。

- ●波の形状をある瞬間に観察するときは、時間を固定して波高を観察する。
- ●波の形状をある地点で観察するときは、位置を固定して波高を観察する。

　この正弦波では、位相の中の位置の符号（負）と時間の符号（正）が反対なので、時間を固定して波高を観察する場合と位置を固定して波高を観察する場合とでは、波高の動き方が反対になります（右頁上図参照）。このように、選ぶ変数が変わると見える動きが変わってきます。
　複数の変数の関数の1つの変数だけを動かし、その他のすべての変数を固定して定数とみなす微分法を「偏微分法」あるいは簡単に「偏微分」といいます。

正弦波の波高の増減

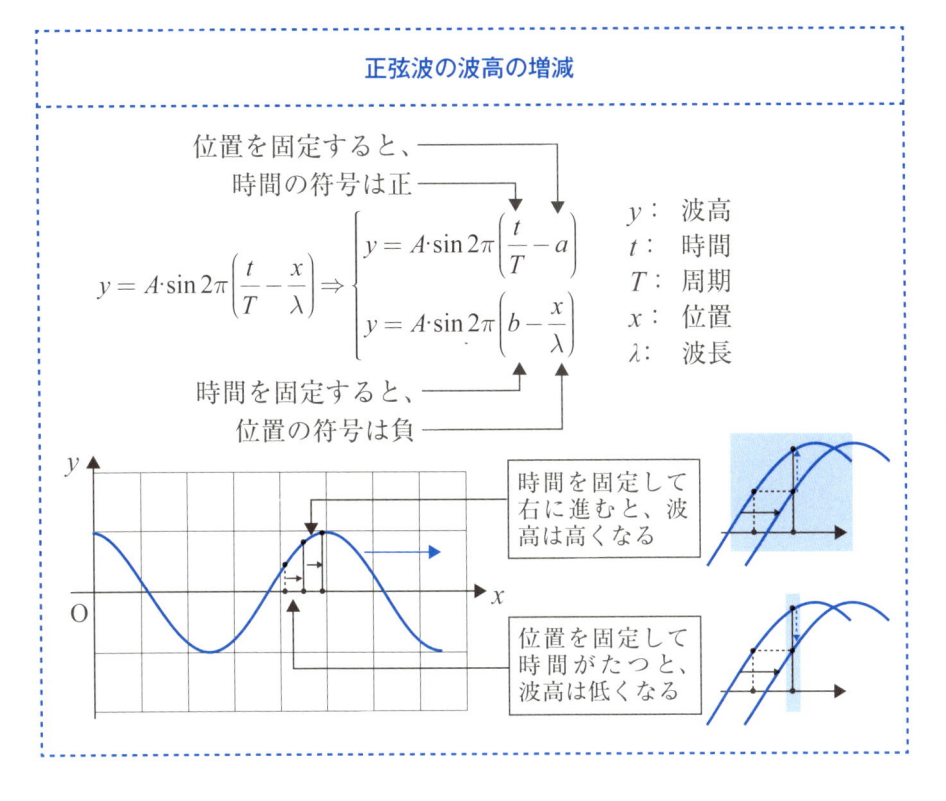

位置を固定すると、時間の符号は正
時間を固定すると、位置の符号は負

$$y = A \cdot \sin 2\pi \left(\frac{t}{T} - \frac{x}{\lambda} \right) \Rightarrow \begin{cases} y = A \cdot \sin 2\pi \left(\dfrac{t}{T} - a \right) \\ y = A \cdot \sin 2\pi \left(b - \dfrac{x}{\lambda} \right) \end{cases}$$

y：波高
t：時間
T：周期
x：位置
λ：波長

時間を固定して右に進むと、波高は高くなる

位置を固定して時間がたつと、波高は低くなる

これに対して、ふつうの微分を偏微分と区別するときは「常微分」と呼びます。

偏微分によって得られた微分係数や導関数のことを、「偏微分係数」、「偏導関数」あるいは単に「偏微分」と略称します。偏微分は、常微分の場合の微分「dx」に対して「∂x」で表現されます。この「∂」は、「ラウンドディー」「ディー」「ラウンド」「デル」などと読みます。偏微分は常微分と同様に、次のように表記されます。

$$\partial_x f(x,y) = f_x(x,y) = \frac{\partial f}{\partial x} = \lim_{\Delta x \to 0} \frac{f(x+\Delta x, y) - f(x,y)}{\Delta x}$$
$$\partial_y f(x,y) = f_y(x,y) = \frac{\partial f}{\partial y} = \lim_{\Delta y \to 0} \frac{f(x, y+\Delta y) - f(x,y)}{\Delta y}$$

常微分と同様に、上の式が1つの値に定まるとき、関数 $f(x,y)$ は x, y について「偏微分可能」といいます。先に示した正弦波の関数を偏微分すると次のようになります。

$$\begin{cases} \dfrac{\partial y}{\partial x} = \left(-\dfrac{2\pi}{\lambda}\right) A \cdot \cos 2\pi \left(\dfrac{t}{T} - \dfrac{x}{\lambda}\right) \\ \dfrac{\partial y}{\partial t} = \left(\dfrac{2\pi}{T}\right) A \cdot \cos 2\pi \left(\dfrac{t}{T} - \dfrac{x}{\lambda}\right) \end{cases}$$

[2] 偏微分・全微分の意味するもの

　複数変数の関数 $f(x,y)=0$ の x による偏微分 $\partial f/\partial x$ は、y を固定した微分です。偏微分 $\partial f/\partial x$ は、関数 $f(x,y)=0$ が表す曲面を x 軸に平行な平面で切った断面を形づくる曲線の傾きを表し、y による偏微分 $\partial f/\partial y$ は x を固定した微分ですから、曲面を y 軸に平行な平面で切った断面を形づくる曲線の傾きを表します。

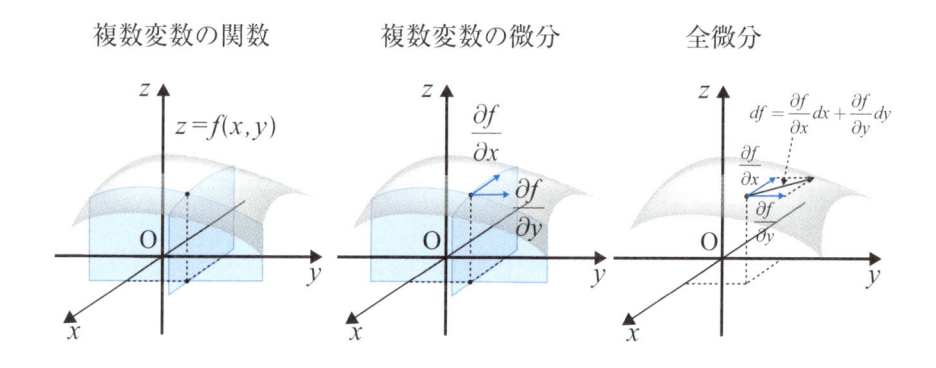

複数変数の関数　　　複数変数の微分　　　全微分

　したがって、偏微分の組が構成するベクトル $(\partial f/\partial x, \partial f/\partial y)$ は曲面の傾きまたは勾配を表します。

　では断面が x 軸や y 軸に平行ではない一般の場合の勾配はどのように表現すればよいのでしょうか。変数が1つの関数は曲線で表され、その場合には接点を通る接線を引くと、これは接線における傾きを使った、曲線の1次近似（直線近似）です。そして、1変数関数 $f(x)$ の全微分 df は次のように定義されます。

　　　$df = f(x+dx) - f(x)$

　x における $f(x)$ の1次近似は、次の図に示すように、

　　　$f(x+\varDelta x) = f(x) + (\varDelta f/\varDelta x)\varDelta x$

であり、その $\Delta x \to 0$ の極限では

$$f(x+dx) = f(x) + (df/dx)dx$$

と書けるので、変数関数 $f(x)$ の全微分 df は

$$(df/dx)dx$$

となります。同様にして、2つの変数を持つ関数の全微分を考えてみましょう。

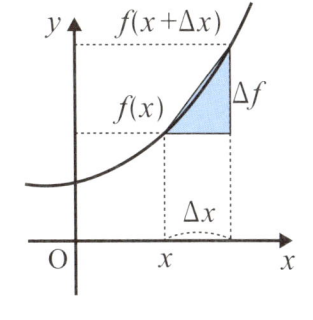

曲面上のある点での勾配を求めて接平面をつくると、これも曲面の1次近似です。**この接平面の勾配は、次のような、偏微分係数と微分の1次結合である「全微分」で得られます。**

$$df = \frac{\partial f}{\partial x}dx + \frac{\partial f}{\partial y}dy$$

$$df = \frac{\partial f}{\partial x}dx + \frac{\partial f}{\partial y}dy + \frac{\partial f}{\partial z}dz$$

全微分は、すべての変数を微少量動かしたときの関数の変化量の1次近似であり、Δx と Δy が増えた場合の Δf の $\Delta x, \Delta y \to 0$ の極限として求めます。2次元平面の場合の計算は前頁に示しました。3次元空間の場合も同様です。

全微分が勾配を表すことを、2変数の場合で証明しておきます。

$$\begin{aligned}
\Delta f &= f(x+\Delta x, y+\Delta y) - f(x,y) \\
&= f(x+\Delta x, y+\Delta y) \underline{- f(x, y+\Delta y) + f(x, y+\Delta y)} - f(x,y) \\
&\qquad\qquad\qquad \text{同じものを足して引く} \\
&= [f(x+\Delta x, y+\Delta y) - f(x, y+\Delta y)] + [f(x, y+\Delta y) - f(x,y)] \\
&\quad \frac{f(x+\Delta x, y+\Delta y) - f(x, y+\Delta y)}{\Delta x}\Delta x + \frac{f(x, y+\Delta y) - f(x,y)}{\Delta y}\Delta y
\end{aligned}$$

$f(x,y)$ の全微分 $df = \lim_{\substack{\Delta x \to 0 \\ \Delta y \to 0}} \Delta f$

同じものなので、Δy は無視する

$$\lim_{\substack{\Delta x \to 0 \\ \Delta y \to 0}} \frac{f(x+\Delta x, y+\Delta y) - f(x, y+\Delta y)}{\Delta x} = \lim_{\Delta x \to 0} \frac{f(x+\Delta x, y) - f(x,y)}{\Delta x} = \frac{\partial f}{\partial x}$$

$$\lim_{\substack{\Delta x \to 0 \\ \Delta y \to 0}} \frac{f(x, y+\Delta y) - f(x,y)}{\Delta y} = \frac{\partial f}{\partial y}$$

$$\therefore df = \frac{\partial f}{\partial x}\Delta x + \frac{\partial f}{\partial y}\Delta y, \quad \begin{cases} \Delta x \to dx \\ \Delta y \to dy \end{cases} \Rightarrow df = \frac{\partial f}{\partial x}dx + \frac{\partial f}{\partial y}dy$$

全微分は、包絡線（P.158 参照）を求める場合や変分法（P.168 参照）の計算に利用されます。全微分＝0 とはその点で接線ベクトルと法線ベクトルが直交していることを表します。

●法線ベクトルを得る

全微分は、偏微分ベクトル $(\partial f/\partial x, \partial f/\partial y)$ と微分ベクトル (dx, dy) の内積です。これらは x 方向と y 方向の単位ベクトルを $\mathbf{r}_x, \mathbf{r}_y$ とおいて、

$$\begin{cases} |\mathbf{r}_x| = |\mathbf{r}_y| = 1 \\ \mathbf{r}_x \cdot \mathbf{r}_y = 0 \end{cases} \begin{cases} \left(\dfrac{\partial f}{\partial x}, \dfrac{\partial f}{\partial y}\right) = \dfrac{\partial f}{\partial x}\mathbf{r}_x + \dfrac{\partial f}{\partial y}\mathbf{r}_y \\ (dx, dy) = dx\mathbf{r}_x + dy\mathbf{r}_y \end{cases}$$

$$\Rightarrow \left(\frac{\partial f}{\partial x}, \frac{\partial f}{\partial y}\right) \cdot (dx, dy) = \frac{\partial f}{\partial x}dx + \frac{\partial f}{\partial y}dy$$

となります。そして、全微分が 0 であるということは、ベクトル $(\partial f/\partial x, \partial f/\partial y)$ とベクトル (dx, dy) が直交しているということです。もしベクトル (dx, dy) が接線上にある場合は、ベクトル $(\partial f/\partial x, \partial f/\partial y)$ が接線に垂直となり、この場合は、ベクトル $(\partial f/\partial x, -\partial f/\partial y)$ は法線ベクトルを表します。

［3］偏微分と接線ベクトル・法線ベクトルの関係

さて、偏微分や全微分の図形での意味をもう少し詳しく説明しましょう。これら 3 つのベクトルは成分が似ていて、非常に勘違いしやすいからです。

●平面の場合

まずは平面で小手調べです。例として円の方程式「$x^2+y^2=1$」を考えます。これを偏微分であつかう場合には、

$$f(x,y) = x^2 + y^2 - 1 = 0$$

と書きます。このように表記した関数を「陰関数」といいます。陰関数は、たとえば $x^2 + y^2 - 1 = 0$ などのように、2つの変数 x と y の関係が $f(x,y)=0$ の形で表され、y の値が直接 x の値で表されていない関数を意味し、これに対して「陽関数」は、たとえば $y=x^2$ などのように、2つの変数 x と y の関係が $y=f(x)$ の形で表され、y の値が直接 x の値で表されている関数を意味します。

まず、$f(x,y)$ を x で微分すると、次のようになります。

$$df/dx = 2x + 2y \cdot dy/dx = 0 \Rightarrow dy/dx = -x/y$$

これは $f(x,y)$ の (x,y) における接線の傾きを意味しています。

次に $f(x,y)$ を x,y で偏微分すると、次のようになります。

$$\partial f/\partial x = 2x, \quad \partial f/\partial y = 2y$$

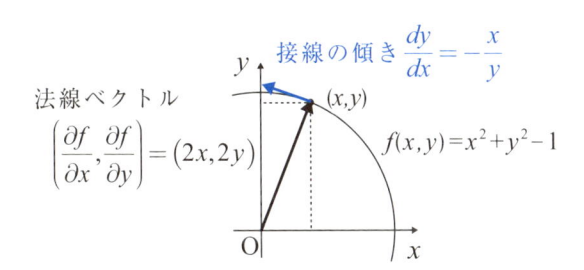

これを組み合わせてベクトルとみると、これは平面における円の方程式の原点から (x,y) に向かう「法線」を表しています（大きさは無視し、向きだけ考えてください）。

$$(\partial f/\partial x, \partial f/\partial y) = (2x, 2y) = 2(x,y)$$

●空間における法線ベクトル・接線ベクトル・勾配ベクトルの関係

平面上の直線が「$ax+by+c=0$」で表されますが、同様に、空間上の平面は「$ax+by+cz+d=0$」で表されます。まずこの方程式を求め、次いでこの平面の法線ベクトルを「全微分=0」の関係から導きます。

3次元空間における陰関数表示 $F(x,y,z) = z - f(x,y)$ の全微分の右辺を0とおくと次の関係が得られ、

$$dF = (\partial F/\partial x)dx + (\partial F/\partial y)dy + (\partial F/\partial z)dz = 0$$

となります。接平面上に2点 $(x_1, y_1, z_1), (x_2, y_2, z_2)$ がある場合、その差分の変位ベクトル $(x_1-x_2, y_1-y_2, z_1-z_2)$ もこの接平面上にあるので、これを微小ベクトル (dx, dy, dz) と入れ替えると次式が得られます。

$$(\partial F/\partial x)(x_1-x_2)+(\partial F/\partial y)(y_1-y_2)+(\partial F/\partial z)(z_1-z_2)=0$$

ここで、$x_1 \to x$、$x_2 \to x_0$ などの置き換えを行うと、次のように表せます。

$$(\partial F/\partial x)(x-x_0)+(\partial F/\partial y)(y-y_0)+(\partial F/\partial z)(z-z_0)=0$$

これが接平面の方程式「$ax+by+cz+d=0$」です。ここで、$z=f(x,y)$ を適用すると、この接平面の方程式は、次のような形になります。

$$(\partial f/\partial x)(x-x_0)+(\partial f/\partial y)(y-y_0)-(z-z_0)=0$$

この式を内積として表示すると次のようになります。

$$(\partial f/\partial x, \partial f/\partial y, -1)(x-x_0, y-y_0, z-z_0)=0$$

したがって法線ベクトルは次のようになります。

$$(\partial f/\partial x, \partial f/\partial y, -1)$$

ここから先が複雑です。慣れない場合は勘違いを起こします。

ベクトル $(\partial f/\partial x, \partial f/\partial y, -1)$ は、(x_0, y_0, z_0) から原点に向かった法線ベクトルです。そしてこの法線ベクトルの xy 平面への射影が

$$(\partial f/\partial x, \partial f/\partial y)$$

であり、これは曲面の勾配を表すベクトルです。このように、勾配ベクトルは法線ベクトルの一部の成分です。ちなみに接線ベクトルは、勾配ベクトルとも直交するので、勾配ベクトルの成分を入れ替えて一方にマイナスをかけた

$$(\partial f/\partial y, -\partial f/\partial x)$$

となります。接線ベクトルと勾配ベクトルの内積を計算すればこれが確認できます。

	法線ベクトル	勾配ベクトル	接線ベクトル
$z=f(x,y)$ のベクトル	$\left(\dfrac{\partial f}{\partial x}, \dfrac{\partial f}{\partial y}, -1\right)$	$\left(\dfrac{\partial f}{\partial x}, \dfrac{\partial f}{\partial y}\right)$	$\left(\dfrac{\partial f}{\partial y}, -\dfrac{\partial f}{\partial x}\right)$

右頁の図に、球の上半分を示し、これらのベクトルを実際に計算します。2つの青い半円が x 軸、y 軸に平行な断面であり、これらに沿った青矢印がその断面に

沿った傾きです。この傾きの大きさを x 軸、y 軸に沿った黒矢印で示し、そのベクトル和が勾配ベクトルであり、これにベクトル $(0,0,-1)$ を加えたものが法線ベクトルであり、符号を変えれば逆向きの法線ベクトルになります。接平面（グリッドで表示）はこれに垂直です。接線ベクトルは勾配ベクトルと同じ平面にあります。

球面のさまざまなベクトルと接平面

$x^2 + y^2 + z^2 = R^2 \Rightarrow z = \sqrt{R^2 - x^2 - y^2}$

$f(x,y) \equiv z - \sqrt{R^2 - x^2 - y^2} = z - \left(R^2 - x^2 - y^2\right)^{\frac{1}{2}}$

$\begin{cases} \dfrac{\partial f}{\partial x} = -\dfrac{1}{2}\dfrac{-2x}{\sqrt{R^2 - x^2 - y^2}} = \dfrac{x}{\sqrt{R^2 - x^2 - y^2}} = \dfrac{x}{z} \\ \dfrac{\partial f}{\partial y} = -\dfrac{1}{2}\dfrac{-2y}{\sqrt{R^2 - x^2 - y^2}} = \dfrac{y}{\sqrt{R^2 - x^2 - y^2}} = \dfrac{y}{z} \end{cases}$

全微分

$df = \dfrac{\partial f}{\partial x}dx + \dfrac{\partial f}{\partial y}dy = \dfrac{x}{z}dx + \dfrac{y}{z}dy = \left(\dfrac{x}{z}, \dfrac{y}{z}\right) \cdot (dx, dy)$

法線ベクトル

$\left(\dfrac{\partial f}{\partial x}, \dfrac{\partial f}{\partial y}, -1\right) = \left(\dfrac{x}{z}, \dfrac{y}{z}, -1\right)$

勾配ベクトル

$\left(\dfrac{\partial f}{\partial x}, \dfrac{\partial f}{\partial y}\right) = \left(\dfrac{x}{z}, \dfrac{y}{z}\right)$

接線ベクトル

$\left(\dfrac{\partial f}{\partial y}, -\dfrac{\partial f}{\partial x}\right) = \left(\dfrac{y}{z}, -\dfrac{x}{z}\right)$

Sec.2 波動方程式をつくる・解く

［1］波動方程式が対象とするもの

　波動方程式は、音、光、電磁波など、物理現象の中の振動・波動現象の分析に際してもっとも基本となる、物理数学においては代表的な微分方程式です。この方程式は、すべての波の挙動を記述するものであり、量子力学にしたがうミクロの世界の粒子の挙動を記述するシュレージンガー方程式の基礎にもなりました。

［2］波動方程式はどうやってつくる

　波動方程式は、前節冒頭で述べた波の方程式が満たす偏微分方程式です。偏微分方程式はふつうの微分方程式と比べてわかりにくいものなので、この方程式をじっくりと解説して、偏微分方程式になじんでいただこうと思います。

$$\text{波の方程式} \quad y = A \cdot \sin 2\pi \left(\frac{t}{T} - \frac{x}{\lambda} \right) \Leftrightarrow \text{波動方程式} \quad \frac{\partial^2 y}{\partial t^2} = v^2 \frac{\partial^2 y}{\partial x^2}$$

　まず、波の方程式から波動方程式を導きます。P.129 で述べた正弦波の2つの偏微分を比較すると、

$$\frac{\partial y}{\partial t} = -\left(\frac{\lambda}{T} \right) \frac{\partial y}{\partial x}$$

という1階の偏微分方程式が得られます。波長は1周期の波の長さなので、波は1周期で波長の長さだけ進みます。速度をvとすると、波長/周期=速度vとなるので、

$$\frac{\partial y}{\partial t} = -v \frac{\partial y}{\partial x}$$

と書くことができます。これは、P.128 で述べたように**右向きの進行波**を表します。ということは、速度の符号を反転させたものは**左向きの進行波**を表します。左右に向かうまったく同じ進行波を重ね合わせると、**左右に進行しない「定常波」**が得られます。

$$\begin{cases} \dfrac{\partial y}{\partial t} = -v\dfrac{\partial y}{\partial x} & x\text{の正の方向に進む（右向きの）進行波} \\ \dfrac{\partial y}{\partial t} = v\dfrac{\partial y}{\partial x} & x\text{の負の方向に進む（左向きの）進行波} \end{cases}$$

正弦波の2階の偏微分を比較すると、次式が得られます。この方が、右向き・左向きの両方の正弦波を表すうえに、運動方程式は加速度（2階微分）を含むので、これを波動方程式と呼びます。

運動方程式 $F = m\alpha = m\boxed{\dfrac{\partial^2 y}{\partial t^2}}$

$$\begin{cases} \dfrac{\partial^2 y}{\partial x^2} = -\left(-\dfrac{2\pi}{\lambda}\right)^2 A \cdot \sin 2\pi\left(\dfrac{t}{T} - \dfrac{x}{\lambda}\right) \\ \dfrac{\partial^2 y}{\partial t^2} = -\left(\dfrac{2\pi}{T}\right)^2 A \cdot \sin 2\pi\left(\dfrac{t}{T} - \dfrac{x}{\lambda}\right) \end{cases} \Rightarrow \boxed{\dfrac{\partial^2 y}{\partial t^2} = v^2 \dfrac{\partial^2 y}{\partial x^2}}$$

波動方程式

ここで簡単な正弦波で進行波を示しておきましょう。

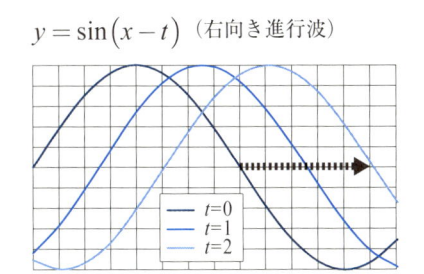

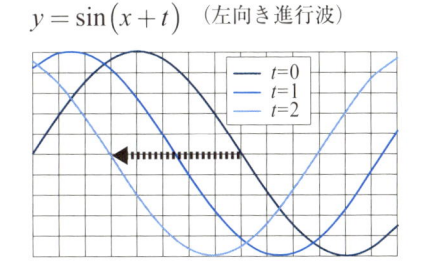

$y = \sin(x - t)$ （右向き進行波） $y = \sin(x + t)$ （左向き進行波）

逆向きの進行波を足し合わせると定常波ができることを証明しておきましょう。これは何と、三角関数の積和公式の応用です。

$$\sin(\alpha+\beta)+\sin(\alpha-\beta)=2\sin\alpha\cos\beta$$
$$\Rightarrow A\cdot\sin 2\pi\left(\frac{x}{\lambda}-\frac{t}{T}\right)+A\cdot\sin 2\pi\left(\frac{x}{\lambda}+\frac{t}{T}\right)=2A\left[\sin 2\pi\left(\frac{x}{\lambda}\right)\cos 2\pi\left(\frac{t}{T}\right)\right]$$

逆向きの正弦波を足し合わせると、時間部分と位置部分に分解され、これは定常波を意味します。

[3] 波動方程式の一般解を求める（ダランベールの解）

上の解説では正弦波から波動方程式を導いたので、正弦波が波動方程式を満たすことは明らかですが、では波動方程式を満たすのはどんな関数なのでしょうか。これを説明するのが次の「ダランベールの解」と呼ばれるものです。

波動方程式の解は三角関数には限定されず、次の表現で表されます。

$y=\varphi(x-vt)$　　（右向きの進行波）

$y=\psi(x+vt)$　　（左向きの進行波）

右向き・左向きは、前頁の計算と同じように、時間偏微分と座標偏微分を比較すればわかります。さらにこれが波動方程式を満たすことを確認しておきます。少し技巧的ですが、$p\equiv x\pm vt$ とおいて、vt の前の符号で $q=\varphi$、ψ を切り替えます。

$$p\equiv x\pm vt \Rightarrow \frac{\partial p}{\partial t}=\pm v,\quad \frac{\partial p}{\partial x}=1$$

$$\begin{cases} y=\varphi(x-vt) \\ y=\psi(x+vt) \end{cases} \Rightarrow y\equiv q(x\pm vt)\equiv \begin{cases}\varphi(x-vt)\\ \psi(x+vt)\end{cases}$$

$$\begin{cases}\dfrac{\partial y}{\partial t}=\dfrac{\partial p}{\partial t}\dfrac{\partial y}{\partial p}=(\pm v)\dfrac{\partial q}{\partial p} \\ \dfrac{\partial y}{\partial x}=\dfrac{\partial p}{\partial x}\dfrac{\partial y}{\partial p}=\dfrac{\partial q}{\partial p}\end{cases} \Rightarrow \frac{\partial y}{\partial t}=\pm v\frac{\partial y}{\partial x}$$

$$\begin{cases}\dfrac{\partial^2 y}{\partial t^2}=\dfrac{\partial p}{\partial t}\dfrac{\partial}{\partial p}\left(\dfrac{\partial q}{\partial p}\right)=(\pm v)^2\dfrac{\partial^2 q}{\partial p^2} \\ \dfrac{\partial^2 y}{\partial x^2}=\dfrac{\partial p}{\partial x}\dfrac{\partial}{\partial p}\left(\dfrac{\partial q}{\partial p}\right)=\dfrac{\partial^2 q}{\partial p^2}\end{cases} \Rightarrow \frac{\partial^2 y}{\partial t^2}=v^2\frac{\partial^2 y}{\partial x^2}$$

すると、この2つの関数の重ね合わせ、

$$y = \varphi(x-vt) + \psi(x+vt)$$

が波動方程式の一般解です。これを「ダランベールの解」と呼びます。この解は非常に興味深いもので、「**x と t が $x \pm t$ の形で入っているすべての関数が波動方程式の解である**」ということを示しています。そして $\varphi(x-vt)$ が右向きの進行波、$\psi(x+vt)$ が左向きの進行波です。

これでは「三角関数が出てこない」といわれそうですが、それはフーリエ展開の考え方、すなわち「いかなる関数も周期関数であれば正弦波の重ね合わせで表現することができる」という公理によって裏打ちされます（P.210参照）。次にその具体的な計算を示します。

[4] 波動方程式の一般解を求める（変数分離法）

具体的な一般解 $u(x, t)$ を、境界条件を指定して求めて、それが三角関数で表されることを確認しておきます。両端を固定した長さ L の弦の振動を考えます。すると、境界条件は次の通りです。

> x に関する条件： $0 < x < L$, $u(0,t) = u(L,t) = 0$
> t に関する条件： $0 < t$, $u(x,0) = f(x)$、$\partial u/\partial t(x,0) = g(x)$

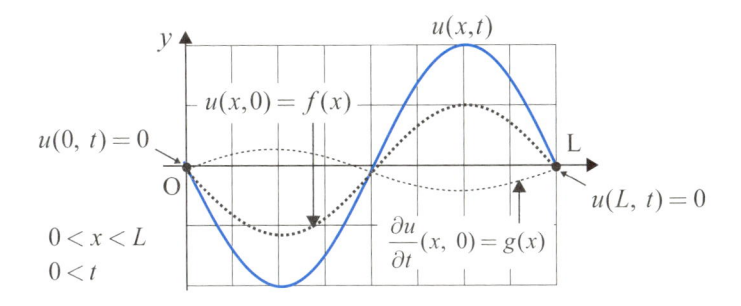

波動方程式は時間に関して2階の方程式なので、$u(x, 0)$ と $\partial u/\partial t(x, 0)$ の2つの境界条件が必要です。x の関数 $X(x)$ と t の関数 $T(t)$ の積で表される解

139

$$u(x,t) \equiv X(x) \cdot T(t)$$

を求めます。この技法を「(偏微分における) 変数分離法」といいます。この技法では、このように分解できない解が存在するかもしれないのですが、それは忘れるということです。$u(x,t) \equiv X(x) \cdot T(t)$ を波動方程式に代入して両辺を $X(x) \cdot T(t)$ で割ると次の関係が得られ、両辺を定数の v^2 で割ると、左辺は時間の関数、右辺は座標 x の関数なので、この関係が成立するためには、両辺が定数でなければなりません。この定数を、後の都合を考えて $-k^2$ とおきます。この設定で解が求められれば、比例定数を負に置いたことが正当化されます。

$$X(x)\frac{\partial^2 T}{\partial t^2} = v^2 T(t)\frac{\partial^2 X}{\partial x^2} \Rightarrow \frac{1}{v^2}\frac{\frac{\partial^2 T}{\partial t^2}}{T(t)} = \frac{\frac{\partial^2 X}{\partial x^2}}{X(x)} \equiv -k^2$$

そうすると両辺の関係は独立して計算でき、次の結果が得られます。それはまさに三角関数についての微分方程式であり、積分定数を使って $X(x)$、$T(t)$ を求めます。

$$\begin{cases}\dfrac{\partial^2 X}{\partial x^2} = -k^2 X(x) \\ \dfrac{\partial^2 T}{\partial t^2} = -k^2 v^2 T(t)\end{cases} \Rightarrow \begin{cases}X(x) = C_X \sin(kx + \alpha) \\ T(t) = C_T \sin(kvt + \beta)\end{cases}$$

さらに積分定数を置き換え、時間の係数として角速度 ω を定義して、第1段階の $u(x,t)$ が求められます。この k は後で「節の数」であることがわかります(P.142参照)。

$$u(x,t) = C_T \sin(kx + \alpha) C_X \sin(kvt + \beta)$$

$$\begin{cases}C_T C_X \equiv C \\ \omega \equiv kv\end{cases} \Rightarrow \boxed{u(x,t) = C \sin(kx + \alpha)\sin(\omega t + \beta)}$$

ここで1つおもしろいことがわかります。変数分離法によって関数を分離しましたが、その結果は三角関数であり、すべての周期関数はフーリエ展開できるので、**一般解は三角関数と考えてもよいことになります。**

ただしこの形の解に変数は $x-vt$、$x+vt$ の形で含まれていないので、「定常波」を表していないように見えますが、この解に三角関数の積和法則を適用し、次のよう

に変形すると、上の解がダランベールの解の条件を満たしていることが確認できます。

$$\sin\theta\sin\varphi = \frac{\cos(\theta-\varphi)-\cos(\theta+\varphi)}{2}$$

$$u(x,t) = \frac{C}{2}\bigl[\cos\bigl(k(x-vt)+(\alpha-\beta)\bigr)-\cos\bigl(k(vt+x)+(\alpha+\beta)\bigr)\bigr]$$

$$= \frac{C}{2}\cos\bigl[k(x-vt)+(\alpha-\beta)\bigr] - \frac{C}{2}\cos\bigl[k(vt+x)+(\alpha+\beta)\bigr]$$

ここで次のように $\phi(x-vt)$ と $\psi(x+vt)$ を定義すると、それらはそれぞれ関数の中に変数が $x-vt$、$x+vt$ の形で含まれており、$u(x,t)$ がランベールの解の条件を満たしていることがわかります。

$$\begin{cases} \varphi(x-vt) \equiv \dfrac{C}{2}\cos\bigl[k(x-vt)+(\alpha-\beta)\bigr] \\ \psi(x-vt) \equiv -\dfrac{C}{2}\cos\bigl[k(vt+x)+(\alpha+\beta)\bigr] \end{cases} \Rightarrow u(x,t) = \varphi(x-vt)+\psi(x-vt)$$

ということは、定常波をまったく同じ条件で構成された2つの進行波に分解できたということになります。まったく同じで向きが反対の2つの正弦進行波が合わさると定常波ができるようすを下図に示します。

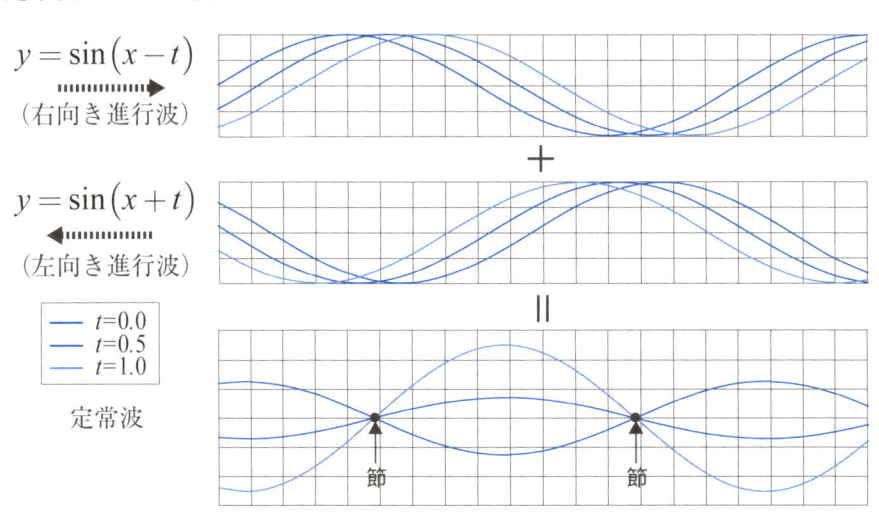

$y = \sin(x-t)$
（右向き進行波）

＋

$y = \sin(x+t)$
（左向き進行波）

＝

$t=0.0$
$t=0.5$
$t=1.0$
定常波

節　　節

141

[5] 一般解に両端の境界条件を適用する

両端が固定されているという条件を適用すると、定数 k は節の数を表す k_n となり、その k_n を含む ω_n が次のように決まります。

$$u(x,t) = C\sin(kx+\alpha)\sin(\omega t + \beta)$$

$$\begin{cases} u(0,\,t) = 0 \\ u(L,\,t) = 0 \end{cases} \Rightarrow \begin{cases} \sin\alpha\sin(\omega t + \beta) = 0 \\ \sin(kL+\alpha)\sin(\omega t + \beta) = 0 \end{cases}$$

$$\begin{cases} \sin\alpha = 0 \\ \sin(kL+\alpha) = 0 \end{cases} \Rightarrow \begin{cases} \alpha = 0 \\ kL = n\pi \end{cases} \Rightarrow \begin{cases} k_n = \dfrac{n\pi}{L} \\ \omega_n = k_n v \end{cases}$$

$k=k_n$ や $\omega=\omega_n$ がとびとびの値になったことに対応して、β も同様と仮定して β も β_n とします。積分定数 C と $\sin\beta_n$、$\cos\beta_n$ の積を再定義して、$u(x,t)$ の第 2 段階の完成形を得ます。得られた $u(x,t)$ はすべて波動方程式を満たすので、すべてを重ね合わせたものも波動方程式の解です。

この考え方は一般に「重ね合わせの原理」と呼ばれます。最初の方程式が線型性を持っていたことから生じるものであり、ここから第 6 章で述べるフーリエ級数につながります。境界条件を適用してとびとびの値が数多く見つかったわけですが、フーリエ級数では先に境界条件を設定して級数をつくり、その後で関数をつくります。なお、フーリエがフーリエ級数に到達したのは次節の熱伝導方程式からでした。

さて、上で得られた式を展開して次式を得ます。

$$u(x,t) = C\sin(k_n x)\bigl[\sin(\omega_n t)\cos\beta_n + \cos(\omega_n t)\sin\beta_n\bigr]$$

$$= \bigl[(C\cos\beta_n)\cos(\omega_n t) + (C\sin\beta_n)\sin(\omega_n t)\bigr]\sin(k_n x)$$

$$\begin{cases} C\cos\beta_n \equiv a_n \\ C\sin\beta_n \equiv b_n \end{cases} \Rightarrow u(x,t) = \bigl[a_n\cos(\omega_n t) + b_n\sin(\omega_n t)\bigr]\sin(k_n x)$$

$$u(x,t) \equiv \sum_{n=1}^{\infty}\bigl[a_n\cos(\omega_n t) + b_n\sin(\omega_n t)\bigr]\sin(k_n x)$$

$n=1$ の場合、$k_1 x = \pi x/L$ となって、$x=0$ の次に $\sin(k_1 x)=0$ となるのは $\pi x/L = \pi$、$x=L$ の場合の節のない振動モードです。以降、弦の振動は k_n に対して $n-1$ 個

の節を持ちます。$L=\pi$の場合の$y=\sin nx$のグラフは次のようになります。

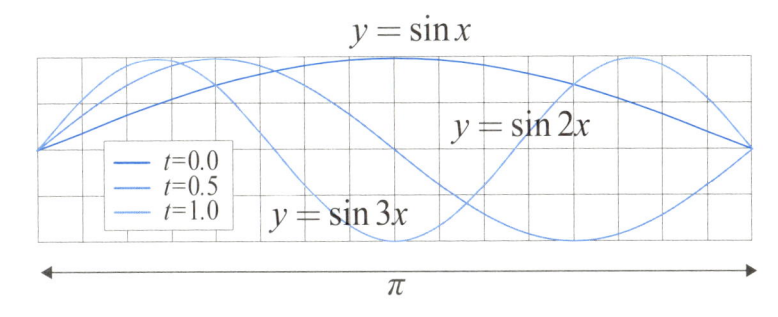

$y = \sin x$
$y = \sin 2x$
$y = \sin 3x$
$t=0.0$
$t=0.5$
$t=1.0$
π

[6] 一般解にt=0の初期条件を適用する

得られた$u(x,t)$とその時間偏微分に$t=0$を代入して、$f(x)$、$g(x)$に対応する項を計算します。

$$u(x,t) \equiv \sum_{n=1}^{\infty}\left[a_n \cos(\omega_n t) + b_n \sin(\omega_n t)\right]\sin(k_n x)$$

$$u(x,0) = \sum_{n=1}^{\infty} a_n \sin(k_n x) = f(x)$$

$$\frac{\partial u}{\partial t}(x,\ t) = \sum_{n=1}^{\infty}\left[-a_n \omega_n \sin(\omega_n t) + b_n \omega_n \cos(\omega_n t)\right]\sin(k_n x)$$

$$\frac{\partial u}{\partial t}(x,\ 0) = \sum_{n=1}^{\infty} b_n \omega_n t \sin(k_n x) = g(x)$$

次は「三角関数の直交性」という性質を利用します。これは、同じ三角関数の積の積分は、k_nのnが異なれば0、nが同じならばLという性質です。三角関数の積は積和公式で和に変換して積分します。

$$\int_0^L \sin(k_n x)\sin(k_m x)dx \quad \left(\sin\theta\sin\varphi = \frac{\cos(\theta-\varphi)-\cos(\theta+\varphi)}{2}\right)$$
$$= \frac{1}{2}\int_0^L \left[\cos(k_n - k_m)x - \cos(k_n + k_m)x\right]dx$$
$$= \frac{1}{2}\int_0^L \cos(k_n - k_m)x\,dx - \frac{1}{2}\int_0^L \cos(k_n + k_m)x\,dx$$

前にある積分は、n と m が一致した場合のみ積分が L になり、一致しない場合は原始関数の位相が π の倍数になって 0 になります。後ろの積分は、原始関数の位相がつねに π の倍数なので 0 になります。

$$\begin{cases} \int_0^L \cos(k_n - k_m)x\,dx \\ k_n = \dfrac{n\pi}{L} \quad (n：自然数) \end{cases}$$

$n = m:\quad \int_0^L \cos(k_n - k_m)x\,dx = [x]_0^L = L$

$n \neq m:\quad \int_0^L \cos(k_n - k_m)x\,dx = \left[\dfrac{1}{k_n - k_m}\sin(k_n - k_m)x\right]_0^L$

$\quad = \dfrac{L}{(n-m)\pi}\sin(n-m)\pi = 0$

$\therefore \int_0^L \cos(k_n - k_m)x\,dx = \begin{cases} L & (n = m) \\ 0 & (n \neq m) \end{cases}$

$\int_0^L \cos(k_n + k_m)x\,dx = \left[\dfrac{1}{k_n + k_m}\sin(k_n + k_m)x\right]_0^L$

$\quad = \dfrac{L}{(n+m)\pi}\sin(n+m)\pi = 0$

$\therefore \int_0^L \sin(k_n x)\sin(k_m x)\,dx = \dfrac{L}{2}\delta_{nm}$ （三角関数の直交性の１つ）

$\delta_{nm} = \begin{cases} 1 & (n = m) \\ 0 & (n \neq m) \end{cases}$

この性質を利用すると、$f(x)$ に $\sin(k_m x)$ をかけて積分して、a_n を求めることができます。上に登場した δ_{nm} は、「クロネッカーのデルタ」と呼ばれる記号で、大学数学では頻出します。

$\int_0^L f(x)\sin(k_m x)\,dx = \int_0^L \sum_{n=1}^{\infty} a_n \sin(k_n x)\sin(k_m x)\,dx$

$= \sum_{n=1}^{\infty} a_n \int_0^L \sin(k_n x)\sin(k_m x)\,dx = \sum_{n=1}^{\infty} a_n \dfrac{L}{2}\delta_{nm} = a_n \dfrac{L}{2} \quad (n = m)$

$\therefore \int_0^L f(x)\sin(k_n x)\,dx = a_n \dfrac{L}{2} \quad \therefore a_n = \dfrac{2}{L}\int_0^L f(x)\sin(k_n x)\,dx$

b_n も同様に求めます。これでこの波動方程式の一般解が決まりました。

$$\frac{\partial u}{\partial t}(x, 0) = \sum_{n=1}^{\infty} b_n k_n v \sin(k_n x) = g(x)$$

$$\int_0^L g(x)\sin(k_m x)dx = \int_0^L \sum_{n=1}^{\infty} b_n k_n v \sin(k_n x)\sin(k_m x)dx$$

$$= \sum_{n=1}^{\infty} b_n \omega_n \int_0^L \sin(k_n x)\sin(k_m x)dx = \sum_{n=1}^{\infty} b_n \omega_n \frac{L}{2} = b_n \omega_n \frac{L}{2} \quad (n=m)$$

$$\therefore b_n = \frac{2}{L\omega_n}\int_0^L g(x)\sin(k_n x)dx$$

波動方程式の解（両端を固定した定常波）

$$u(x,t) \equiv \sum_{n=1}^{\infty}\left[a_n \cos(\omega_n t) + b_n \sin(\omega_n t)\right]\sin(k_n x)$$

$$a_n = \frac{2}{L}\int_0^L f(x)\sin(k_n x)dx$$

$$b_n = \frac{2}{L\omega_n}\int_0^L g(x)\sin(k_n x)dx$$

　波動方程式の解が上のように、座標の関数と時間の関数の積になり、時間関数の成分が t=0 における $u(x, 0) = f(x)$ や $\partial u/dt(x,0) = g(x)$ に $\sin(k_n x)$ をかけたものの積分になりました。これは、フーリエ解析という手法（P.210参照）への展開を示唆しています。

Sec.3 熱伝導方程式をつくる・解く

[1] さまざまな偏微分方程式

　偏微分方程式の中の代表的な方程式を下表に示します。前節で説明した波動方程式は、時間と座標の両方について2階の方程式ですが、**熱伝導方程式は時間について1階、座標について2階の、波動方程式よりは少しやさしい方程式です。**

　本節では、背景を薄いブルーで塗った「線分上の熱伝導」を解説します。

　その他、ポアソン方程式は電場と電荷の間の関係を表し、その方程式の右辺が0の場合がラプラス方程式に当たり、これは磁場における「磁価」の不存在を表しています。また下表の数式は $\mathrm{div}(\mathrm{grad}) = \nabla^2 = \Delta$ などの記号を使って、

$$\partial u/\partial t = c^2 \Delta u、\quad \partial u^2/\partial t^2 = c^2 \Delta u、\quad \partial u/\partial t = 0、\quad \partial u/\partial t = f$$

●さまざまな偏微分方程式

	$u(x,t)$	$u(x,y,t)$	$u(x,y,z,t)$
熱伝導	$\dfrac{\partial u}{\partial t} = a^2 \dfrac{\partial^2 u}{\partial x^2}$ 線分上の熱伝導	$\dfrac{\partial u}{\partial t} = a^2 \left(\dfrac{\partial^2 u}{\partial x^2} + \dfrac{\partial^2 u}{\partial y^2} \right)$ 平面上の熱伝導	$\dfrac{\partial u}{\partial t} = a^2 \left(\dfrac{\partial^2 u}{\partial x^2} + \dfrac{\partial^2 u}{\partial y^2} + \dfrac{\partial^2 u}{\partial z^2} \right)$ 空間内の熱伝導
波動	$\dfrac{\partial^2 u}{\partial t^2} = c^2 \dfrac{\partial^2 u}{\partial x^2}$ 弦の振動	$\dfrac{\partial^2 u}{\partial t^2} = c^2 \left(\dfrac{\partial^2 u}{\partial x^2} + \dfrac{\partial^2 u}{\partial y^2} \right)$ 膜の振動	$\dfrac{\partial^2 u}{\partial t^2} = c^2 \left(\dfrac{\partial^2 u}{\partial x^2} + \dfrac{\partial^2 u}{\partial y^2} + \dfrac{\partial^2 u}{\partial z^2} \right)$ 物体の振動
ラプラス方程式	$\dfrac{\partial^2 u}{\partial x^2} = 0$	$\dfrac{\partial^2 u}{\partial x^2} + \dfrac{\partial^2 u}{\partial y^2} = 0$	$\dfrac{\partial^2 u}{\partial x^2} + \dfrac{\partial^2 u}{\partial y^2} + \dfrac{\partial^2 u}{\partial z^2} = 0$
ポアソン方程式	$\dfrac{\partial^2 u}{\partial x^2} = f(x)$	$\dfrac{\partial^2 u}{\partial x^2} + \dfrac{\partial^2 u}{\partial y^2} = f(x,y)$	$\dfrac{\partial^2 u}{\partial x^2} + \dfrac{\partial^2 u}{\partial y^2} + \dfrac{\partial^2 u}{\partial z^2} = f(x,y,z)$

のように表記することもあります（P.185 参照）。

[2] 熱伝導方程式をつくる

　熱伝導方程式は、物理、地球物理、工学で頻繁に登場しますが、あくまで偏微分方程式なので高校物理では登場しません。しかし特に1次元の熱伝導方程式は、波動方程式よりも簡単な、おそらくもっとも簡単な偏微分方程式です。

　下図のような金属の棒が1次元の熱伝導の例です。その一端を熱すると、熱は熱い端から冷たい端に伝わります。これを、熱量 Q が熱い端から冷たい端に伝わると考えます。ここで「熱流量」を「単位時間あたりの熱量の移動量」とします。断面 S_1 を通って熱量 Q_1 が流入し断面 S_2 を通って熱量 Q_2 が流出する場合の移動量は $Q_1 - Q_2$ です。

　金属棒の各点の温度を θ、熱が伝導する方向の座標を x とすると、単位断面積あたりの熱流量は温度勾配 ($grad\,\theta$) に比例します。これを「フーリエの法則」といいます。ここで K は熱伝導率です。

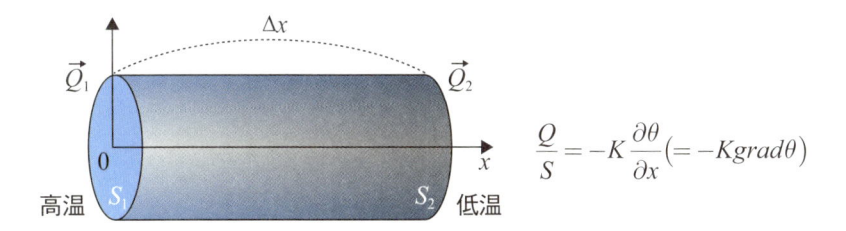

$$\frac{Q}{S} = -K\frac{\partial \theta}{\partial x} \left(= -K grad\,\theta \right)$$

　体積 $S\Delta x$ における熱流量と温度 θ の関係は、熱量=質量(M)×比熱(c)×温度、質量=密度(ρ)×体積(V) なので、

$$Q_1 - Q_2 = cM\theta = c\rho V\theta$$

と表されます。一方この部分の体積は、$S(S_1) = S(S_2) = S$ とすると $V = S\Delta x$ ですから、この部分の単位時間あたりの温度変化は次のようになります。

$$\frac{\partial \theta}{\partial t} = \frac{Q_1 - Q_2}{c\rho S \Delta x} = \frac{1}{c\rho S} \cdot \left(\frac{Q_1 - Q_2}{\Delta x}\right) = -\frac{1}{c\rho S} \cdot \left(\frac{Q_2 - Q_1}{\Delta x}\right)$$

ここで右辺の Δx を $\to 0$ とすると、これが時間による温度変化と座標による温度変化の関係を表します。これにフーリエの法則を代入すると熱伝導にかかわる線型偏微分方程式が得られます。

$$\lim_{\Delta x \to 0} \frac{\partial \theta}{\partial t} = -\frac{1}{c\rho S}\frac{\partial Q}{\partial x} = -\frac{1}{c\rho}\frac{\partial}{\partial x}\left(\frac{Q}{S}\right) = \frac{K}{c\rho}\frac{\partial}{\partial x}\frac{\partial \theta}{\partial x} = \frac{K}{c\rho}\frac{\partial^2 \theta}{\partial x^2}$$

$$\frac{K}{c\rho} \equiv a \Rightarrow \frac{\partial \theta}{\partial t} = a\frac{\partial^2 \theta}{\partial x^2}[+q(t)]$$

　右辺の係数 $a=K/c\rho$ は、「熱拡散率」(または温度伝導率、温度拡散率) とも呼ばれます。棒の中に何らかの発熱 $q(t)$ がある場合には [ ] の中の項が追加され、非線型偏微分方程式になります。

[3] 熱伝導方程式の定常解を求める

　定常解とは時間変化がない解であり、それは上の微分方程式の左辺が0の場合です。偏微分方程式が常微分方程式に変わり、容易に解くことができます。
　棒の左端で温度 $\theta=T$、もう一方の端で $\theta=0$ の場合の温度分布は次のようになります。

$$\begin{cases} \frac{\partial \theta}{\partial t} = a\frac{\partial^2 \theta}{\partial x^2} = 0 \\ \theta(0) = T \\ \theta(L) = 0 \end{cases} \Rightarrow \frac{\partial^2 \theta}{\partial x^2} = 0 \Rightarrow \theta(x) = T\left(1 - \frac{x}{L}\right)$$

　棒の中央に発熱 q (定数) があり、両端では $\theta=0$ の場合の温度分布は次のようになります。

$$\begin{cases} \frac{\partial \theta}{\partial t} = a\frac{\partial^2 \theta}{\partial x^2} = q \\ \theta(0) = 0 \\ \theta(L) = 0 \end{cases} \Rightarrow \frac{\partial^2 \theta}{\partial x^2} = \frac{q}{a} \Rightarrow \theta(x) = \frac{q}{2a}x(L-x)$$

$\left(\frac{L}{2}, \frac{qL^2}{8a}\right)$

[4] 熱伝導方程式の一般解を求める

発熱のない場合の熱伝導方程式の左辺は時間の関数、右辺は座標の関数なので、変数分離法（P.139参照）を適用します。時間の関数=座標の関数の場合、これは定数しかありえません。境界条件は次項で適用します。

$$\begin{cases} \dfrac{\partial \theta}{\partial t} = a \dfrac{\partial^2 \theta}{\partial x^2} \\ \theta(0,t) = \theta(L,t) = 0 \quad \theta(x,t) \equiv X(x)T(t) \Rightarrow \dfrac{\partial \theta}{\partial t} = a \dfrac{\partial^2 \theta}{\partial x^2} \\ \theta(x,0) = \phi(x) \end{cases}$$

$$X(x)\dfrac{\partial T}{\partial t} = aT(t)\dfrac{\partial^2 X}{\partial x^2} \Rightarrow \dfrac{1}{a}\dfrac{\dfrac{\partial T}{\partial t}}{T(t)} = \dfrac{\dfrac{\partial^2 X}{\partial x^2}}{X(x)} \equiv -\mu \,(\mu > 0)$$

定数は便宜上 $-\mu\,(\mu>0)$ とおきます。この関係から $X(x)$ と $T(t)$ が得られ、次のように一般解が得られます。波動方程式では $X(x)$ と $T(t)$ は両方とも三角関数でしたが、熱伝導方程式の場合は1階の時間関数は指数関数になります。なお、ここで時間部分の係数は A,B に含ませて考えます。

$$\begin{cases} \log T(t) = -a\mu t \Rightarrow T(t) = e^{-a\mu t} \\ X(x) = \left[A\cos\left(\sqrt{\mu}x\right) + B\sin\left(\sqrt{\mu}x\right) \right] \end{cases}$$

$$\therefore \theta(x,t) = e^{-a\mu t}\left[A\cos\left(\sqrt{\mu}x\right) + B\sin\left(\sqrt{\mu}x\right) \right]$$

[5] 一般解に両端の境界条件を適用する

一般解に境界条件を適用して特殊解を求めます。波動方程式の場合と同様に、とびとびの解が出てきます。それにともなって、両方の解の係数もとびとびになります。

$$\theta(0,t) = 0 \Rightarrow B = 0$$

$$\theta(L,t) = 0 \Rightarrow C\sin\left(\sqrt{\mu}L\right) = 0 \Rightarrow \sqrt{\mu}L = n\pi\,(n=1,2\cdots) \Rightarrow \sqrt{\mu} = \dfrac{n\pi}{L}$$

$$\mu = \mu_n = \left(\dfrac{n\pi}{L}\right)^2, \quad k_n \equiv \dfrac{n\pi}{L}\left(=\sqrt{\mu_n}\right)$$

$\theta(x,t)$ の解では時間部分と座標部分の係数が統合されます。

$$\begin{cases} T(t)=e^{-a\mu t} \to T(t)=A_n e^{-ak_n^2 t} \\ X(x) \equiv B_n \sin(k_n x) \end{cases}$$

$$\therefore \theta(x,t) = \sum_{n=1}^{\infty} A_n e^{-ak_n^2 t} B_n \sin(k_n x) = \sum_{n=1}^{\infty} a_n e^{-ak_n^2 t} \sin(k_n x) \quad (a_n \equiv A_n B_n)$$

[6] 一般解にt=0の初期条件を適用する

　この解に今度は、$t=0$ の場合の初期条件 $f(x)$ が実現するように係数 a_n を決定します。この過程は、前節の波動方程式とまったく同じで（P.144 参照）、三角関数の直交性を利用して a_n を求めます。フーリエは、この熱伝導方程式の解析の際にフーリエ級数の発想を得たといわれています。

$$\int_0^L f(x) \sin(k_m x) dx = \int_0^L \sum_{n=1}^{\infty} a_n \sin(k_n x) \sin(k_m x) dx$$

$$= \sum_{n=1}^{\infty} a_n \int_0^L \sin(k_n x) \sin(k_m x) dx = \sum_{n=1}^{\infty} a_n \frac{L}{2} \delta_{nm} = a_n \frac{L}{2} \quad (n=m)$$

$$\therefore \int_0^L f(x) \sin(k_n x) dx = a_n \frac{L}{2} \quad \therefore a_n = \frac{2}{L} \int_0^L f(x) \sin(k_n x) dx$$

まとめると次のようになります。

$$\theta(x,t) = \sum_{n=1}^{\infty} a_n e^{-ak_n^2 t} \sin(k_n x)$$

$$a_n = \frac{2}{L} \int_0^L f(x) \sin(k_n x) dx$$

$$\Rightarrow \theta(x,t) = \sum_{n=1}^{\infty} e^{-ak_n^2 t} \left(\frac{2}{L} \int_0^L f(x) \sin(k_n x) dx \right) \sin(k_n x), \quad a = \frac{K}{c\rho}, \quad k_n = \frac{n\pi}{L}$$

[7] 熱伝導方程式の応用

●熱伝導方程式は拡散方程式

　熱伝導方程式は、熱伝導だけでなく物質の拡散現象に適用できます。P.148 で、係数 $a=K/c\rho$ は、「熱拡散率」を意味すると述べましたが、熱伝導方程式は熱

ではなくとも分子、原子などの拡散にも適用され、別名「拡散方程式」とも呼ばれます。例をあげてみましょう。

- ブラウン運動における微粒子の位置の確率密度は拡散方程式にしたがう。
- MRIではブラウン運動のような水分子の不規則な拡散現象を観察している。
- シリコンにホウ素やリンを注入して半導体化するドーピングは拡散現象である。
- ヘリウムを詰めた風船はヘリウム原子が風船を通して拡散するからしぼむ。
- におい物質やタバコの煙は空気中に拡散して広がる。
- 水中の砂糖は、かき混ぜなくてもゆっくり溶解しその分子は水全体に拡散する。

● コーヒーに砂糖をいれて溶かしたときの拡散

例として、砂糖がカップ全体に拡散する時間を計算します。この計算では、対流などの流れは考慮できません。左頁に示した座標についての三角関数の形状は変わらず、その振幅だけが先頭に記述した指数関数項によって減衰します。

nが大きいほどk_nが大きくなって減衰速度が速くなるのは明らかでしょう。そしてもっとも遅いのは$n=1$のものです。振動数の高い成分はすぐに減衰して、$n=1$の成分だけが最後に残ります。その成分の大きさが$1/e$になる時間は次のように簡単に計算できます。

$$\frac{e^{-ak_n^2(t_1+\Delta t)}}{e^{-ak_n^2 t_1}} = e^{-ak_n^2 \Delta t} = \frac{1}{e} = e^{-1} \Rightarrow ak_n^2 \Delta t = 1 \Rightarrow \Delta t = \frac{1}{ak_n^2} = \frac{L^2}{a(n\pi)^2}$$

物質の拡散速度はこれに似た式で、半径Dの領域への拡散速度は「$D^2/2a$」で表されます（導出過程は省略）。砂糖の拡散係数は毎秒$5\times 10^{-10} m^2$であり、これの拡散時間はなんと29日になります。

$$\frac{D^2}{2a} = \frac{0.05^2}{2\times 5\times 10^{-10}} = 2.5\times 10^6 [\sec] = 694 [hour] = 29 [day]$$

したがって誰もがスプーンでコーヒーをかき混ぜます。つまり、**流体の熱の拡散や溶液中の溶質の拡散では、分子レベルの拡散は発生しますが主要因子ではありません**。実際には、対流による拡散が大きな役割を果たします。

Sec.4 シュレーディンガー方程式を解く

[1] シュレーディンガー方程式とは何か

　シュレーディンガー方程式を簡単に説明すると、ミクロの世界を記述する量子力学において、素粒子の振る舞いを調べるための、素粒子の粒子性と波動性を同時に表す、時間について1階、場所について2階の複素偏微分方程式です。

　1個の電子がしたがう1次元の方程式は次の通りです。これは、井戸型ポテンシャルの中に閉じ込められた電子であり、もっとも簡単で、もっとも成果が大きい例です。

$$i\hbar\frac{\partial}{\partial t}\psi(x,t)=\left[\frac{-\hbar^2}{2m}\frac{\partial^2}{\partial x^2}+V(x)\right]\psi(x,t)$$

$$V(x)=\begin{cases}0 & (|x|<a)\\ V_0 & (>0,\ |x|>a)\end{cases}$$

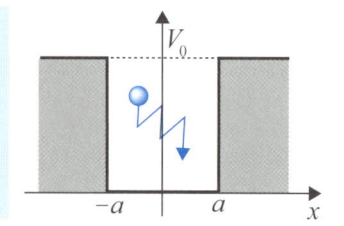

●1次元ポテンシャルとトンネル効果

　古典力学では、電子のエネルギーが V_0 より小さい場合はこの井戸から抜け出すことができません。しかし、「トンネル効果」といって、量子力学ではこの井戸から電子が抜け出せてしまいます。トンネル効果は一般的には「2種類の金属の間にきわめて薄い絶縁物の障壁をはさんでも、絶縁層の厚さが充分に薄い場合には、その障壁を超えて電子が通過し、電流が流れる現象」を意味しますが、これと同じ話なのです。この計算ではトンネル効果と同様に、「量子レベルではエネルギーの壁を越えられる」ことが示されます。

●量子力学では素粒子は波動関数で表される

　その解釈にはさまざまな意見がありますが、波動関数の絶対値の2乗がその場

所における素粒子の存在確率だといわれています。そして1個の電子を表す波動関数が左頁に記述した$\psi(x,t)$です。本来は3次元空間であつかうのですが、1次元の例で十分多くの知見を得ることができます。

●エネルギーは離散的

この方程式を解くと、量子力学の有名なトピックである「エネルギーレベルがとびとびにしか存在しない」という話を実感できます。

[2] 1次元の定常波のシュレーディンガー方程式を導く

波動方程式や熱伝導方程式では方程式の導出から始めたので、ここでもそうしたいのですが、量子力学では古典物理学とはかなり異なる手法を利用するので、ここで詳しく説明することは省きます。「なるほど」という程度で我慢してください。

まず量子力学では、位置と速度ではなく位置と運動量を対になる変数としてあつかいます。そのため、エネルギーは次のような数式に変わります。Vが表すポテンシャルは一種の位置エネルギーです。

$$\begin{cases} E = \frac{1}{2}mv^2 \\ p = mv \end{cases} \Rightarrow E = \frac{p^2}{2m} + V$$

ここで量子力学では、おかしな操作を行います。光子1個あたりのエネルギー量を表すプランク定数h(プランクのh)を2πで割った$\hbar$(ディラックのh)を使って、3次元空間の波動関数を運動量ベクトル$\mathbf{p}$と座標ベクトル$\mathbf{x}$の内積とエネルギーEと時間tの積との差を使って次のように表し、ここで「運動量とエネルギーを『演算子』に入れ替えて得られた方程式」の1次元の場合がここであつかう方程式です。

$$\begin{cases} \psi(\mathbf{x},t) = e^{\frac{\hbar}{i}(\mathbf{p}\cdot\mathbf{x}-Et)} \\ \hbar = \frac{h}{2\pi} \end{cases} \begin{cases} \mathbf{p} \Rightarrow -i\hbar\left(\frac{\partial}{\partial x}, \frac{\partial}{\partial y}, \frac{\partial}{\partial z}\right) \\ E \Rightarrow i\hbar\frac{\partial}{\partial t} \end{cases}$$

$$E\psi(\mathbf{x},t) = \left(\frac{p^2}{2m} + V\right)\psi(\mathbf{x},t) \Rightarrow i\hbar\frac{d\psi}{dt} = -\frac{\hbar^2}{2m}\frac{\partial^2\psi}{\partial x^2} + V(x)\psi(x,t)$$

ここで上の手続きを述べた理由は、次の方程式の左辺がエネルギーの意味を持っているということを示したいからです。その意味で次のように表記しておきます。

$$E\psi(\mathbf{x},t) = i\hbar\psi\frac{d\psi}{dt} = -\frac{\hbar^2}{2m}\frac{\partial^2\psi}{\partial x^2} + V(x)\psi(x,t)$$

定常波が満たす方程式を得るために、定石の変数分離法を適用し、

$$\psi(x,t) = X(x)T(t)$$

とおき、波動関数の時間部分と座標部分を分離し、座標部分を解きます。

$$\psi(x,t) \equiv X(x)T(t) \Rightarrow i\hbar\psi\frac{d\psi}{dt} = \frac{-\hbar^2}{2m}\frac{\partial^2\psi}{\partial x^2} + V(x)\psi(x,t)$$

$$i\hbar X(x)\frac{dT}{dt} = \frac{-\hbar^2}{2m}\frac{\partial^2 X}{\partial x^2}T(t) + V(x)X(x)T(t)$$

$$i\hbar\frac{\frac{dT}{dt}}{T(t)} = \frac{-\hbar^2}{2m}\frac{\frac{\partial^2 X}{\partial x^2}}{X(x)} + V(x) \equiv E \Rightarrow \begin{cases} T(t) = e^{\frac{E}{i\hbar}t} \\ \frac{\partial^2 X}{\partial x^2} = \frac{2m}{\hbar^2}(V-E)X(x) \end{cases}$$

電子のエネルギー E の大きさは $0<E<V_0$ とし、座標 x についての次の2階の常微分方程式を解きます。この場合、古典力学では、電子はこの井戸から抜け出せないのですが、量子力学ではこの井戸から抜け出します。

$$\frac{\partial^2 X}{\partial x^2} = \frac{2m}{\hbar^2}(V-E)X(x) \qquad V_0 > E > 0$$

$$V(x) = \begin{cases} 0 & (|x|<a) \\ V_0 & (>0, \ |x|>a) \end{cases}$$

[3] 1次元の定常波の境界条件を適用する

上の方程式の右辺の符号は次のように正負に分かれます。

$$\frac{2m}{\hbar^2}(V-E) = \begin{cases} \frac{2m}{\hbar^2}(V_0-E) \equiv L^2 > 0 & (|x|>a, V_0-E>0) \\ -\frac{2mE}{\hbar^2} \equiv -K^2 < 0 & (|x|<a, E>0) \end{cases}$$

2階の微分の右辺の $X(x)$ の係数が正の場合は解が指数関数、負の場合は三角関数になるのでした。

$$\frac{\partial^2 X}{\partial x^2} = L^2 X \Rightarrow X = ae^{Lx} + be^{-Lx}$$

$$\frac{\partial^2 X}{\partial x^2} = -K^2 X \Rightarrow X = a\cos Kx + b\sin Kx$$

そしてその解は2つの解の線型結合なのですが、無限遠で0になることを考えると、井戸の外の関数は次のように1つに決まります。ここでもう、**井戸の外にも関数が存在できること**にお気づきでしょうか（確定する必要がありますが）。

$$X \equiv \begin{cases} Ae^{-Lx} & (x > a) \\ B\cos Kx + C\sin Kx & (-a < x < a) \\ De^{Lx} & (x < -a) \end{cases} \quad \text{井戸の外側を表す}$$

この関数の係数を2つの条件で決定します。波動関数は境界で「滑らかにつながっている」ことが必要です。これは関数とその導関数が境界で連続していることを意味します。この先は、関数が奇関数か偶関数かで場合を分けて考えます。まずは偶関数の場合です。

偶関数であることから
$$\begin{cases} C = 0 \\ Ae^{-La} = B\cos Ka = De^{-La} \end{cases} \Rightarrow X = \begin{cases} Ae^{-Lx} & (x > a) \\ B\cos Kx & (-a < x < a) \\ De^{Lx} & (x < -a) \end{cases}$$

両端の接続条件から
$$\Rightarrow \begin{cases} B = \dfrac{Ae^{-La}}{\cos Ka} \\ D = A \end{cases} \Rightarrow X = \begin{cases} Ae^{-Lx} & (x > a) \\ \dfrac{Ae^{-La}}{\cos Ka}\cos Kx & (-a < x < a) \\ Ae^{Lx} & (x < -a) \end{cases}$$

$$\frac{dX}{dx} = \begin{cases} -LAe^{-Lx} & (x > a) \\ \dfrac{KAe^{-La}}{\cos Ka}(-\sin Kx) & (-a < x < a) \\ LAe^{Lx} & (x < -a) \end{cases} \Rightarrow KA\tan Ka = LA$$

これが導関数の接続条件

関数が境界で連続していることから A 以外の係数が決まり、その導関数が境界で連続していることから「$KA \tan Ka = LA$」という条件が得られます。奇関数の場合も同様に、関数が境界で連続していることから A 以外の係数が決まり、その導関数が境界で連続していることから「$KA \cot Ka = -LA$」という条件が得られます。

奇関数であることから
$$\begin{cases} B = 0 \\ Ae^{-La} = C \sin Ka \\ De^{-La} = -C \sin Ka \end{cases} \Rightarrow X \equiv \begin{cases} Ae^{-Lx} & (x > a) \\ C \sin Kx & (-a < x < a) \\ De^{Lx} & (x < -a) \end{cases}$$

両端の接続条件から
$$\begin{cases} C = \dfrac{Ae^{-La}}{\sin Ka} \\ D = -A \end{cases} \Rightarrow X \equiv \begin{cases} Ae^{-Lx} & (x > a) \\ \dfrac{Ae^{-La}}{\sin Ka} \sin Kx & (-a < x < a) \\ -Ae^{Lx} & (x < -a) \end{cases}$$

$$\frac{dX}{dx} = \begin{cases} -LAe^{-Lx} & (x > a) \\ \dfrac{KAe^{-La}}{\sin Ka} \cos Kx & (-a < x < a) \\ -LAe^{Lx} & (x < -a) \end{cases} \Rightarrow KA \cot Ka = -LA$$
これが導関数の接続条件

　これら2つの関係で、$Ka \equiv u$、$La \equiv v$ とおくと、その平方和は最初のポテンシャルの高さの定数倍という定数になります。これは、右頁上段図の円を示し、(u,v) の数は下に定義した V_1 の大きさ、すなわちポテンシャルの高さに対応して決まり、その値に対応して K と L のとびとびの値が決まります。

$$\begin{cases} X(x) \text{が偶関数}: KA \tan Ka = LA \Rightarrow Ka \tan Ka = La \\ X(x) \text{が奇関数}: KA \cot Ka = -LA \Rightarrow Ka \cot Ka = -La \end{cases}$$

$$\begin{cases} Ka \equiv u \\ La \equiv v \end{cases} \Rightarrow \begin{cases} u \tan u = v \\ u \cot u = -v \end{cases}$$

$$u^2 + v^2 = (Ka)^2 + (La)^2 = (K^2 + L^2)a^2 = \frac{2m}{\hbar^2} V_0 a^2 \equiv V_1 (> 0)$$

$$(K, L) \equiv (K_n, L_n), \quad \frac{2mE}{\hbar^2} = K^2 = K_n^2 \Rightarrow \boxed{E_n = \frac{\hbar^2}{2m} K_n^2}$$

$$\frac{\pi}{2}(m-1) < V_1 < \frac{\pi}{2} m \Rightarrow n \leq m \quad (m = 1, 2, \cdots)$$

これらを K_n、L_n と書くとこれらは波動関数の角振動数であり、これで波動関数が振幅 A を除いて決まりエネルギー E の大きさは左頁下段部に示した関係から K_n で決まります（$=E_n$）。ポテンシャルの高さに下図の円が対応し、$v=u\tan u$ との交点が偶関数の波動関数、$v=-u\cot u$ との交点が奇関数の波動関数に対応します。

ポテンシャルの高さ V_0 が高くなると電子が取りうるエネルギーの数が増えていきますが、その値はとびとびです。これが離散的ということです。

また、$|x|>a$ の場合は古典力学では電子は井戸の外に出られませんが、最下段の波動関数の形状の図が示すように、量子力学では電子が井戸の外にはみ出します。これがトンネル効果に対応します。

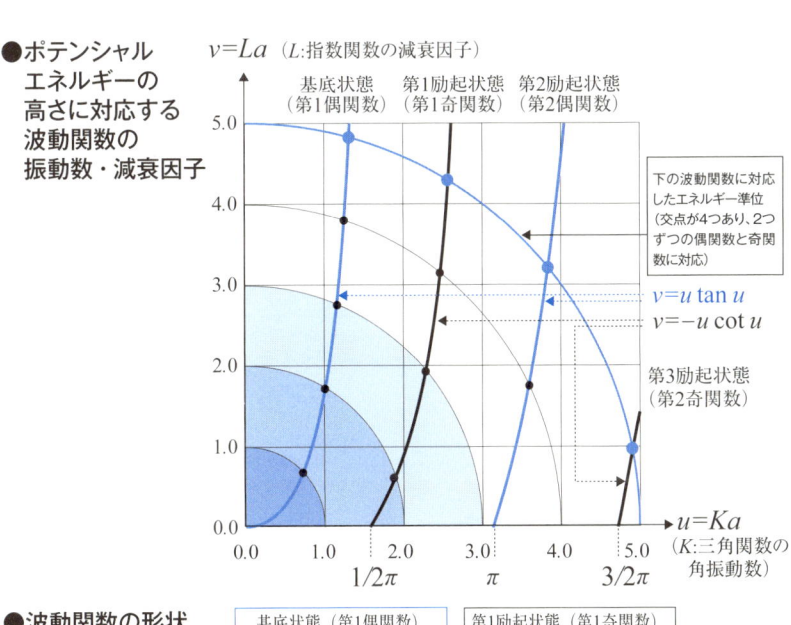

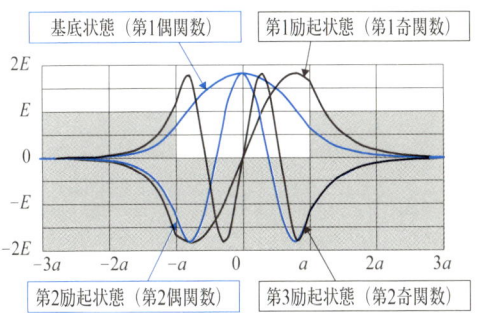

●ポテンシャルエネルギーの高さに対応する波動関数の振動数・減衰因子

●波動関数の形状

Sec.5 包絡線を求める

[1] 包絡線は曲線群に接する曲線

次節から変分法の説明に入りますが、その前に偏微分の得意技である「包絡線」の求め方を解説します。**包絡線とは、曲線群に接する曲線**（直線も含む）のことです。(x, y) が表す曲線として、パラメータを a とした方程式 $F(x,y;a)=0$ を考えると、これは a の変化に応じて変化する曲線群を表します。するとこの曲線群に接する曲線がこの曲線群の包絡線です。この「a の変化に応じて変化する曲線群」に「a による偏微分」を組み合わせることは想像がつくでしょう。

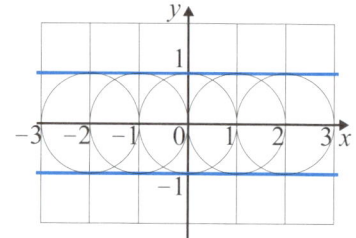

●直線上の円群の包絡線

まず最初はもっとも簡単な例を考えましょう。たとえば $(x-a)^2+y^2=1$ は、中心 $(a,0)$、半径 1 の円を表しますが、a の変化に応じて円が移動します。

この円群には直線 $y=\pm 1$ が接するので、包絡線の方程式は右図に示すように $y=\pm 1$ です。

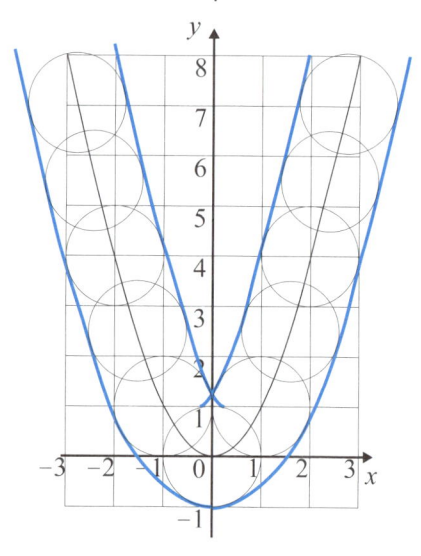

●放物線上の円群の包絡線

次は放物線上を中心が動く円の包絡線の軌跡を考えます。

右の図に示すように、何か放物線に似た曲線が包絡線らしいのですが、実はこれは結構難問です。$(0, 1)$ 近辺で何か不思議な動きがありそうです。

[2] 包絡線を求める方程式は？

まず、求める包絡線を曲線群 $F(x,y;a)=0$ とします。包絡線上の座標 (x, y) は $F(x, y; a)=0$ を満たします。一方、包絡線が元の曲線に接するということは、曲線の座標における法線ベクトル $(\partial F/\partial x, \partial F/\partial y)$ がその点における接線ベクトル $(dx/da, dy/da)$ と直交するということです。

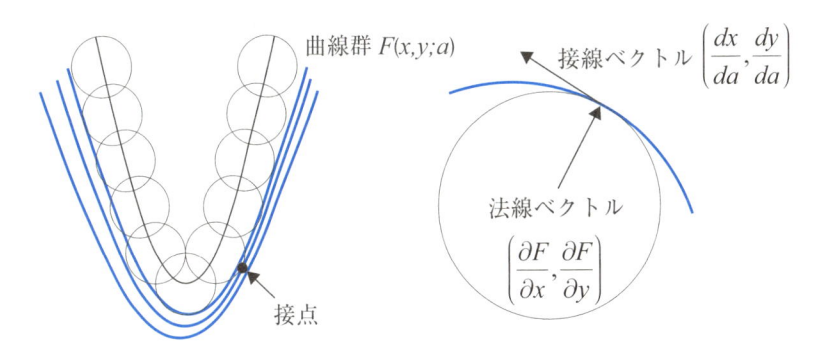

(x, y) をパラメータ a を使って $(x(a), y(a))$ と表し、$F(x(a), y(a); a)=0$ の両辺を a で偏微分すると、法線ベクトルと接線ベクトルの内積が 0 となり、「$\partial F/\partial a=0$」が成立します。

$$F = F(x,y:a) = 0 \text{ の両辺を } a \text{ で偏微分して}$$

$$\frac{dF}{da} = \underbrace{\frac{\partial F}{\partial x}\frac{dx}{da} + \frac{\partial F}{\partial y}\frac{dy}{da}}_{\left(\frac{\partial F}{\partial x}, \frac{\partial F}{\partial y}\right) \cdot \left(\frac{dx}{da}, \frac{dy}{da}\right)} + \frac{\partial F}{\partial a} = 0$$

$$\underbrace{\left(\frac{\partial F}{\partial x}, \frac{\partial F}{\partial y}\right)}_{\text{法線ベクトル}} \cdot \underbrace{\left(\frac{dx}{da}, \frac{dy}{da}\right)}_{\text{接線ベクトル}}$$

$$\frac{\partial F}{\partial x}\frac{dx}{da} + \frac{\partial F}{\partial y}\frac{dy}{da} = 0 \Rightarrow \frac{\partial F}{\partial a} = 0$$

つまり、$F(x, y; a)=\partial F/\partial a=0$ が包絡線の方程式の条件です。ただし図形の方程式は $F(x, y; a)=0$ という「陰関数の形式」に変形してから適用します。この連立方程式を円群について求めると次のようになります。

●直線上の円群の包絡線

$F(x, y; a) \equiv (x-a)^2 + y^2 - 1 = 0$, $\partial F/\partial a = -2(x-a) = 0$

$x-a=0$ となって、$y^2=1$ が得られます。

[3] 放物線上の円群の包絡線を求める

これは、「$(x-a)^2+(y-b)^2=1$」の円の中心 (a, b) が $y=x^2$ の上にあるので、$b=a^2$ が成り立ち、a をパラメータとして「$(x-a)^2+(y-a^2)^2=1$」の包絡線を求めることになります。このような円群の問題では、極座標に置き換えると解ける場合が多いので、偏角 θ を持ち込んで、$(x, y) = (\cos\theta + a, \sin\theta + a^2)$ とおいて、$\partial F/\partial a = 0$ から a を θ で表します。

$F(x, y; a) \equiv (x-a)^2 + (y-a^2)^2 - 1 = 0$

$\partial F/\partial a = -2(x-a) - 4a(y-a^2) = -2[(x-a) + 2a(y-a^2)] = 0$

これを媒介変数表示の方程式とみると、下のグラフが得られます。青線が $\theta>0$ に、黒線が $\theta<0$ に対応します。青線は左上隅からいったん $(x, y)=(0, 1.25)$ を超えて右

●放物線上の円群の包絡線

$(x-a) + 2a(y-a^2)$
$= \cos\theta + 2a\sin\theta$
$= 0 \Rightarrow a = -\dfrac{\cos\theta}{2\sin\theta}$

$\begin{cases} x = \cos\theta - \dfrac{\cos\theta}{2\sin\theta} \\ y = \sin\theta + \left(\dfrac{\cos\theta}{2\sin\theta}\right)^2 \end{cases}$

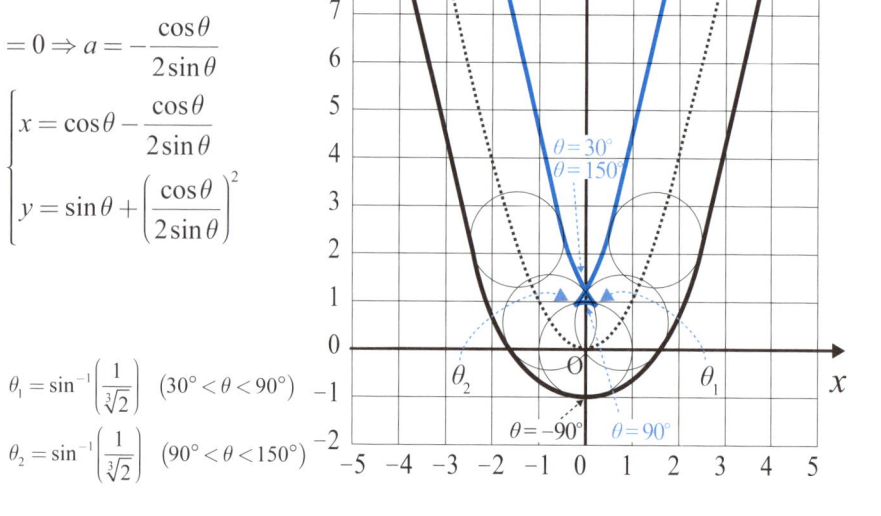

$\theta_1 = \sin^{-1}\left(\dfrac{1}{\sqrt[3]{2}}\right)$ $(30° < \theta < 90°)$

$\theta_2 = \sin^{-1}\left(\dfrac{1}{\sqrt[3]{2}}\right)$ $(90° < \theta < 150°)$

下隅に突っ込んでから弧を描いて左下隅に戻り、そして再度 (0, 1.25) を超えて右上隅に去ります。実に不思議な動きではありませんか。

[4] アステロイド曲線の方程式を求める

では次に、P.60 に示したアステロイド曲線を求めてみましょう。これは、x 軸上の点 P と y 軸上の点 Q を結ぶ線分 PQ の長さが一定長 a である場合の線分 PQ の包絡線です。線分 PQ の方程式は $y=-x\tan\theta+\sin\theta$ と書けます。$0°\leq\theta\leq 90°$ の場合は次のようになります。$90°\leq\theta\leq 360°$ の場合も同様です。

●アステロイド曲線の方程式

$y = -x\tan\theta + a\sin\theta$
$y\cos\theta = -x\sin\theta - a\sin\theta\cos\theta$
$f(x,y,a)$
$\equiv x\sin\theta + y\cos\theta - a\sin\theta\cos\theta = 0$
$\dfrac{\partial}{\partial\theta} f(x,y,a)$
$= x\cos\theta - y\sin\theta - a(\cos^2\theta - \sin^2\theta) = 0$
$\begin{cases} x\sin\theta + y\cos\theta - a\sin\theta\cos\theta = 0 \\ x\cos\theta - y\sin\theta - a(\cos^2\theta - \sin^2\theta) = 0 \end{cases}$

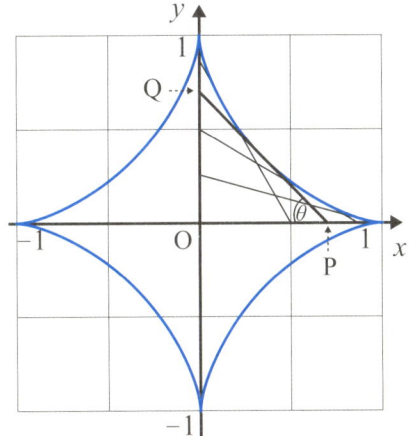

2本の方程式を加えて y を消去する。
$\sin\theta[x\sin\theta - a\sin\theta\cos\theta] + \cos\theta[x\cos\theta - a(\cos^2\theta - \sin^2\theta)] = 0$
$x - a[\sin^2\theta\cos\theta + \cos^3\theta - \cos\theta\sin^2\theta] = x - a\cos^3\theta = 0$
$\therefore x = a\cos^3\theta$
$x\sin\theta + y\cos\theta - a\sin\theta\cos\theta = a\cos^3\theta\sin\theta + y\cos\theta - a\sin\theta\cos\theta = 0$
$a\cos^2\theta\sin\theta + y - a\sin\theta = 0 \qquad \therefore \begin{cases} x = a\cos^3\theta \\ y = a\sin^3\theta \end{cases}$
$\therefore y = a\sin\theta(1-\cos^2\theta) = a\sin^3\theta$

第4章 変分法はどう使う

第4章では偏微分の代表的な応用例の1つである変分法を解説します。変分法は、目的に適合した曲線を選び出す数学です。

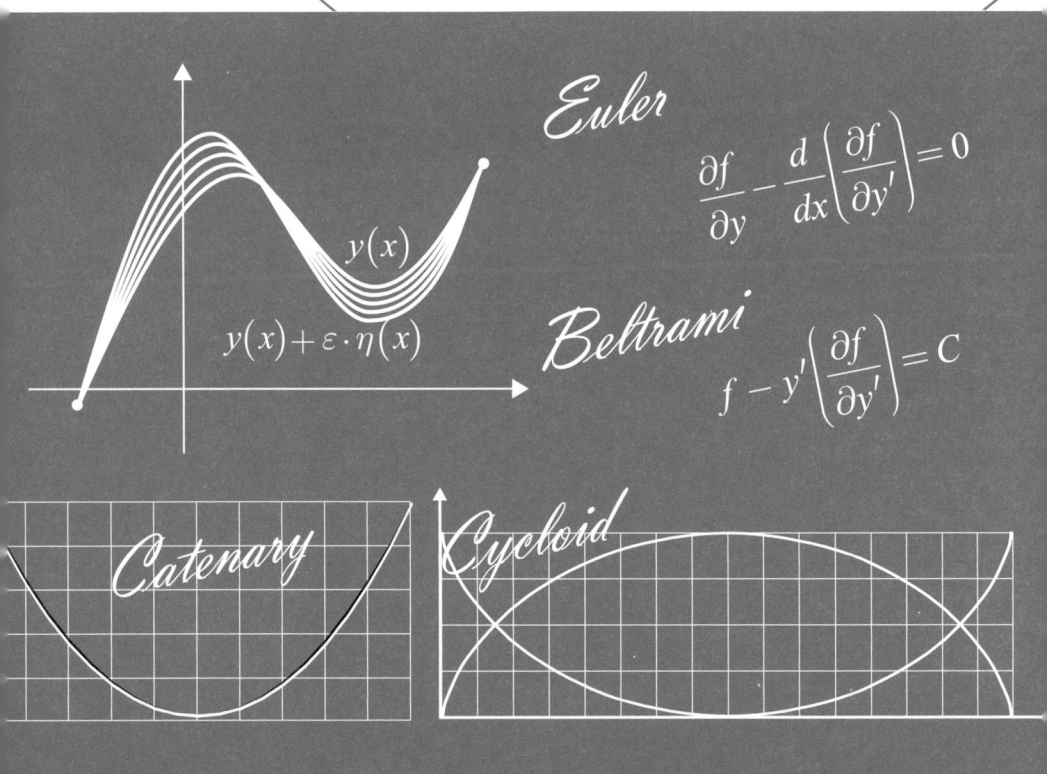

Euler
$$\frac{\partial f}{\partial y} - \frac{d}{dx}\left(\frac{\partial f}{\partial y'}\right) = 0$$

Beltrami
$$f - y'\left(\frac{\partial f}{\partial y'}\right) = C$$

Catenary

Cycloid

Sec.1 欲しい関数形は変分法で求める

［1］変分はある量の極値を与える関数形を求めるもの

　微分を用いて関数 $f=f(x)$ の最大・最小問題を考える場合は、関数を微分し、その導関数 df/dx の値を調べ、この導関数が0になる点が最大値・最小値・変曲点のいずれかになりますが、変分法ではこれと似たようなことを「関数の形」に対して行い、微分方程式を導き出して解きます。

　それには、何か関数 $y=f(x)$ の 形 によって決まる量を表す関数

$$I(x, y, y')$$

の最大・最小問題を考えます。これが「変分法」です。$I(x,y,y')$ は「汎関数」と呼ばれる関数で、1つの値ではありません。そしてこの汎関数 I の極値を与える関数形は、汎関数の最大値・最小値、極大値・極小値のいずれかを取ります。変分法では、極大値・極小値を「停留値」と呼びます。変分法を適用して容易に解ける問題は多くはないのですが、本節では典型問題を3つ紹介します。

- 2点間を最短距離で結ぶ曲線は直線である（I: 距離）
- 電線が垂れ下がる場合の曲線はカテナリー曲線である（I: 位置エネルギー）
- 2点間を最短時間で結ぶ曲線はサイクロイド曲線である（I: 所要時間）

［2］オイラーの方程式を求める

　変分法とは、汎関数 $I(x,y,y')$ の y を少し動かして目的の関数を求めるというものであり、y が動けば $dy/dx=y'$ も動くのですが、これらを独立とみなして微分方程式を導きます。微分で極値を求める場合は dx を動かして曲線を調べますが、変分では関数形を変えて「変分」します。この際、y を次のような自由度のある関数に置き換えます。ただし両端は本稿では固定するので、次の境界条件が必要です。

●微分で極値を探す　　　　●変分で曲線を探す

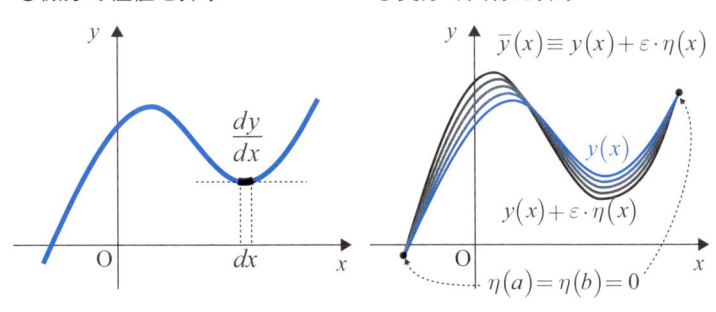

○関数形の変形　　　　　$y \to \bar{y} = y(x) + \varepsilon \cdot \eta(x)$
○境界条件　　　　　　　$\eta(a) = \eta(b) = 0$

　汎関数 $I(x, y, y')$ に $\bar{y} = y(x) + \varepsilon \cdot \eta(x)$ を代入し、これをパラメータεで偏微分します。これが「わずかに動かす」という操作です。汎関数の偏微分は、被積分関数に対して施すので、積分の中に入れて、df は全微分で置き換えて、関数 $\bar{y}(x)$ への偏微分操作を計算します。

$$\frac{dI}{d\varepsilon} = \frac{d}{d\varepsilon}\int_a^b f(x, \bar{y}, \bar{y}')dx = \int_a^b \frac{df}{d\varepsilon}dx$$
$$= \int_a^b \left[\frac{\partial f}{\partial y}\frac{\partial \bar{y}}{\partial \varepsilon} + \frac{\partial f}{\partial y'}\frac{\partial \bar{y}'}{\partial \varepsilon}\right]dx = \int_a^b \left[\frac{\partial f}{\partial y}\eta(x) + \frac{\partial f}{\partial y'}\eta'(x)\right]dx = 0$$

　被積分関数の第2項を部分積分するのがキーポイントです。すると積分の最初の項は、境界条件 $\eta(a) = \eta(b) = 0$ によって 0 になり、次の関係が得られます。

部分積分の公式 $\left[\int_a^b A(x)B'(x)dx = [A(x)B(x)]_a^b - \int_a^b A'(x)B(x)dx\right]$

$$\int_a^b \frac{\partial f}{\partial y'}\eta'(x)dx = \left[\frac{\partial f}{\partial y'}\eta(x)\right]_a^b - \int_a^b \frac{d}{dx}\left(\frac{\partial f}{\partial y'}\right)\eta(x)dx$$

$$\eta(a) = \eta(b) = 0 \Rightarrow \left[\frac{\partial f}{\partial y'}\eta(x)\right]_a^b = 0$$

$$\therefore \frac{dI}{d\varepsilon} = \int_a^b \frac{\partial f}{\partial y}\eta(x)dx - \int_a^b \frac{d}{dx}\left(\frac{\partial f}{\partial y'}\right)\eta(x)dx$$

$$= \int_a^b \left[\frac{\partial f}{\partial y}\eta(x) - \frac{d}{dx}\left(\frac{\partial f}{\partial y'}\right)\eta(x) \right]dx = \int_a^b \eta(x)\left[\frac{\partial f}{\partial y} - \frac{d}{dx}\left(\frac{\partial f}{\partial y'}\right)\right]dx = 0$$

$\eta(x)$ は任意の関数なので、それ以外が 0 にならなければなりません。これがオイラーの方程式です。

オイラーの方程式　　$\dfrac{\partial f}{\partial y} - \dfrac{d}{dx}\left(\dfrac{\partial f}{\partial y'}\right) = 0$

この公式は、「$\partial f/\partial y'$ の全微分が $\partial f/\partial y$ とつり合っている」ということを意味しています。y を少し動かしても、それによる y' の変化の全微分がそれにつりあった場合が変分法の解というわけです。

オイラーの方程式が簡単な場合は被積分関数も簡単になり、容易に解けます。y や y' がない場合は、片方の項がなくなります。

$$f(x,y,y') = f(x,y): \quad \frac{\partial f}{\partial y} - \frac{d}{dx}\left(\frac{\partial f}{\partial y'}\right) = 0 \Rightarrow \frac{\partial f}{\partial y} = 0 \Rightarrow f = C_1$$

$$f(x,y,y') = f(x,y'): \quad \frac{\partial f}{\partial y} - \frac{d}{dx}\left(\frac{\partial f}{\partial y'}\right) = 0 \Rightarrow \frac{d}{dx}\left(\frac{\partial f}{\partial y'}\right) = 0 \Rightarrow \frac{\partial f}{\partial y'} = C$$

[3] ベルトラミの公式を求める

オイラーの方程式が y や y' を両方含む場合は上のような簡単な方法がありませんが、x をあらわには含まない場合（$\partial f/\partial x = 0$）には「ベルトラミの公式」を利用することができます。

ベルトラミの公式　　$f - y'\left(\dfrac{\partial f}{\partial y'}\right) = C$

この公式は、次の証明からわかるように、関数 f が x をあらわに含まない場合（$\partial f/\partial x = 0$）、「関数 f の全微分が y' と $\partial f/\partial y'$ の積の全微分と一致する」ということを表しています。この公式によって、積分を1回進めた形が得られます。

オイラーの方程式を適用すると、左辺の全微分は $\partial f/\partial x$ となります。したがって $\partial f/\partial x=0$ ならば左辺の全微分が 0 となり、右辺は定数でなければならないということです。

$$\underbrace{\frac{d}{dx}\left[f-y'\left(\frac{\partial f}{\partial y'}\right)\right]}_{} = \frac{df}{dx} - \overbrace{\left[\frac{dy'}{dx}\frac{\partial f}{\partial y'} + \frac{dy}{dx}\left(\frac{d}{dx}\frac{\partial f}{\partial y'}\right)\right]}^{積の微分}$$

$$\boxed{E = \frac{\partial f}{\partial y} - \frac{d}{dx}\left(\frac{\partial f}{\partial y'}\right) = 0 \Rightarrow \frac{d}{dx}\left(\frac{\partial f}{\partial y'}\right) = \frac{\partial f}{\partial y}} \quad \cdots\cdots\text{オイラーの方程式の代入}$$

$$= \left(\frac{\partial f}{\partial x} + \frac{\partial f}{\partial y}\frac{dy}{dx} + \frac{\partial f}{\partial y'}\frac{dy'}{dx}\right) - \left(\frac{\partial f}{\partial y'}\frac{dy'}{dx} + \frac{\partial f}{\partial y}\frac{dy}{dx}\right) = \frac{\partial f}{\partial x} \quad \begin{array}{l}\text{他の項は}\\\text{すべて消える。}\\\text{したがって}\end{array}$$

（同じもの）

$$\frac{\partial f}{\partial x} = 0 \Rightarrow \frac{d}{dx}\left[f - y'\left(\frac{\partial f}{\partial y'}\right)\right] = 0 \Rightarrow f - y'\left(\frac{\partial f}{\partial y'}\right) = C$$

[4] パターンに応じた変分法の解法

今まで述べた解法を整理します。汎関数 $I(x,y,y')$ に変分法を適用する場合の方法は次のようになります。

●fがy'を含まない場合 [$f=f(x,y)$]
f は定数になり、容易に解けます。

●fがyを含まない場合 [$f=f(x,y')$]
$\partial f/\partial y'$ は定数になり、容易に解けます。

●fがyとy'を含みxを含まない場合 [$f=f(y,y')$ と表記します]
「ベルトラミの公式」を利用します。

もし、変分方程式の被積分関数が満たす微分方程式が初等関数で解けない場合は、数値積分で解きます。

Sec.2 変分法を適用して曲線を求める

［1］2点間を最短距離で結ぶ曲線を求める

　面倒な計算がやっと終わったので、この変分原理を適用して、最初は不思議な計算をします。それは、「2点間を最短距離で結ぶ曲線は直線である」ということの証明です。この答えが直線であることは直感的にも経験的にも明らかなのですが、その明らかなことをどうやって証明するのか、変分法の最初の例題としてこの問題を取り上げます。

　右図のように2点間の曲線を構成し、それが満たすべき微分方程式を解くと、結果は直線になります。全微分と偏微分がまじりあった、一見難しそうな微積分の繰り返しなのですが、P.130 で述べた全微分と偏微分さえ理解していればわかる内容です。

●2点間の最短曲線は直線

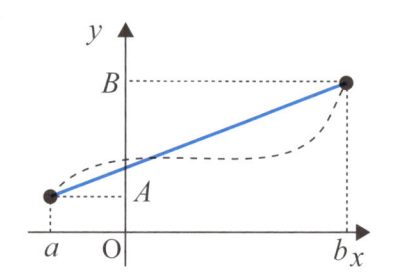

●汎関数の作成

　距離を最短にするために、経路上の線分の長さを求めます。線素の長さは x の関数として表され、その積分値が汎関数 L です。

$$\begin{cases} L = \int_a^b ds \\ y(a) = A, \quad y(b) = B \end{cases}$$

$$ds = \sqrt{\left(\frac{dx}{dt}\right)^2 + \left(\frac{dy}{dt}\right)^2} dt \xrightarrow{x=t} ds = \sqrt{1 + y'^2}\, dx$$

$$L = \int_a^b ds = \int_a^b \sqrt{1 + y'^2}\, dx$$

● **オイラーの方程式を解く**

その被積分関数 f には y は含まれず $f(x,y')$ となるので、オイラーの方程式が簡単になります。

$$f(x,y,y') = \sqrt{1+y'^2} = f(x,y')$$

$$\begin{cases} \dfrac{\partial f}{\partial y} - \dfrac{d}{dx}\left(\dfrac{\partial f}{\partial y'}\right) = 0 \\ \dfrac{\partial f}{\partial y} = 0 \end{cases} \Rightarrow \dfrac{d}{dx}\left(\dfrac{\partial f}{\partial y'}\right) = 0 \Rightarrow \dfrac{\partial f}{\partial y'} = C_1$$

● **微分方程式を解く**

この関係を $f(x,y')$ に適用して積分し、境界条件を適用すると解が得られます。

$$\dfrac{\partial f}{\partial y'} = \dfrac{\partial}{\partial y'}\sqrt{1+y'^2} = \dfrac{\partial}{\partial y'}\left(1+y'^2\right)^{\frac{1}{2}} = \dfrac{1}{2}\left(1+y'^2\right)^{-\frac{1}{2}}2y' = \dfrac{y'}{\sqrt{1+y'^2}} = C_1$$

$$y'^2 = C_1^2(1+y'^2) \Rightarrow (1-C_1^2)y'^2 = C_1^2 \Rightarrow y' = \dfrac{dy}{dx} = \pm\sqrt{\dfrac{C_1^2}{1-C_1^2}} \equiv C_2$$

$$\therefore y = C_2 x + C_3$$

$$\begin{cases} y(a) = A \\ y(b) = B \end{cases} \Rightarrow \begin{cases} A = C_2 a + C_3 \\ B = C_2 b + C_3 \end{cases} \Rightarrow \begin{pmatrix} a & 1 \\ b & 1 \end{pmatrix}\begin{pmatrix} C_2 \\ C_3 \end{pmatrix} = \begin{pmatrix} A \\ B \end{pmatrix}$$

$$\begin{pmatrix} C_2 \\ C_3 \end{pmatrix} = \begin{pmatrix} a & 1 \\ b & 1 \end{pmatrix}^{-1}\begin{pmatrix} A \\ B \end{pmatrix} = \dfrac{1}{a-b}\begin{pmatrix} 1 & -1 \\ -b & a \end{pmatrix}\begin{pmatrix} A \\ B \end{pmatrix} = \dfrac{1}{a-b}\begin{pmatrix} A-B \\ aB-bA \end{pmatrix}$$

$$y = \dfrac{A-B}{a-b}x + \dfrac{aB-bA}{a-b}$$

得られた曲線は、$(x,y)=(a,A),(b,B)$ を結ぶ直線に他なりません。

[2] 電線が垂れ下がる場合の曲線の形を求める

変分法の応用例としてもっとも有名なのは、電線や物干しロープが垂れ下がる場合の曲線の形を求める問題です。これは「カテナリー曲線」（あるいは「懸垂曲線」）と呼ばれます。カテナリーは「カテーナ」（ラテン語で「絆」の意）に由来します（なおこの曲線の形は、変分法を使わずに微分方程式を立てて求めること

もできます）。

ロープの形が決まる条件は、位置エネルギーが最小になることです。たとえば振り子は、初動を与えれば振動を始めますが、最後は位置エネルギーを最小にする最低点で停止します。これと同様にロープも、位置エネルギーを最小にする形で静止するので、両端 $f(a) = f(b) = h$ という条件のもとで位置エネルギーを最小化する問題を考えます。

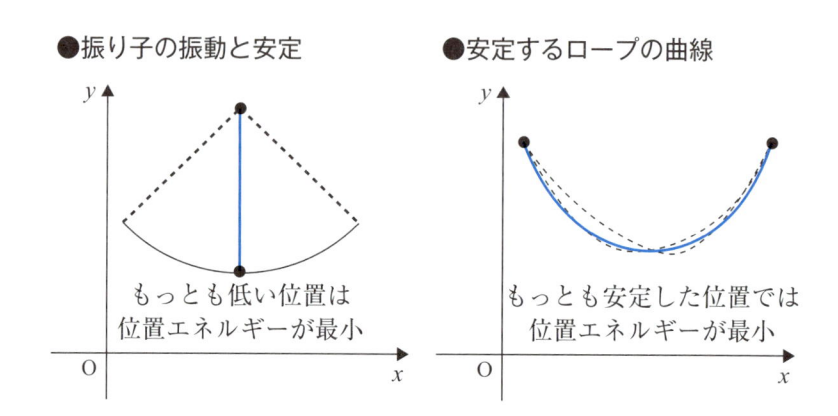

●振り子の振動と安定　　●安定するロープの曲線

もっとも低い位置は位置エネルギーが最小

もっとも安定した位置では位置エネルギーが最小

位置エネルギーは、質量を m として mgh で表されますが、これを線素に分解するには、密度を ρ として $\rho g y$ で表します。すると位置エネルギーの総計には、h を表す高さ y が含まれて、これが被積分関数に含まれます。そしてその結果は、双曲線関数（P.38参照）になります。

●汎関数の作成

位置エネルギーを最小にするために、経路上の線分の重さを求めます。線素の長さは前項で求めました。その積分値が汎関数 I です。

$$\begin{cases} I = \int_a^b \rho g y ds = \rho g \int_a^b y\sqrt{1+y'^2}dx \\ y(a) = y(b) = h \end{cases}$$

●オイラーの方程式を解く

前項の最短距離曲線の被積分関数には y' しか含まれませんでしたが、懸垂曲線の被積分関数には y と y' が含まれ x は含まれず $f(y,y')$ となるので、、ベルトラ

ミの公式（P.166 参照）が利用できます。簡単にするために $\rho g=1$ とします。

$$f(x,y,y') = y\sqrt{1+y'^2}$$

$$\frac{\partial f}{\partial y} - \frac{d}{dx}\left(\frac{\partial f}{\partial y'}\right) = 0 \Rightarrow f - y'\frac{\partial f}{\partial y'} = C_1$$

$$f - y'\frac{\partial f}{\partial y'} = y\sqrt{1+y'^2} - y'\frac{\partial}{\partial y'}\left(y\sqrt{1+y'^2}\right) = C_1$$

$$\frac{\partial}{\partial y'}\left(y\sqrt{1+y'^2}\right) = y\frac{\partial}{\partial y'}\left(1+y'^2\right)^{\frac{1}{2}} = y \cdot \frac{1}{2}\left(1+y'^2\right)^{-\frac{1}{2}} \cdot 2y' = \frac{yy'}{\sqrt{1+y'^2}}$$

$$\therefore y\sqrt{1+y'^2} - y'\frac{yy'}{\sqrt{1+y'^2}} = \frac{y(1+y'^2) - yy'^2}{\sqrt{1+y'^2}} = \frac{y}{\sqrt{1+y'^2}} = C_1 (>0)$$

● **微分方程式を解く**

得られた微分方程式を解きます。方程式は、次のような双曲線関数が利用できるパターンなので（P.38 参照）、

$$\begin{cases} \cosh^2 x - \sinh^2 x = 1 \\ \dfrac{d}{dx}\cosh x = \sinh x, \quad \dfrac{d}{dx}\sinh x = \cosh x \end{cases}$$

$y = C_1 \cosh t$（$t=t(x)$）と定義し、境界条件を適用すると解が得られます。

$$y^2 = C_1^2\left(1+y'^2\right) \Rightarrow \left(\frac{dy}{dx}\right)^2 \equiv \frac{y^2}{C_1^2} - 1$$

$$y \equiv C_1 \cosh t \Rightarrow \left(\frac{dy}{dx}\right)^2 = C_1^2 \sinh^2 t\left(\frac{dt}{dx}\right)^2 = \frac{y^2}{C_1^2} - 1 = \cosh^2 t - 1 = \sinh^2 t$$

$$\therefore C_1^2\left(\frac{dt}{dx}\right)^2 = 1 \Rightarrow \frac{dt}{dx} = \frac{1}{C_1}(>0) \Rightarrow t = \frac{x}{C_1} + C_2 \Rightarrow y = C_1 \cosh\left(\frac{x}{C_1} + C_2\right)$$

$$y(a) = y(b) = h \Rightarrow \begin{cases} h = C_1 \cosh\left(\dfrac{a}{C_1} + C_2\right) \\ h = C_1 \cosh\left(\dfrac{b}{C_1} + C_2\right) \end{cases} \Rightarrow \frac{a}{C_1} + C_2 = -\frac{b}{C_1} + C_2$$

$$\Rightarrow \begin{cases} b = -a \\ C_2 = 0 \end{cases} \Rightarrow y = C_1 \cosh\left(\frac{x}{C_1}\right) \quad \left[C_1 = C_1(h), \quad h = C_1 \cosh\left(\frac{a}{C_1}\right)\right]$$

171

積分定数 C_1 は、最後の式で h から決まる値です。下図にこの懸垂曲線を示します。図では、2次関数（黒線）と比較して、両端と下端を一致させて描いてあります。

　懸垂曲線（カテナリー曲線）は2次関数と非常に似た形の曲線ですが、懸垂曲線の方がわずかにたるみが緩やかになります。その違いを y 座標の比率で比べると、その違いは1%もないので、何かこの曲線を利用する場合には2次関数で代替しても構わないのですが、さすがに建築物の場合にはそうはいかないでしょう。

[3] カテナリー曲線の利用例

　逆さにして、橋の両端だけを支える建築物の場合には、もっとも安定する設計は

●カテナリー曲線と放物線の比較

x	$\cosh x$	$0.543 \times x^2+1$	比
−1.0	1.543	1.543	1.000
−0.9	1.433	1.440	0.995
−0.8	1.337	1.348	0.993
−0.7	1.255	1.266	0.991
−0.6	1.185	1.195	0.992
−0.5	1.128	1.136	0.993
−0.4	1.081	1.087	0.995
−0.3	1.045	1.049	0.997
−0.2	1.020	1.022	0.998
−0.1	1.005	1.005	1.000
−0.0	1.000	1.000	1.000
0.1	1.005	1.005	1.000
0.2	1.020	1.022	0.998
0.3	1.045	1.049	0.997
0.4	1.081	1.087	0.995
0.5	1.128	1.136	0.993
0.6	1.185	1.195	0.992
0.7	1.255	1.266	0.991
0.8	1.337	1.348	0.993
0.9	1.433	1.440	0.995
1.0	1.543	1.543	1.000

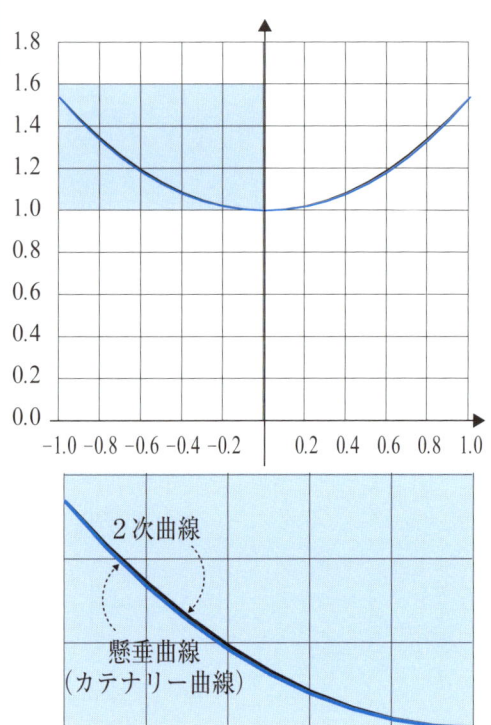

2次曲線
懸垂曲線
（カテナリー曲線）

カテナリー曲線になります。バルセロナ（スペイン）の中心部に位置して、曲線だけで構成されているアントニオ・ガウディの設計による住宅「カサ・ミラ」の屋上の構造物の屋根のアーチは、カテナリー曲線で構成されています。

また、セントルイス（米国ミズーリ州）のゲートウェイ・アーチもカテナリー曲線に近い曲線で構成されています。この美しいアーチは、高さも幅も$192m$のセントルイスではもっとも高い建築物であり、アーチ構造の建築物で有名なフィンランド人建築家エーロ・サーリネンの設計による代表的な建築物です。

ただしこちらのアーチは単純なカテナリー曲線ではなく、頂点に向かうほど細長く厚みを薄くしてアーチが高くそびえ立つ効果を強調し、地表に近いほど厚みを厚くして構造的に安定させたものです。

[第4章　変分法はどう使う]

カテナリー曲線を使った代表的な建築物

●バルセロナのカサ・ミラと
　その屋上構造物のアーチ

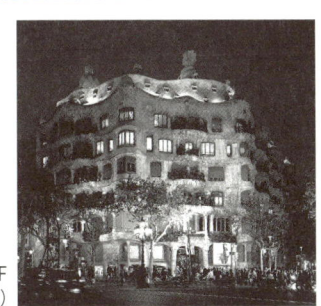

(Credit　左：DAVID ILIFF
　　　　　右：Error)

●セントルイスの
　ゲートウェイ・アーチ

(Credit: Bev Sykes from Davis)

173

Sec.3 もっとも速く滑り降りる滑り台の形を求める

［1］2点間を最短時間で結ぶ曲線の形を求める

この曲線は「最速降下曲線」と呼ばれるもので、P.168の最短距離曲線は「距離を最小にする」ものでしたが、この問題は「降下の所要時間を最小にする」ものです。そしてこの曲線は、P.49で述べた「サイクロイド曲線」に他なりません。

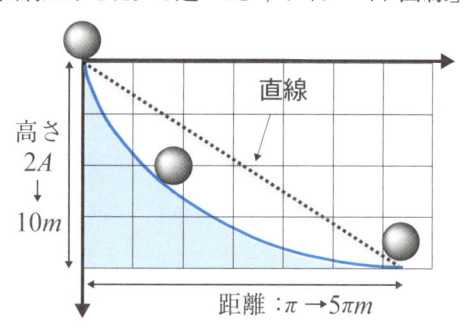

高さ 2A ↓ 10m
距離：π → 5πm
直線

●汎関数の作成

今度は長さや重さや位置エネルギーではなく、時間の積分が汎関数です。所要時間は $t=0$ から $t=a$ までの積分で、そのまま計算するのではなく、これを x の積分に切り替えます。その積分値が汎関数 T です。

$$\begin{cases} T = \int_0^a dt = \int_0^{x(a)} \frac{dt}{ds}\frac{ds}{dx}dx \\ y(0) = h, \quad y(a) = 0 \end{cases}$$

dt を $dt/ds \cdot ds/dx \cdot dx$ に置き換えて、それぞれを計算します。dt/ds は ds/dt の逆数であり、その表現は前項の例題と同じです。この場合の v は dx/dt ではなく ds/dt であることに注意してください。この v はエネルギー保存則「$mgh = (1/2)mv^2$」から得られます。

$$\begin{cases} v \equiv \dfrac{ds}{dt} \\ v^2 = 2gh = 2gy \Rightarrow \dfrac{dt}{ds} = \dfrac{1}{\sqrt{2gy}} \\ \dfrac{ds}{dx} = \sqrt{1+y'^2} \end{cases} \Rightarrow \begin{aligned} T &= \int_0^{x(a)} \dfrac{\sqrt{1+y'^2}}{\sqrt{2gh}} dx \\ &= \dfrac{1}{\sqrt{2g}} \int_0^a \dfrac{\sqrt{1+y'^2}}{\sqrt{y}} dx \end{aligned}$$

● **オイラーの方程式を解く**

得られた汎関数の被積分関数は、線素の表現を y の平方根で割ったものです。被積分関数にオイラーの方程式を適用しますが、この場合も x が含まれないので、ベルトラミの公式が利用できます。まずは $\partial f / \partial y'$ を計算し、それをベルトラミの公式に代入して計算します。

$$\begin{cases} f(x,y,y') = \dfrac{\sqrt{1+y'^2}}{\sqrt{y}} \\ f - y' \dfrac{\partial f}{\partial y'} = C_1 \end{cases} \Rightarrow \dfrac{\partial}{\partial y'}\left(\dfrac{\sqrt{1+y'^2}}{\sqrt{y}}\right) = \dfrac{1}{\sqrt{y}} \dfrac{\partial}{\partial y'}\left(1+y'^2\right)^{\frac{1}{2}}$$

$$= \dfrac{1}{\sqrt{y}} \cdot \dfrac{1}{2}\left(1+y'^2\right)^{-\frac{1}{2}} \cdot 2y' = \dfrac{y'}{\sqrt{y}\sqrt{1+y'^2}}$$

$$\therefore \dfrac{\sqrt{1+y'^2}}{\sqrt{y}} - y' \dfrac{y'}{\sqrt{y}\sqrt{1+y'^2}} = \dfrac{(1+y'^2)-y'^2}{\sqrt{y}\sqrt{1+y'^2}} = \dfrac{1}{\sqrt{y}\sqrt{1+y'^2}} = C_1$$

● **微分方程式を解く**

曲線を求める計算はかなり面倒なので、最速降下線が満たす微分方程式をサイクロイド曲線が満たすことの確認だけにとどめます。

$$y(1+y'^2) = \dfrac{1}{C_1^2} \equiv C_2 \Rightarrow y' = \sqrt{\dfrac{C_2}{y} - 1}$$

$$\begin{cases} x = A(\theta - \sin\theta) \\ y = B(1 - \cos\theta) \end{cases} \Rightarrow \dfrac{dy}{dx} = \dfrac{dy}{d\theta}\dfrac{d\theta}{dx} = B\sin\theta \dfrac{d\theta}{dx}$$

$$\begin{cases} \dfrac{dx}{d\theta} = A(1-\cos\theta) = y \\ \dfrac{dy}{dx} = \dfrac{B}{A} \cdot \dfrac{\sin\theta}{1-\cos\theta} \end{cases}$$

$$\Rightarrow y(y'^2+1) = A(1-\cos\theta)\left[\left(\dfrac{B}{A}\right)^2\left(\dfrac{\sin\theta}{1-\cos\theta}\right)^2+1\right]$$

$$= A(1-\cos\theta)\left[\dfrac{B^2\sin^2\theta + A^2(1-\cos\theta)^2}{A^2(1-\cos\theta)^2}\right]$$

$$= \dfrac{1}{A(1-\cos\theta)} \cdot \left[A^2 + (A^2\cos^2\theta + B^2\sin^2\theta) - 2A^2\cos\theta\right]$$

$B \equiv \pm A \Rightarrow y(y'^2+1) = 2A$ （定数）

これがサイクロイド曲線を表します。

$$\therefore \begin{cases} x = A(\theta - \sin\theta) & (>0) \\ y = -A(1-\cos\theta) & (0 \leq 1-\cos\theta \leq 2) \end{cases}$$

上の関係式は、$B = \pm A$ の関係が成立すれば簡単になり、右辺が定数になります。上に凸の場合が $B=A$、下に凸の場合が $B=-A$ に対応します。$B=-A$ の場合が最速滑り台に対応します。

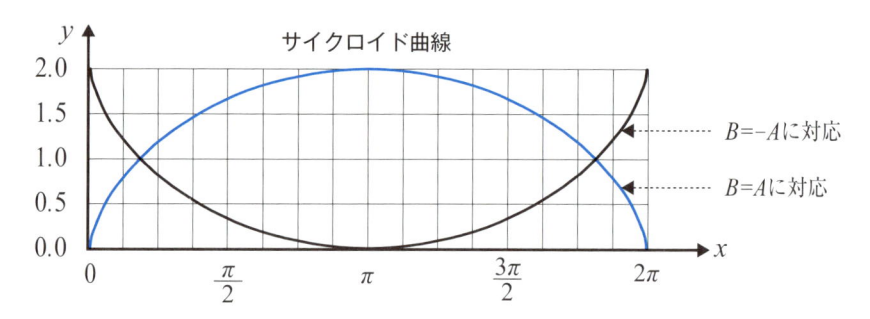

サイクロイド曲線

$B=-A$ に対応
$B=A$ に対応

［2］サイクロイド曲線を降下する時間を求める

最速降下線であるサイクロイド曲線では、直線的な滑り台に比べてどれくらい速く降下できるのでしょうか。直感的には、「早い時期に加速した方が速く滑り降りられる」ということはわかると思います。

サイクロイド曲線を代入して、汎関数の積分を行います。**降下時間は円が距離 π を転がるための時間であり、「A/g の平方根の π 倍」ということがわかります。**

$$\begin{cases} x = A(\theta - \sin\theta) \\ y = A(1 - \cos\theta) \end{cases} \begin{cases} \dfrac{dx}{d\theta} = A(1 - \cos\theta) \\ \dfrac{dy}{d\theta} = A\sin\theta \end{cases} \Rightarrow y' = \dfrac{dy}{d\theta}\dfrac{d\theta}{dx} = \dfrac{\sin\theta}{(1 - \cos\theta)}$$

$$T = \dfrac{1}{\sqrt{2g}} \int_0^\pi \dfrac{\sqrt{1 + y'^2}}{\sqrt{y}} dx = \dfrac{1}{\sqrt{2g}} \int_0^\pi \dfrac{\sqrt{1 + y'^2}}{\sqrt{y}} \dfrac{dx}{d\theta} d\theta$$

$$\dfrac{1 + y'^2}{y} = \dfrac{1 + \left(\dfrac{\sin\theta}{(1 - \cos\theta)}\right)^2}{A(1 - \cos\theta)} = \dfrac{2}{A(1 - \cos\theta)^2}$$

$$\therefore T = \dfrac{1}{\sqrt{2g}} \int_0^\pi \sqrt{\dfrac{2}{A}} \dfrac{A(1 - \cos\theta)}{(1 - \cos\theta)} d\theta = \sqrt{\dfrac{A}{g}} \int_0^\pi d\theta = \pi \sqrt{\dfrac{A}{g}}$$

$h = 10m \Rightarrow A = 5m,$

$\theta = \pi : T = \pi \sqrt{\dfrac{A}{g}} = \pi \sqrt{\dfrac{5}{9.8}} = 2.24$

高さ $10m$ のサイクロイド曲線でできた滑り台とふつうの直線的な滑り台の滑り降りる時間を比較すると、サイクロイド曲線でできた滑り台の場合は 2.2 秒です。これを直線状の通常の滑り台で計算すると 2.7 秒かかります。

$s = \dfrac{1}{2} g \sin\theta t^2$

$s \sin\theta = h$

$\sin\theta = \dfrac{2A}{\sqrt{(2A)^2 + (\pi A)^2}} = 0.537$

高さ：$h = 10m$

斜面の長さ：s

$5\pi m$

$t = \sqrt{\dfrac{2s}{g \sin\theta}} = \sqrt{\dfrac{2h}{g}} \cdot \dfrac{1}{\sin\theta} = \sqrt{\dfrac{2 \times 10}{9.8}} \cdot \dfrac{1}{0.537} = 2.66$

ただしこの種の滑り台は公園には設置できないでしょう。なぜならこれは、**スタート地点では垂直に落ちる**からです。遊園地ではおもしろいかもしれませんが、スタート地点では垂直に切り立っているので、相当な恐怖でしょうからリュージュのようなものは必要かもしれません。

高さ $50m$ からサイクロイド滑り台を滑り降りると、終端部での時速は $113km$ にもなるので、単に垂直落下して減速するよりはおもしろいでしょうが、今度は長さが $150m$ は必要で、移動手段が大変です。出口での速度は高さのみに依存し、その途中の形状には一切依存しません。

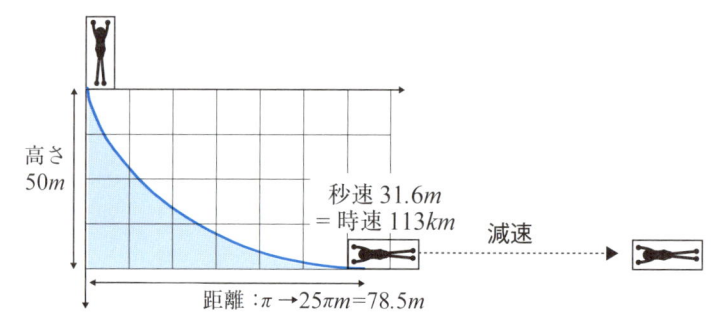

あるいは、ふつうの滑り台とサイクロイド滑り台の中間の滑り台を設計すればおもしろいかもしれません。出口での速度はどちらの場合も変わらないので、公園にも設置できそうです。

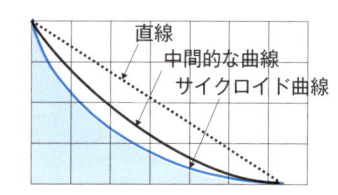

[3] 地球サイズのサイクロイドトンネルを考える

このサイクロイド曲線の滑り台を地球規模に拡大してみましょう。東京からロサンゼルスまで、真空のサイクロイドトンネルを掘った場合、何秒くらいでロサンゼルスに到達できるのでしょうか。

この場合、サイクロイドトンネルでは距離と深さの比が一定で、計算には2点間の直線距離が必要です。東京 − ロサンゼルス間の地表上距離 $8820km$ から直線距離 $8129km$ を求め、右段に示すように計算すると、所要時間は 38 分となり、P.85 に示した**直線状の弾丸列車**よりは約1割遅くなります。

ただしこの場合のサイクロイドトンネルの最深部の深さは 4053 km となり、この深度は地球の外核の中で、そこの温度は摂氏約6000度の高温です (P.85 参照)。

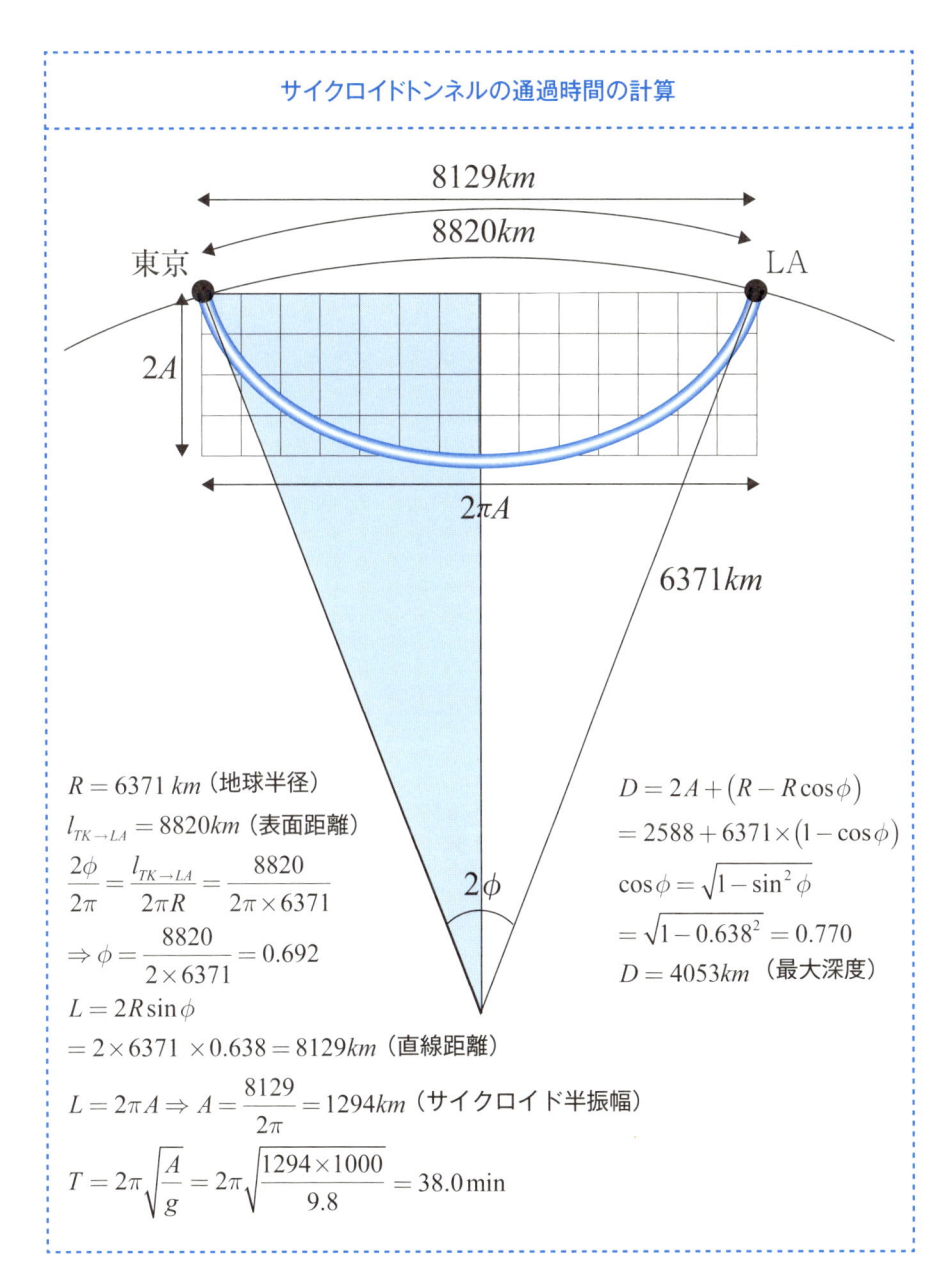

サイクロイドトンネルの通過時間の計算

$R = 6371\ km$ （地球半径）
$l_{TK \to LA} = 8820 km$ （表面距離）
$\dfrac{2\phi}{2\pi} = \dfrac{l_{TK \to LA}}{2\pi R} = \dfrac{8820}{2\pi \times 6371}$
$\Rightarrow \phi = \dfrac{8820}{2 \times 6371} = 0.692$
$L = 2R \sin\phi$
$= 2 \times 6371 \times 0.638 = 8129 km$ （直線距離）
$L = 2\pi A \Rightarrow A = \dfrac{8129}{2\pi} = 1294 km$ （サイクロイド半振幅）
$T = 2\pi \sqrt{\dfrac{A}{g}} = 2\pi \sqrt{\dfrac{1294 \times 1000}{9.8}} = 38.0 \min$

$D = 2A + (R - R\cos\phi)$
$= 2588 + 6371 \times (1 - \cos\phi)$
$\cos\phi = \sqrt{1 - \sin^2\phi}$
$= \sqrt{1 - 0.638^2} = 0.770$
$D = 4053 km$ （最大深度）

第5章 ベクトル解析はどう使う

第5章ではベクトルの微積分を解説します。ベクトル解析は、偏微分の代表的な応用分野の1つです。この分野では $grad$、div、rot の3つのツールの理解から始まります。

$$\mathrm{rot}\mathbf{F} = \nabla \times \mathbf{F} = \left(\frac{\partial}{\partial x}, \frac{\partial}{\partial y}, \frac{\partial}{\partial z}\right) \times (F_x, F_y, F_z)$$

$$= \left(\frac{\partial F_z}{\partial y} - \frac{\partial F_y}{\partial z}, \frac{\partial F_x}{\partial z} - \frac{\partial F_z}{\partial x}, \frac{\partial F_y}{\partial x} - \frac{\partial F_x}{\partial y}\right)$$

$$\iiint_V \mathrm{div}\mathbf{A}\,dV = \iint_{\partial V} \mathbf{A} \cdot \mathbf{n}\,dS$$

$$\iint_{\partial V} \mathbf{E} \cdot \mathbf{n}\,dS = \frac{Q}{\varepsilon_0}$$

$$\nabla \cdot \mathbf{F} = \left(\frac{\partial}{\partial x}, \frac{\partial}{\partial y}, \frac{\partial}{\partial z}\right) \cdot (F_x, F_y, F_z) = \frac{\partial F_x}{\partial x} + \frac{\partial F_y}{\partial y} + \frac{\partial F_z}{\partial z} = \mathrm{div}\mathbf{F}$$

$$\iint_S \mathrm{rot}\mathbf{A} \cdot d\mathbf{S} = \int_C \mathbf{A} \cdot d\mathbf{l}$$

$$\nabla \equiv \frac{\partial}{\partial x}\mathbf{i} + \frac{\partial}{\partial y}\mathbf{j} + \frac{\partial}{\partial z}\mathbf{k} = \left(\frac{\partial}{\partial x}, \frac{\partial}{\partial y}, \frac{\partial}{\partial z}\right)$$

$$\nabla f = \frac{\partial f}{\partial x}\mathbf{i} + \frac{\partial f}{\partial y}\mathbf{j} + \frac{\partial f}{\partial z}\mathbf{k} = \left(\frac{\partial f}{\partial x}, \frac{\partial f}{\partial y}, \frac{\partial f}{\partial z}\right) = \mathrm{grad}f$$

Sec.1 ベクトル解析から マクスウェルの方程式へ

[1] ベクトルと微積分の融合

　ベクトル解析は、ベクトルと微積分の融合であり、物理数学では避けて通れないものです。本章のベクトル解析は、次の3点を目指します。しかしほかの数学とは違って「何かを計算で得る」というよりは、イメージを形成するための理論的な数学です。実際に登場する記号などを表示して、その中身を紹介しましょう。

●3つのツールの理解

　高校で学んだベクトルに常微分や偏微分の考え方を持ち込んで、空間の3つの数字の組が形づくる、3つのツール（作用素）「grad（勾配）」「div（発散）」「rot（回転）」のイメージを理解することを目指します。

勾配　　$\mathrm{grad} f = \nabla f = \dfrac{\partial f}{\partial x}\mathbf{i} + \dfrac{\partial f}{\partial y}\mathbf{j} + \dfrac{\partial f}{\partial z}\mathbf{k}$

発散　　$\mathrm{div}\mathbf{F} = \nabla \cdot \mathbf{F} = \dfrac{\partial F_x}{\partial x} + \dfrac{\partial F_y}{\partial y} + \dfrac{\partial F_z}{\partial z}$

回転　　$\mathrm{rot}\mathbf{F} = \nabla \times \mathbf{F} = \left(\dfrac{\partial F_z}{\partial y} - \dfrac{\partial F_y}{\partial z}\right)\mathbf{i} + \left(\dfrac{\partial F_x}{\partial z} - \dfrac{\partial F_z}{\partial x}\right)\mathbf{j} + \left(\dfrac{\partial F_y}{\partial x} - \dfrac{\partial F_x}{\partial y}\right)\mathbf{k}$

●3つの積分定理の理解

　ベクトル解析の果実として、次の2つの定理を理解することを目指します。
- ●体積分と面積分を関係づける定理　　ガウスの発散定理
- ●面積分と線積分を関係づける定理　　ストークスの定理

ガウスの発散定理　　$\iiint_V \mathrm{div}\mathbf{A}\,dV = \iint_{\partial V} \mathbf{A} \cdot n\,dS$

ストークスの定理　　$\iint_S \mathrm{rot}\mathbf{A} \cdot dS = \int_C \mathbf{A} \cdot dl$

たとえば電場の根源である電荷を求めるには、単なる微分では電荷にたどりつけず、特異点に正面から取り組まなければならなくなります。このガウスの発散定理がもっとも近道です。こんなことから、ベクトル解析は物理数学で必須であることがわかります。

●マクスウェルの電磁方程式の理解

電磁気学でもっとも重要なマクスウェルの電磁方程式は、「grad（勾配）」「div（発散）」「rot（回転）」を使って記述されます。

マクスウェルの方程式 $\begin{cases} \nabla \cdot \mathbf{E} = \dfrac{\rho}{\varepsilon_0} \\ \nabla \cdot \mathbf{B} = 0 \end{cases} \begin{cases} \nabla \times \mathbf{E} = -\dfrac{\partial \mathbf{B}}{\partial t} \\ \nabla \times \mathbf{B} = \mu_0 \varepsilon_0 \dfrac{\partial \mathbf{E}}{\partial t} + \mu_0 \mathbf{j} \end{cases}$

記号の羅列を見ると、最初は何が何だかわからないでしょうが、これらの記号を物理現象と結びつけて、使いこなせるようになることを目指します。

まず本節では、ベクトル解析のツールを解説します。

[2] ベクトルの内積と外積
●ベクトルとスカラー

ベクトルとは「大きさと向きを持つ量」と定義されますが、スカラーは、大きさのみを持つ量のことをいいます。スカラーはラテン語の「階段または目盛」を意味する $scala$ からきたもので、その英語は「$scalar$」（スケール、定規）です。「1つのスケール上に含まれるすべての数値」ともいわれます。たとえば、速度 $\mathbf{v}$ は向きがあるのでベクトルですが、速度の大きさ $v=|\mathbf{v}|$ はスカラーです。

●ベクトルの内積

ベクトルの内積とはベクトル $\mathbf{A}=(a_x, a_y, a_z)$ とベクトル $\mathbf{B}=(b_x, b_y, b_z)$ に対して「$\mathbf{A}\cdot\mathbf{B}$」で表し、$a_x b_x + a_y b_y + a_z b_z$ で定義されます。これは、2つのベクトルから1つのスカラーを生み出す操作であり、2つのベクトルがなす角度を θ とすると、次のようになります。

$$\mathbf{A} \cdot \mathbf{B} = a_x b_x + a_y b_y + a_z b_z = |\mathbf{A}||\mathbf{B}|\cos\theta$$

内積のイメージを次頁の図に示します。

●ベクトルの内積と外積

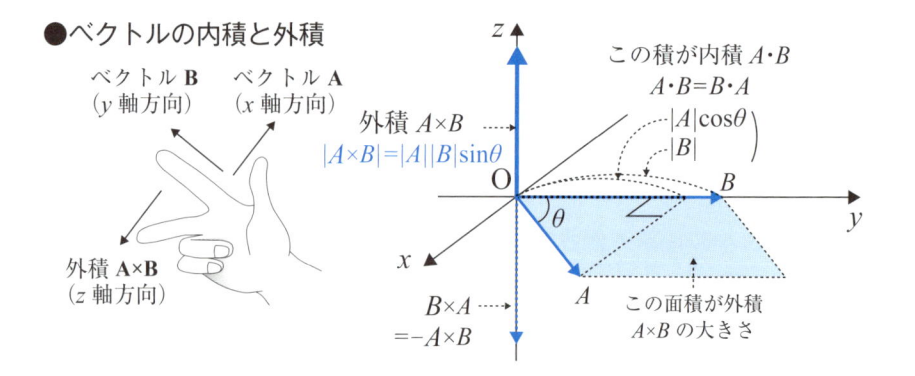

●ベクトルの外積

ベクトルの内積は高校数学で学びましたが、ベクトルの外積は大学数学から登場するもので、ベクトル $A=(a_x, a_y, a_z)$ とベクトル $B=(b_x, b_y, b_z)$ に対して「$A \times B$」で表し、$(a_y b_z - a_z b_y, a_z b_x - a_x b_z, a_x b_y - a_y b_x)$ で定義されます。これは、2つのベクトルから1つのベクトルを生み出す操作であり、2つのベクトルがなす角度を θ とすると、次のように表せます。

$A \times B = (a_y b_z - a_z b_y, a_z b_x - a_x b_z, a_x b_y - a_y b_x)$

$|A \times B| = |A||B|\sin\theta$

上の図で $|A|\sin\theta$ がベクトル A とベクトル B が構成する平行四辺形の高さを表すので、**ベクトルの外積の大きさは平行四辺形の面積に相当します**。2次元の場合はベクトル A とベクトル B で構成する2行2列の行列の行列式にも一致します（P.65 参照）が、3次元以上では記述が複雑になるので割愛します。

$A \times B$ の向きは、一般的には、x 軸に A、y 軸に B を添わせた場合の z 軸の向き、あるいは右手の親指を A、人差し指を B としたときに中指が指す向きです。したがって外積ベクトルは、電磁気の法則を表すのに便利です。

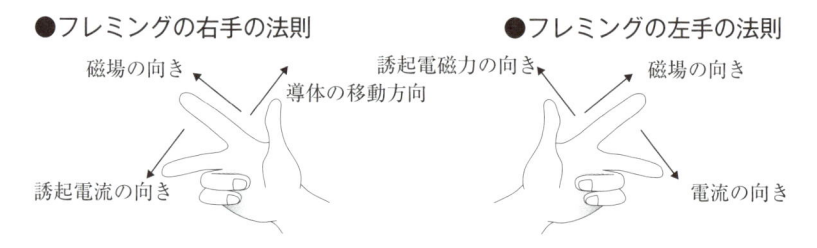

●フレミングの右手の法則　　　　●フレミングの左手の法則

ベクトルの内積では「$\mathbf{A}\cdot\mathbf{B} = a_x b_x + a_y b_y + a_z b_z = \mathbf{B}\cdot\mathbf{A}$」であり交換則が成立しましたが、ベクトルの外積では交換則が成立せず、「$\mathbf{A}\times\mathbf{B} = -\mathbf{B}\times\mathbf{A}$」となります。したがってベクトルの外積ではベクトルの順番が重要になります。

[3] ベクトルの grad、div と rot

div（ダイバージェンス）はベクトルからスカラーを、grad（グラディエント）はスカラーからベクトルを、rot（ローテーション）はベクトルからベクトルをつくるツールです。これら3つのツールはすべて、「ナブラ」（∇）という記号を使って表現することができます。

今後は、ベクトルは大文字の太字で、スカラーは小文字で表します。また、F_x などの添え字表記は偏微分を表すこともありますが、本書では成分を表します。$\mathbf{F}=\mathbf{F}(F_x, F_y, F_z)$ です。また、単位ベクトルは（$\mathbf{i}, \mathbf{j}, \mathbf{k}$）で表します。

ナブラは $(\partial/\partial x, \partial/\partial y, \partial/\partial z)$ または $\partial/\partial x\mathbf{i}+\partial/\partial y\mathbf{j}+\partial/\partial z\mathbf{k}$ で表される演算子ベクトルです。ナブラを使うと、3つのツールは次のように表現されます。

- grad： ナブラとスカラー f の積
- div： ナブラとベクトル $\mathbf{F}$ の内積
- rot： ナブラとベクトル $\mathbf{F}$ の外積

[4] gradは勾配を表す

ふつう勾配は方向と角度で定められますが、これはまさにベクトルであり、その勾配を表すのが、スカラー $f(x,y,z)$ の「勾配ベクトル grad f」です。勾配の大きさは、勾配ベクトルの大きさで表します。

$$\mathrm{grad} f = \frac{\partial f}{\partial x}\mathbf{i} + \frac{\partial f}{\partial y}\mathbf{j} + \frac{\partial f}{\partial z}\mathbf{k} = \left(\frac{\partial f}{\partial x}, \frac{\partial f}{\partial y}, \frac{\partial f}{\partial z}\right)$$

$$\nabla \equiv \frac{\partial}{\partial x}\mathbf{i} + \frac{\partial}{\partial y}\mathbf{j} + \frac{\partial}{\partial z}\mathbf{k} = \left(\frac{\partial}{\partial x}, \frac{\partial}{\partial y}, \frac{\partial}{\partial z}\right)$$

$$\nabla f = \frac{\partial f}{\partial x}\mathbf{i} + \frac{\partial f}{\partial y}\mathbf{j} + \frac{\partial f}{\partial z}\mathbf{k} = \left(\frac{\partial f}{\partial x}, \frac{\partial f}{\partial y}, \frac{\partial f}{\partial z}\right) = \mathrm{grad} f$$

これはナブラを使って表すこともできます。これを目で見るために、次のように球面を x, y の関数 z として考え、xy 平面でその勾配を表示すると、原点から離れるほど勾配が大きくなることがわかります。

$$z = f(x, y) = \sqrt{a^2 - x^2 - y^2}$$

$$\frac{\partial f}{\partial x} = \frac{-x}{\sqrt{a^2 - x^2 - y^2}} = -\frac{x}{z}$$

$$\frac{\partial f}{\partial y} = \frac{-y}{\sqrt{a^2 - x^2 - y^2}} = -\frac{y}{z}$$

$$df = \frac{\partial f}{\partial x} dx + \frac{\partial f}{\partial y} dy = \left(\frac{\partial f}{\partial x}, \frac{\partial f}{\partial y}\right) \cdot (dx, dy) = \nabla f \cdot (dx, dy)$$

　また、最下段の式が示すように、全微分（P.130 参照）は ∇f と微分ベクトル (dx, dy) の内積として表せます。

[5] divは発散を表す

　div **F** はある点における「湧き出し」または「吸い込み」を表します。湧き出しが負（div **F** <0）の場合は吸い込みを表します。div **F** は次のように表されます。

$$\mathrm{div}\mathbf{F} = \frac{\partial F_x}{\partial x} + \frac{\partial F_y}{\partial y} + \frac{\partial F_z}{\partial z}$$

$$\nabla \cdot \mathbf{F} = \left(\frac{\partial}{\partial x}, \frac{\partial}{\partial y}, \frac{\partial}{\partial z}\right) \cdot (F_x, F_y, F_z) = \frac{\partial F_x}{\partial x} + \frac{\partial F_y}{\partial y} + \frac{\partial F_z}{\partial z} = \mathrm{div}\mathbf{F}$$

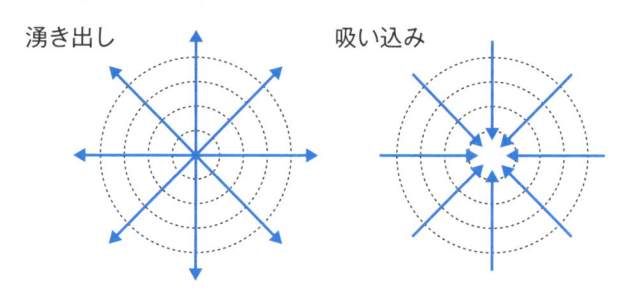

湧き出し　　　　　　　吸い込み

たとえば電場は電荷から湧き出すものであるため div **E**>0 ですが、磁場には磁荷（磁気単極子、モノポール）が存在しないので div **B**=0 となります（P.205参照）。div **F** は、大きさだけで方向を持たないスカラーです。ここで、静電場に関するガウスの法則に div を適用すれば、電場の根源である電荷が得られそうなものですが、そうはいきません。

$$\mathbf{E}(\mathbf{r}) = \frac{Q}{4\pi\varepsilon_0 |\mathbf{r}|^2} \frac{\mathbf{r}}{|\mathbf{r}|} = \frac{Q}{4\pi\varepsilon_0} \frac{\mathbf{r}}{r^3}$$

$$\mathbf{F}(\mathbf{r}) \equiv \frac{\mathbf{r}}{r^3} = \left(\frac{x}{(x^2+y^2+z^2)^{\frac{3}{2}}}, \frac{y}{(x^2+y^2+z^2)^{\frac{3}{2}}}, \frac{z}{(x^2+y^2+z^2)^{\frac{3}{2}}} \right)$$

$$\frac{\partial F_x}{\partial x} = (x^2+y^2+z^2)^{-\frac{3}{2}} + x\left(-\frac{3}{2}\right)(x^2+y^2+z^2)^{-\frac{5}{2}} \cdot 2x = (x^2+y^2+z^2)^{-\frac{5}{2}}\left[y^2+z^2-2x^2\right]$$

$$\frac{\partial F_y}{\partial y} = (x^2+y^2+z^2)^{-\frac{5}{2}}\left[z^2+x^2-2y^2\right], \quad \frac{\partial F_z}{\partial z} = (x^2+y^2+z^2)^{-\frac{5}{2}}\left[x^2+y^2-2z^2\right]$$

$$\therefore \nabla \cdot \mathbf{F} = 0 \Rightarrow \nabla \cdot \mathbf{E} = 0?$$

静電場に div を適用すると、上に示すように div **E**=0 となってしまいます。これは**電荷が存在する原点が特異点に当たる**ためで、この問題を解決するにはいくつかの方法がありますが、一番わかりやすいのは P.198 で解説する「ガウスの発散定理」を利用して div **E** の積分を再定義するという考え方です。

[6] rotは回転を表す

次は回転を表すベクトル演算 rot **F** を説明します。ベクトルの外積が回転を表しているので、ベクトルの回転を表す演算 rot **F** はこれに似た形になるだろうということは想像できます。

$$\text{rot}\,\mathbf{F} = \nabla \times \mathbf{F}$$
$$= \left(\frac{\partial F_z}{\partial y} - \frac{\partial F_y}{\partial z}\right)\mathbf{i} + \left(\frac{\partial F_x}{\partial z} - \frac{\partial F_z}{\partial x}\right)\mathbf{j} + \left(\frac{\partial F_y}{\partial x} - \frac{\partial F_x}{\partial y}\right)\mathbf{k}$$

この表記が回転を示すことを確認します。次頁の図のように、縦横が $dx \times dy$ の微小領域を考え、ここで回転をどう表すかというと、この領域の周囲をぐるっと回る経路を考えます。

$$-\mathbf{F}(x, y+dy) \cdot dx\mathbf{i}$$

$$(rot\mathbf{F})z$$

$$dy\mathbf{j}$$

$$-\mathbf{F}(x, y) \cdot dy\mathbf{j} \qquad \mathbf{F}(x+dx, y) \cdot dy\mathbf{j}$$

$$(x,y) \quad dx\mathbf{i}$$

$$rot\mathbf{F} = \nabla \times \mathbf{F}$$

$$\mathbf{F}(x, y) \cdot dx\mathbf{i} = \left(\frac{\partial F_z}{\partial y} - \frac{\partial F_y}{\partial z}\right)\mathbf{i} + \left(\frac{\partial F_x}{\partial z} - \frac{\partial F_z}{\partial x}\right)\mathbf{j} + \left(\frac{\partial F_y}{\partial x} - \frac{\partial F_x}{\partial y}\right)\mathbf{k}$$

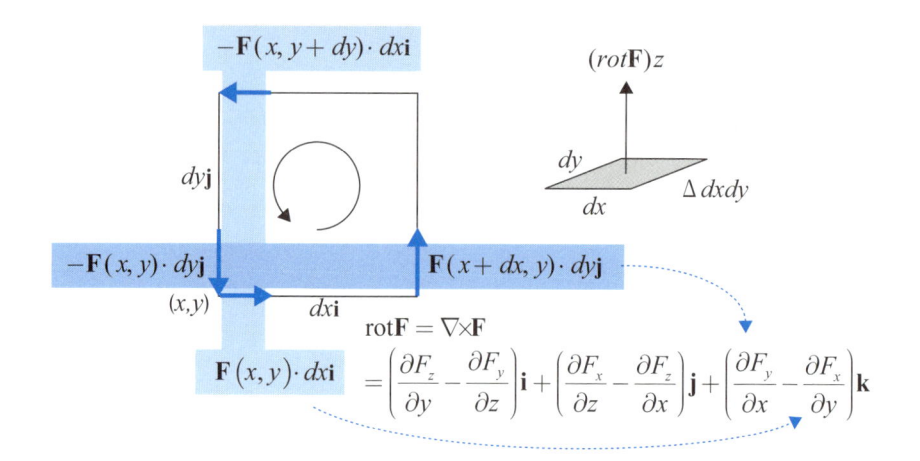

この計算で $(rot\,\mathbf{F})_z$ を求めます。ベクトル量 $\mathbf{F}(x,y,z)$ の z 軸に垂直な成分だけを $F(x,y)$ とおき、その x 軸方向成分 F_x と y 軸方向成分 F_y を抜き出すために、各軸に平行な単位ベクトルとの内積を取ります。

第1項には x の偏微分、第2項は y の偏微分が必要です。ベクトルの始点を (x,y) と $(x+dx, y)$、(x,y) と $(x, y+dy)$ に選びます（単位ベクトルの向きと dx、dy の符号に要注意）。そしてその差分を $dS_z = dxdy$ で微分すると $(rot\,\mathbf{F})_z$ が得られます。

$$\mathbf{F}(x, y, z) = \left(F_x(x,y,z), F_y(x,y,z), F_z(x,y,z)\right)$$
$$\mathbf{F}(x, y) \equiv \left(F_x(x,y), F_y(x,y), F_z(x,y)\right)$$
$$d\mathbf{x} = (dx\mathbf{i}, dx\mathbf{j}, dx\mathbf{k})$$

$$\begin{cases} F_x(x,y) = \mathbf{F}(x,y) \cdot dx\mathbf{i} \\ F_y(x,y) = \mathbf{F}(x,y) \cdot dy\mathbf{j} \\ F_z(x,y) = \mathbf{F}(x,y) \cdot dz\mathbf{k} \end{cases}$$

$$dR_z = \mathbf{F}(x+dx, y) \cdot dy\mathbf{j} - \mathbf{F}(x, y) \cdot dy\mathbf{j} - \mathbf{F}(x, y+dy) \cdot dx\mathbf{i} + \mathbf{F}(x, y) \cdot dx\mathbf{i}$$
$$= \left[F_y(x+dx, y) - F_y(x, y)\right]dy - \left[F_x(x, y+dy) - F_x(x, y)\right]dx$$
$$= \frac{F_y(x+dx, y) - F_y(x, y)}{dx}dxdy - \frac{F_y(x+dx, y) - F_y(x, y)}{dy}dxdy$$
$$= \frac{\partial F_y}{\partial x}dxdy - \frac{\partial F_x}{\partial y}dxdy = \left(\frac{\partial F_y}{\partial x} - \frac{\partial F_x}{\partial y}\right)dxdy$$

$$dS_z \equiv dxdy$$

$$\frac{dR_z}{dS_z} = \frac{\partial F_y}{\partial x} - \frac{\partial F_x}{\partial y} \equiv (rot\mathbf{F})_z \qquad \text{同様に} \quad \begin{cases} \dfrac{dR_x}{dS_x} = \dfrac{\partial F_z}{\partial y} - \dfrac{\partial F_y}{\partial z} \equiv (rot\mathbf{F})_x \\ \dfrac{dR_y}{dS_y} = \dfrac{\partial F_x}{\partial z} - \dfrac{\partial F_z}{\partial x} \equiv (rot\mathbf{F})_y \end{cases}$$

得られた回転ベクトルの形式は確かに外積に似ており、これによって右頁上図の

ように、流れから回転を抜き出す機能を持っています。

$$A \times B = (a_y b_z - a_z b_y, a_z b_x - a_x b_z, a_x b_y - a_y b_x)$$

$$\text{rot}\mathbf{F} = \nabla \times \mathbf{F} = \left(\frac{\partial}{\partial x}, \frac{\partial}{\partial y}, \frac{\partial}{\partial z}\right) \times (F_x, F_y, F_z)$$

$$= \left(\frac{\partial F_z}{\partial y} - \frac{\partial F_y}{\partial z}, \frac{\partial F_x}{\partial z} - \frac{\partial F_z}{\partial x}, \frac{\partial F_y}{\partial x} - \frac{\partial F_x}{\partial y}\right)$$

[7] grad、div と rot の線型性の確認と相互の演算

3つのツールが得られたので、これらの簡単なルールと相互関係を示しておきます。まず、3つの演算の線型性は明らかでしょう。

$$\begin{cases} \text{grad}(\alpha f + \beta g) = \alpha \text{grad}\, f + \beta \text{grad}\, g \\ \text{div}(a\mathbf{F} + b\mathbf{G}) = a\,\text{div}(\mathbf{F}) + b\,\text{div}(\mathbf{G}) \\ \text{rot}(a\mathbf{F} + b\mathbf{G}) = a\,\text{rot}(\mathbf{F}) + b\,\text{rot}(\mathbf{G}) \end{cases}$$

偏微分の順番は例外を除いて入れ替え可能です。ベクトル量の回転の発散や、スカラー量の勾配の回転は、同じものが打ち消し合って、両方とも零ベクトルになります。勾配の発散は ∇^2（ナブラの2乗）または Δ（ラプラシアン）とも表記されます。

$$\nabla \times (\nabla f) = \nabla \cdot (\nabla \times \mathbf{F}) = \vec{0}$$

$$\Delta = \frac{\partial^2}{\partial x^2} + \frac{\partial^2}{\partial y^2} + \frac{\partial^2}{\partial z^2} = \nabla^2, \quad \Delta f = \nabla \cdot (\nabla f) = \text{div}(\text{grad}\, f)$$

次が驚異の3階の関係式で、本章末尾のマクスウェルの方程式で利用します。

$$[\nabla \times (\nabla \times \mathbf{A})]_x = \frac{\partial}{\partial y}(\nabla \times \mathbf{A})_z - \frac{\partial}{\partial z}(\nabla \times \mathbf{A})_y$$

$$[\nabla \times (\nabla \times \mathbf{A})]_x - [\nabla(\nabla \cdot \mathbf{A})]_x$$

$$= \frac{\partial}{\partial y}\left[\frac{\partial A_y}{\partial x} - \frac{\partial A_x}{\partial y}\right] - \frac{\partial}{\partial z}\left[\frac{\partial A_x}{\partial z} - \frac{\partial A_z}{\partial x}\right] - \frac{\partial}{\partial x}\left(\frac{\partial A_x}{\partial x} + \frac{\partial A_y}{\partial y} + \frac{\partial A_z}{\partial z}\right)$$

$$= -\left(\frac{\partial^2}{\partial y^2} + \frac{\partial^2}{\partial z^2} + \frac{\partial^2}{\partial x^2}\right) A_x \Rightarrow \nabla \times (\nabla \times \mathbf{A}) = \nabla(\nabla \cdot \mathbf{A}) - \nabla^2 \mathbf{A}$$

Sec.2 ベクトル解析のための線積分、面積分と体積分

[1] 線積分、面積分と体積分とは何か

　ベクトル解析では、線積分、面積分（二重積分）や体積分（三重積分）が頻出します。多変数の積分を多重積分といいます。これら自体の計算は非常に便利ですが、ベクトル解析では複雑な計算ではなく概念的な理解だけで十分です。とはいえ初対面の概念でしょうから、本節では簡単な解説をしておきますので、イメージをつかんでください。

　またベクトル解析では、面積や体積などのスカラー量だけではなくベクトル量の積分も登場します。これらは、**ベクトル量と線素ベクトル・面素ベクトルとの内積を積分するもの**です。体積分はスカラー量の積分です。

　またこれらの積分では、複雑かつ難解な用語が本来は必要ですが、本書では正確さには若干目をつぶって、できるだけ簡略化し、わかりやすく説明します。正確な内容はあらためて専門書を参照してください。

[2] 線積分とはどんなものか

　ふつうの積分は主としてx軸上で変数が動き、それに対する関数$f(x)$の値を積分して面積などを求める、というものでしたが、線積分という場合には、**任意の曲線に沿って関数を積分する**ことを意味します。線積分の積分路をx軸上にとれば、これは普通の積分になります。線積分は、ふつうの積分の積分路を、空間の曲線に一般化したものです。

　ベクトル解析では「閉曲線C上で積分する」という概念的な話が多く登場します。スカラー量の曲線Cに沿った線積分、ベクトル量の曲線Cに沿った線積分は曲線の名前を付記して次のように表します。特に曲線が閉曲線の場合「閉曲線Cに沿っ

ての周回積分」と呼び、積分記号に○を加えた記号で表すことがあります。

スカラー量の
曲線 C に沿った　$\int_C f(x,y)ds$
線積分

ベクトル量の
曲線 C に沿った　$\int_C \mathbf{F}(x,y)\cdot d\mathbf{s}$
線積分

スカラー量の
閉曲線 C に沿った　$\oint_C f(x,y)ds$
周回積分

ベクトル量の
閉曲線 C に沿った　$\oint_C \mathbf{F}(x,y)\cdot d\mathbf{s}$
周回積分

●例1：スカラー関数の曲線上の線積分

　直線 $y=(1/2)x$ 上で $z=f(x,y)=xy$ を $(0,0)$ から $(2,1)$ まで積分します。右下図の白線が積分路を表します。線積分とはこのように、積分路を自由に設定して積分するものです。スカラー関数 f の変数を、直線 $y=(1/2)x$ 上の s で行うためには、$x \to s$ の変換が必要です。

$$I_1 = \int_C f(x,y)ds = \int_{(0,0)}^{(2,1)} xy\,ds = \int_{(0,0)}^{(2,1)} \frac{1}{2}x^2 ds$$

$$s = \sqrt{x^2 + y^2} = \sqrt{x^2 + \left(\frac{x}{2}\right)^2} = \frac{\sqrt{5}}{2}x \Rightarrow x^2 = \frac{4}{5}s^2$$

$$I_1 = \int_0^{\sqrt{5}} \left(\frac{1}{2}\right)\left(\frac{4}{5}\right)s^2 ds = \frac{2}{5}\left[\frac{1}{3}s^3\right]_0^{\sqrt{5}} = \frac{2}{15}5\sqrt{5} = \frac{2\sqrt{5}}{3}$$

この場合は直線上の積分なのでまだ簡単なのですが、もっと一般的には曲線をパラメータ表示します。この場合には、直線上の位置を $\mathbf{r}=2t\mathbf{i}+t\mathbf{j}$ とおいてその長さ s を求め、パラメータ t で積分します。

$$\begin{cases} x=2t \\ y=t \end{cases} \quad \begin{cases} \mathbf{s}=2t\mathbf{i}+t\mathbf{j} \\ s=|\mathbf{r}|=\sqrt{5}t \end{cases}$$

$$I_2 = \int_C f(x,y)ds = \int_{(0,0)}^{(2,1)} t\cdot 2t\,ds = \int_0^1 2t^2\sqrt{5}\,dt$$

$$= 2\sqrt{5}\int_0^1 t^2 dt = 2\sqrt{5}\left[\frac{1}{3}t^3\right]_0^1 = \frac{2\sqrt{5}}{3} = I_1$$

191

●例2：ベクトル関数の曲線上の線積分

前例で具体例は示せたので、今度はもう少し本質的な例を示しましょう。位置エネルギーは重力に逆らって仕事をした場合のその仕事の蓄積ですが、ベクトル解析ではこれを次のようにあつかいます。

高さを表す関数 $z=f(x,y)$ を考え、その勾配 ∇f の位置 $\mathbf{r}_a$ から位置 $\mathbf{r}_b$ までの線積分を考え、その経路を C とします。ベクトルの線積分は「ベクトル量と線素ベクトルとの内積を積分するもの」と述べました。勾配 ∇f と線素ベクトルとの内積は次のようになります。これはスカラー関数 f の全微分に相当します。

$$z(\mathbf{r}) = f(x,y), \quad I_3 = \int_C \nabla f \cdot d\mathbf{r}$$

$$\nabla f \cdot d\mathbf{r} = \left(\frac{\partial f}{\partial x}, \frac{\partial f}{\partial y}\right) \cdot (dx, dy) = \frac{\partial f}{\partial x} dx + \frac{\partial f}{\partial y} dy = df$$

これを積分すると、元の z の関数の差分が得られます。

$$I_3 = \int_C \nabla f \cdot d\mathbf{r} = \int_C df = \int_C dz = [z]_{\mathbf{r}_a}^{\mathbf{r}_b} = z(\mathbf{r}_b - \mathbf{r}_a)$$

すると、位置エネルギーに限らず任意のスカラー関数 $f(r)$ の勾配 $\nabla f(r)$ の線積分は「**始点と終点の位置だけで決まり、積分経路によらない**」ことがわかります。

●例3：力の線積分は仕事

これらと同様に、力 $\mathbf{F}$ で曲線 C に沿って質点を運んだ仕事は次のように表されます。これが仕事の本質的で一般的な定義です。ベクトル量の線積分はこのように利用されます。

$$W = \int_C \mathbf{F} \cdot d\mathbf{r}$$

●例4：単位ベクトルの線積分は線素の積分

$\mathbf{v} = (1,1,1) = \mathbf{i} + \mathbf{j} + \mathbf{k}$ とおいた場合、$\mathbf{v} \cdot d\mathbf{r}$ は微小線素の長さを表すので、

$$L = \int_C \mathbf{v} \cdot d\mathbf{r} = \int_C ds$$

ということがいえます。

●例5：もっとも簡単な周回積分

円周上で一定の高さの積分は円柱の側面積です。これがもっとも簡単な例ですが、周回積分の理解には好例だと思います。

$$\begin{cases} S = \oint_C f(x,y)ds \\ f(x,y) = h \end{cases} \begin{cases} x = r\cos\theta \\ y = r\sin\theta \end{cases} ds = \sqrt{\left(\frac{dx}{d\theta}\right)^2 + \left(\frac{dy}{d\theta}\right)^2} d\theta = rd\theta$$

$$S = \oint_C f(x,y)ds = \int_0^{2\pi} hr d\theta = hr \int_0^{2\pi} d\theta = 2\pi rh$$

[3] 面積分とはどんなものか

面積分は、ベクトルの曲面上の積分であり、ベクトルと曲面を構成する面素ベクトルの内積の積分です。これが次式の意味です。

$$\iint_{\partial V} \mathbf{A} \cdot ndS = \iint_S \mathbf{A} \cdot ndS = \iint_S \mathbf{A} \cdot n dxdy$$

積分する曲面は、曲面 S や曲面が囲む領域 V などを使って指定します。

●面素ベクトルはベクトルの外積

曲面上の平行ではない2つのベクトル $d\mathbf{r}_\alpha = \mathbf{r}_\alpha d\alpha$ と $d\mathbf{r}_\beta = \mathbf{r}_\beta d\beta$ で、微小な平行四辺形が構成でき、その面積は $d\mathbf{r}_\alpha \times d\mathbf{r}_\beta$ で表されます。ここで、$\mathbf{r}_\alpha$ と $\mathbf{r}_\beta$ は単位ベクトルです。

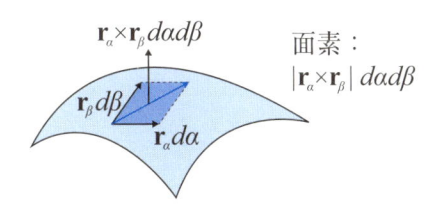

面素：$|\mathbf{r}_\alpha \times \mathbf{r}_\beta| d\alpha d\beta$

面素ベクトルは、

$$d\mathbf{S} = d\mathbf{r}_\alpha \times d\mathbf{r}_\beta = \mathbf{r}_\alpha \times \mathbf{r}_\beta d\alpha d\beta$$

で表され、外積の定義からこれは曲面の法線ベクトルともなります。面素（の大きさ）は

$$dS = |d\mathbf{r}_\alpha \times d\mathbf{r}_\beta| = |\mathbf{r}_\alpha \times \mathbf{r}_\beta| d\alpha d\beta$$

です。法線方向の単位ベクトルを $\mathbf{n}$ とおくと、

$$d\mathbf{S} = \mathbf{n}\,dS$$

と表すこともできます。法線ベクトルの向きは、内向きでも外向きでも都合に合わせて設定します。面素ベクトルは曲面上でのベクトル場の面積分に利用します。α,β が x,y の場合は次のように表します。

$$\begin{cases} d\mathbf{r}_x = \dfrac{\partial}{\partial x}\mathbf{r} \\ d\mathbf{r}_y = \dfrac{\partial}{\partial y}\mathbf{r} \end{cases} \Rightarrow \begin{cases} d\mathbf{S} = d\mathbf{r}_x \times d\mathbf{r}_y = \mathbf{r}_x \times \mathbf{r}_y\,dxdy \\ |\mathbf{r}| = 1 \end{cases}$$

$$\begin{cases} \mathbf{n} = \mathbf{r}_x \times \mathbf{r}_y \\ |d\mathbf{S}| = dS \end{cases} \Rightarrow \begin{cases} d\mathbf{S} = \mathbf{n}\,dS = \mathbf{r}_x \times \mathbf{r}_y\,dS \\ dS = dxdy \end{cases}$$

●面積分の例1：一様な流れの平面積分

ベクトル場 $\mathbf{A}(x,y,z)$ の xy 平面に平行な面 S についての面積分を考えます。ただし面 S とは、$z=3$ で、$-2 \leq x,y \leq 2$ の正方形の面とします。

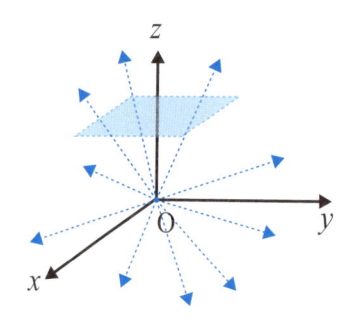

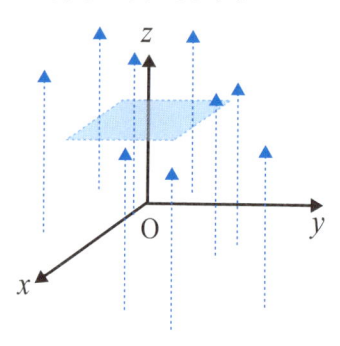

上左図は発散するベクトルであり、上右図は、z 方向に向いた一様なベクトルを表しています。これは、たとえばベクトル量 $\mathbf{A}(x,y,z)=(0,0,3)$ を表すもので、これによって、面素ベクトルは次のようになり、

$$dS = |d\mathbf{x} \times d\mathbf{y}| = dxdy$$

面積分は次のようになります。

$$I = \int_S \mathbf{A} \cdot d\mathbf{S} = \int_S (A_x, A_y, A_z) \cdot d\mathbf{S}$$
$$d\mathbf{S} = (0, 0, dxdy)$$

$$\mathbf{A}=(0,0,3) \quad (-2 \leq x, y \leq 2)$$
$$I = \int_{-2}^{2}\int_{-2}^{2} 3dxdy = 3\int_{-2}^{2}[x]_{-2}^{2}dy = 3[x]_{-2}^{2}[x]_{-2}^{2} = 48$$

●面積分の例2：一様な流れの球面積分

今度はベクトル場 $\mathbf{A}(0,0,z)$ の 半球面 $S: x^2+y^2+z^2=a^2 \, (z \geq 0)$ 上での面積分を計算します。この積分は、半球の体積の計算と同等であり、2倍すれば体積公式が得られます。

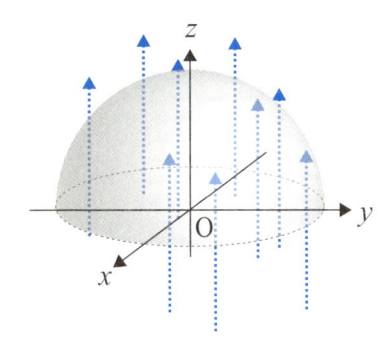

左頁上段で述べた法線ベクトルと面素の関係を利用します。

$$I = \int_S \mathbf{A} \cdot d\mathbf{S} = \int_S \mathbf{A} \cdot \mathbf{n} dS$$

$$\begin{cases} A = (0,0,z) \\ S: x^2+y^2+z^2 = a^2 \quad (z \geq 0) \end{cases}$$

$$\Rightarrow z = \sqrt{a^2 - x^2 - y^2}$$

$$\mathbf{r} = (x,y,z) = \left(x,y,\sqrt{a^2-x^2-y^2}\right)$$

$$d\mathbf{r} = \mathbf{r}_x dx + \mathbf{r}_y dy \Rightarrow \mathbf{n} = \mathbf{r}_x \times \mathbf{r}_y = \frac{\partial \mathbf{r}}{\partial x} \times \frac{\partial \mathbf{r}}{\partial y} \quad \text{（前頁参照）}$$

$$\begin{cases} \dfrac{\partial \mathbf{r}}{\partial x} = \left(1, 0, \dfrac{x}{\sqrt{a^2-x^2-y^2}}\right) \\ \dfrac{\partial \mathbf{r}}{\partial y} = \left(0, 1, \dfrac{y}{\sqrt{a^2-x^2-y^2}}\right) \end{cases} \Rightarrow \frac{\partial \mathbf{r}}{\partial x} \times \frac{\partial \mathbf{r}}{\partial y} = \begin{pmatrix} -\dfrac{x}{\sqrt{a^2-x^2-y^2}} \\ -\dfrac{y}{\sqrt{a^2-x^2-y^2}} \\ 1 \end{pmatrix}$$

$$I = \int_S \mathbf{A} \cdot \mathbf{n} dS = \int_S \begin{pmatrix} 0 \\ 0 \\ z \end{pmatrix} \begin{pmatrix} -\dfrac{x}{\sqrt{a^2-x^2-y^2}} \\ -\dfrac{y}{\sqrt{a^2-x^2-y^2}} \\ 1 \end{pmatrix} dxdy = \int_S z dxdy$$

$$= \int_S \sqrt{a^2-x^2-y^2}\, dxdy$$

$$I = \int_0^{2\pi}\left(\int_0^1 \sqrt{a^2-r^2}\, rdr\right) d\theta$$

$$= \int_0^{2\pi}\left(\left[-\frac{1}{3}(a^2-r^2)^{\frac{3}{2}}\right]_0^1\right) d\theta = \frac{2}{3}\pi a^3, \quad 2I = \frac{4}{3}\pi a^3$$

この積分を行うのには面素の大きさの直交座標から極座標への変換が必要であり、これは P.46 で示した通り

$$dxdy = rdrd\theta$$

です。結果を2倍して体積が得られました。z 成分しかなく、それが座標 z に等しいベクトルの面積分は、高さが z の球の体積と等しいということです。

[4] 体積分とはどんなものか

●体積要素はベクトルのスカラー三重積

空間における3つのベクトル $d\mathbf{r}_\alpha = \mathbf{r}_\alpha d\alpha$ と $d\mathbf{r}_\beta = \mathbf{r}_\beta d\beta$ と $d\mathbf{r}_\gamma = \mathbf{r}_\gamma d\gamma$ で、微小な平行六面体が構成できます（$\mathbf{r}_\alpha, \mathbf{r}_\beta, \mathbf{r}_\gamma$ は単位ベクトル）。2つのベクトル $d\mathbf{r}_\alpha = \mathbf{r}_\alpha d\alpha$ と $d\mathbf{r}_\beta = \mathbf{r}_\beta d\beta$ で1つの面の面素ベクトル $d\mathbf{r}_\alpha \times d\mathbf{r}_\beta = \mathbf{r}_\alpha \times \mathbf{r}_\beta d\alpha d\beta$ を構成できるので、体積要素は面素ベクトルと3つ目のベクトルの内積「スカラー三重積」で得られます。この体積要素はスカラーの体積分に利用します。

$$dV = d\mathbf{S} \cdot d\mathbf{r}_\gamma = (d\mathbf{r}_\alpha \times d\mathbf{r}_\beta) \cdot d\mathbf{r}_\gamma$$
$$= (\mathbf{r}_\alpha \times \mathbf{r}_\beta) \cdot \mathbf{r}_\gamma d\alpha d\beta d\gamma$$
$$d\alpha d\beta d\gamma \equiv dv \Rightarrow$$
$$dV = (\mathbf{r}_\alpha \times \mathbf{r}_\beta) \cdot \mathbf{r}_\gamma dv$$

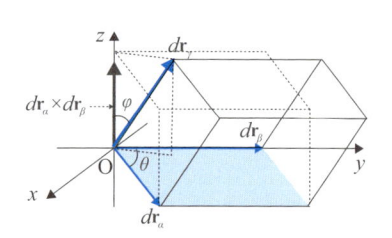

この先の計算を続けて球の体積を計算することもできないわけではないのですが、本書ではヤコビアンを解説していないので、ここで止めておきます。

●スカラー量の体積分の計算例：球の体積

三重積分の計算例として、左頁で面積分で計算した球の体積の三重積分での計算を示しておきます。x,y に対して a^2-z^2 は定数なので、積分領域の面積（四分円）を考慮して、次のように計算できます。

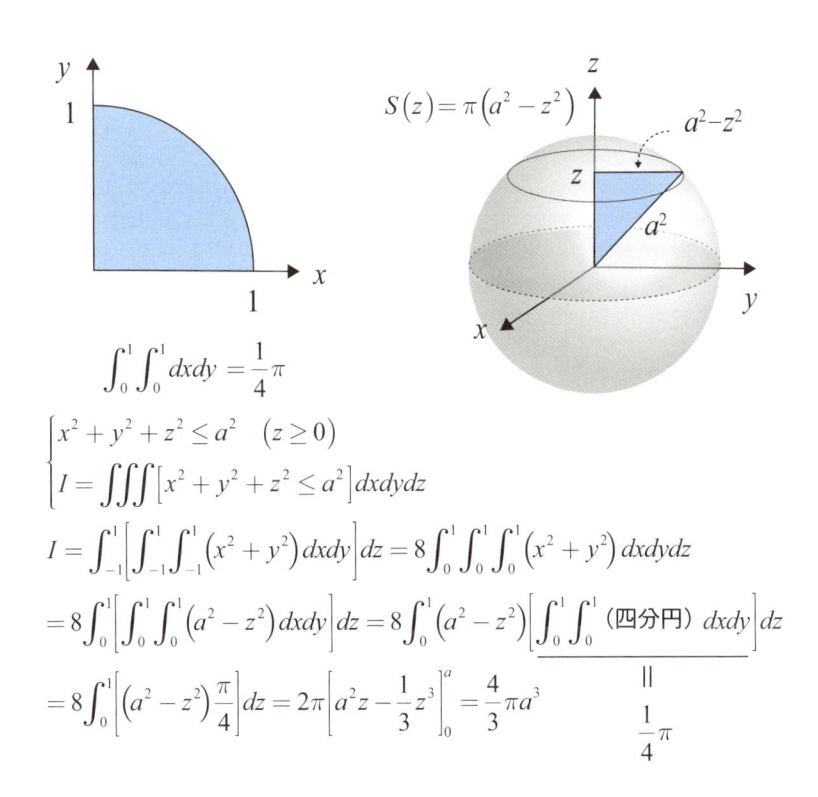

$$\int_0^1 \int_0^1 dxdy = \frac{1}{4}\pi$$

$$\begin{cases} x^2+y^2+z^2 \leq a^2 \quad (z \geq 0) \\ I = \iiint \left[x^2+y^2+z^2 \leq a^2\right] dxdydz \end{cases}$$

$$I = \int_{-1}^{1}\left[\int_{-1}^{1}\int_{-1}^{1}\left(x^2+y^2\right)dxdy\right]dz = 8\int_0^1\int_0^1\int_0^1\left(x^2+y^2\right)dxdydz$$

$$= 8\int_0^1\left[\int_0^1\int_0^1\left(a^2-z^2\right)dxdy\right]dz = 8\int_0^1\left(a^2-z^2\right)\underbrace{\left[\int_0^1\int_0^1 (四分円) \, dxdy\right]}_{=\;\frac{1}{4}\pi}dz$$

$$= 8\int_0^1\left[\left(a^2-z^2\right)\frac{\pi}{4}\right]dz = 2\pi\left[a^2 z - \frac{1}{3}z^3\right]_0^a = \frac{4}{3}\pi a^3$$

しかし実際には、次のように回転体の体積を計算する方が簡単です。

$$S(z) = \pi\left(a^2-z^2\right), I = \int_{-a}^{a} S(z)dz = \int_{-a}^{a}\pi\left(a^2-z^2\right)dz = 2\pi\left[a^2 z - \frac{1}{3}z^3\right]_0^a = \frac{4}{3}\pi a^3$$

Sec.3 ガウスの発散定理とストークスの定理

[1] ガウスの発散定理とガウスの法則

「領域 V の内部の発散の体積分は、その領域を囲む閉曲面 S 上の面積分に一致する」というのが「ガウスの発散定理」です。

$$\text{ガウスの発散定理} \quad \iiint_V \mathbf{div A} \, dV = \iint_{\partial V} \mathbf{A} \cdot \mathbf{n} \, dS$$

ガウスの発散定理は電磁気学において電荷と電場の関係を述べた「ガウスの法則」に対応しています。

$$\text{ガウスの法則} \quad \iint_{\partial V} \mathbf{E} \cdot \mathbf{n} \, dS = \frac{Q}{\varepsilon_0}$$

P.187 で、ガウスの法則で電場の発散を単純に求めても、電荷の位置が特異点に当たるために電荷が求められませんでした。だとしたら、**電荷を覆う閉曲面で囲んで面積分してしまえ**、というのがこの法則の背景です。

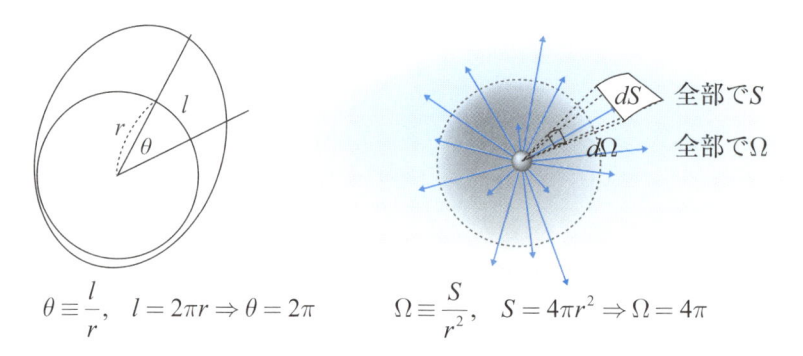

$\theta \equiv \dfrac{l}{r}, \quad l = 2\pi r \Rightarrow \theta = 2\pi$

全部で S
全部で Ω

$\Omega \equiv \dfrac{S}{r^2}, \quad S = 4\pi r^2 \Rightarrow \Omega = 4\pi$

角度の単位として、単位円周の長さ 2π に対する周の長さ l を「ラジアン」として使いますが、**空間では単位球の表面積 4π に対する面素 dS の占める割合で「立体角」を考えます。つまり、全立体角は 4π** です

●ガウスの法則の証明

ガウスの発散定理はガウスの法則の一般形ですが、ガウスの法則の証明の方が直感的に理解できます。まず、球の中心に電荷がある場合、球面上の電場の大きさは、$4\pi r^2$ を右辺から左辺に移動して、次のようになります。

$$|\mathbf{E}(\mathbf{r})| = \frac{Q}{4\pi\varepsilon_0 |\mathbf{r}|^2} \Leftrightarrow 4\pi |\mathbf{r}|^2 |\mathbf{E}(\mathbf{r})| = \frac{Q}{\varepsilon_0}$$

この左辺は、半径 r の球面に垂直で、すべて外側に向いた電場の大きさの全球面上での積分に相当し、右辺は電荷/真空誘電率です。これは、**電場を球面上で積分すると電荷÷真空誘電率が得られる**ことを表しています。

次に、球面ではなく一般的な曲面に囲まれた領域でのガウスの法則を証明します。この関係では電場の強さは r^2 に反比例しています。

電場ベクトルと法線ベクトルの内積は電場ベクトルの大きさに $\cos\theta$ をかけたものです。一方、対応する立体角 $d\Omega$ は単位球上の面素の面積に等しく、これと「曲面上の面素の大きさ dS と $\cos\theta$ の積」の比は距離の2乗に比例します。

$$\begin{cases} \mathbf{E}(x) \cdot \mathbf{n}(x) = \dfrac{Q}{4\pi\varepsilon_0} \dfrac{1}{r^2} \cos\theta \\ dS\cos\theta : d\Omega = r^2 : 1 \Rightarrow dS\cos\theta = r^2 d\Omega \end{cases}$$

$$\Rightarrow \mathbf{E}(x) \cdot \mathbf{n}(x) dS = \frac{Q}{4\pi\varepsilon_0} d\Omega$$

$$\int_S \mathbf{E}(x) \cdot \mathbf{n}(x) ds = \int_S \frac{Q}{4\pi\varepsilon_0} d\Omega = \frac{Q}{4\pi\varepsilon_0} \int_S d\Omega = \frac{Q}{4\pi\varepsilon_0} 4\pi = \frac{Q}{\varepsilon_0}$$

したがって、電場ベクトルと法線ベクトルの内積の曲面上の積分は、全立体角の大きさ 4π とその他の定数係数の積になります。

●ガウスの法則の微分形

前頁の関係をガウスの発散定理に代入して、電荷を電荷密度の体積分に置き換えて、被積分関数が等しいとおくと、次の「ガウスの法則の微分形」が得られます。D は電束密度と呼ばれます。**電束密度の発散が電荷です。**

$$\iiint_V \mathbf{div}\mathbf{E}\,dV = \iint_{\partial V} \mathbf{E}\cdot\mathbf{n}\,dS = \frac{Q}{\varepsilon_0} = \iiint_V \frac{\rho}{\varepsilon_0}\,dV \Rightarrow$$

$$\mathbf{div}\mathbf{E} = \frac{\rho}{\varepsilon_0}, \quad \mathbf{D} = \varepsilon_0 \mathbf{E} \Rightarrow \mathbf{div}\mathbf{D} = \rho$$

[2] 体積分と面積分を関係づけるガウスの発散定理
●ガウスの発散定理とは何か

ガウスの発散定理を再掲します。スカラー場における勾配の積分が始点と終点で決まることは P.192 で述べましたが、このガウスの発散定理もそれと同様に、ベクトルの発散の体積分はそれを取り囲む曲面で決まる、というものです。

$$\text{ガウスの発散定理}\quad \iiint_V \mathbf{div}\mathbf{A}\,dV = \iint_{\partial V} \mathbf{A}\cdot\mathbf{n}\,dS$$

次の図に示すように、曲面が囲む立体を無限数の微小立方体で分割すると、隣り合う微小立方体の接面で流れが打ち消し合うので、微小立方体の体積分の総和は立体を取り囲む曲面上の積分に帰着されます。

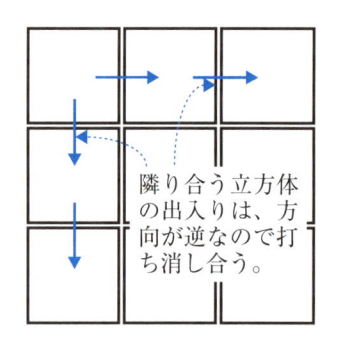

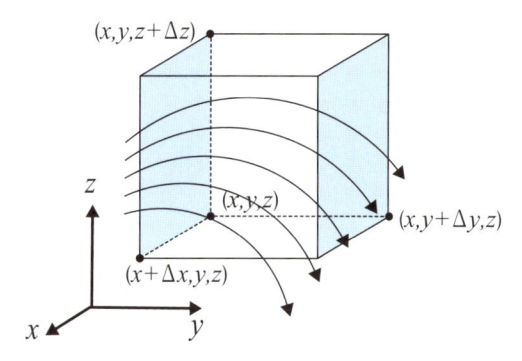

●ガウスの発散定理の証明

左頁下の図のように $\Delta x \times \Delta y \times \Delta z$ の微小立方体の y 軸に垂直な2面に出入りするベクトル量 **A** の増加分を計算します。面の中ではベクトル量 **A** の値の変化はないほど十分に小さい微小立方体を選ぶものとします。

$$F_y \equiv \int_{S_y} A_y(x, y+dy, z) dxdz - \int_{S_y} A_y(x, y, z) dxdz$$
$$= \int_{S_y} \left[A_y(x, y+dy, z) - A_y(x, y, z) \right] (d\mathbf{S})_y = \int_{S_y} (\mathbf{A} \cdot d\mathbf{S})_y$$

この積分の中身はベクトル量 **A** と面素ベクトルとの内積の一部に他ならず、同時にその中身の第1項は偏微分を使ったべき級数展開により、Δy の1次項と2次以上の項に展開できて、2次以上の項は十分小さいとして無視し、次のように積分できます（下の o は「ランダウの o 記号」と呼ばれ、数値のオーダーを表します）。

$$A_y(x, y+dy, z) = A_y(x, y, z) + \frac{\partial A_y}{\partial y}\Delta y + o\left((\Delta y)^2\right)$$
$$\therefore F_y = \int_{S_y} \frac{\partial A_y}{\partial y} dxdz \Delta y + \cdots = \frac{\partial A_y}{\partial y} \Delta x \Delta y \Delta z$$

ここで $F_x + F_y + F_z$ を計算すると、次の関係が得られます。

$$\therefore F_x + F_y + F_z = \int_{Cubic} \left[(\mathbf{A} \cdot d\mathbf{S})_x + (\mathbf{A} \cdot d\mathbf{S})_y + (\mathbf{A} \cdot d\mathbf{S})_z \right]$$
$$= \int_{Cubic} \mathbf{A} \cdot d\mathbf{S} = \left(\frac{\partial A_x}{\partial x} + \frac{\partial A_y}{\partial y} + \frac{\partial A_z}{\partial z} \right)_{Cubic} \Delta V \quad (\Delta V \equiv \Delta x \Delta y \Delta z)$$

曲面 S で囲まれた立体 V の表面積分は、この表面積分の総和なので、次の関係が得られます。最後の計算は積分の定義そのものです。

$$\int_S \mathbf{A} \cdot d\mathbf{S} = \sum_{n=1}^{\infty} \int_{Cubic} \mathbf{A} \cdot d\mathbf{S} = \sum_{n=1}^{\infty} \left(\frac{\partial A_x}{\partial x} + \frac{\partial A_y}{\partial y} + \frac{\partial A_z}{\partial z} \right)_n \Delta V = \iiint_V \mathrm{div}\mathbf{A} dV$$
$$\therefore \int_S \mathbf{A} \cdot d\mathbf{S} = \iiint_V \mathrm{div}\mathbf{A} dV$$

これによってガウスの発散定理が証明されました。少しむずかしいですがご勘弁を！

[3] 面積分と線積分を関係づけるストークスの定理
●ストークスの定理とは何か

ストークスの定理は、「ベクトル場の回転の曲面上での面積分が、ベクトル場を曲面の境界で線積分したものに一致する」ということを表しています。

$$\text{ストークスの定理} \quad \iint_S \text{rot}\mathbf{A} \cdot d\mathbf{S} = \int_C \mathbf{A} \cdot d\mathbf{l}$$

スカラー場における勾配の積分は始点と終点で決まることは P.192 で述べましたが、このストークスの定理もそれに類似したもので、ベクトルの回転の面積分はそれを取り囲む境界で決まる、ということです。これは、電磁気学における「アンペールの法則」の導出に利用します。

具体的に述べると、下図に示すように、曲面の中にいろいろな回転があろうとも、隣り合う曲面部分の周囲で回転が打ち消し合うので、面積分の総和は結果として曲面の境界を回る周回積分に帰着する、ということです。

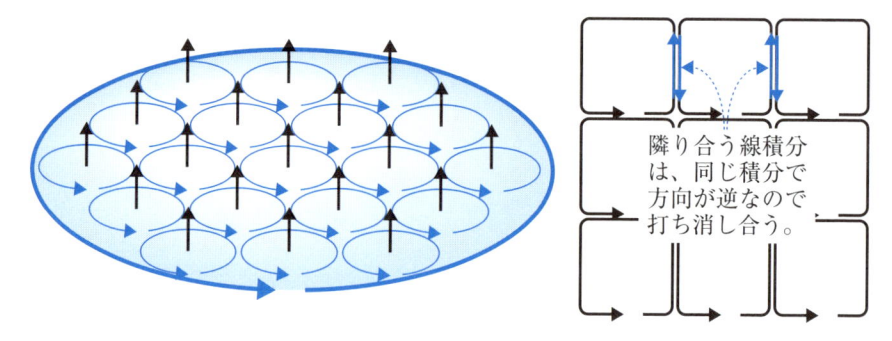

隣り合う線積分は、同じ積分で方向が逆なので打ち消し合う。

●ストークスの定理の証明

上左図に示したように、まず線積分を無限個に分割します。無限個ではなくてもよいのですが、積分経路が上の図のような円形であるとは限らないので、どんな積分路でも表せるために無限個です。上右図に示すように、隣り合う線積分の重なる積分路における積分は打ち消し合うので、その境界の積分は個々の積分路での線積分の総計です。その中の1つの積分：経路 C_n 上の積分を考えると、こ

れは **A** と d**l**=(dx, dy, dz) の内積の積分なので、3つの成分に分割できます。

$$\int_C \mathbf{A} \cdot d\mathbf{l} = \sum_{n=1}^{\infty} \int_{C_n} \mathbf{A} \cdot d\mathbf{l}$$

$$d\mathbf{l} = (dx, dy, dz)$$

$$\int_{C_n} \mathbf{A} \cdot d\mathbf{l} = \int_{C_n} \left(A_x \cdot dx + A_y \cdot dy + A_z \cdot dz\right)_n$$

$$= \int_{C_n} (A_x \cdot dx)_n + \int_{C_n} (A_y \cdot dy)_n + \int_{C_n} (A_z \cdot dz)_n$$

この最後の積分は、P.188 で述べた計算で登場した dR_z と同じものであり、ここで境界上の線積分と平面上の回転の面積分が融合します。

$$\begin{cases} dS_z = dxdy \\ \dfrac{dR_z}{dS_z} = \dfrac{\partial A_y}{\partial x} - \dfrac{\partial A_x}{\partial y} = (rot\mathbf{A})_z \end{cases}$$

$$\Rightarrow dR_z = \left(\int_{C_n} \mathbf{A} \cdot d\mathbf{l}\right)_{xy} = \left(\dfrac{\partial A_y}{\partial x} - \dfrac{\partial A_x}{\partial y}\right) dS_z = (rot\mathbf{A})_z dS_z$$

この積分を3つあわせると、経路 C_n 上の積分が完成できます。これをすべて足し合わせると、周囲の境界上の線積分ができあがります。これらが等しいので、ストークスの定理が証明できました。

$$\therefore \int_{C_n} (A_z \cdot dz)_n = (rot\mathbf{A})_z dS_z$$

$$\therefore \int_{C_n} \mathbf{A} \cdot d\mathbf{l} = (rot\mathbf{A})_x dydz + (rot\mathbf{A})_y dzdx + (rot\mathbf{A})_z dxdy$$

$$\therefore \int_C \mathbf{A} \cdot d\mathbf{l} = \sum_{n=1}^{\infty} \left[(rot\mathbf{A})_x dydz + (rot\mathbf{A})_y dzdx + (rot\mathbf{A})_z dxdy\right]_n$$

$$= \iint_S rot\mathbf{A} \cdot d\mathbf{S} = \iint_S rot\mathbf{A} \cdot \mathbf{n} dS$$

最後の式では、ベクトル量と $d\mathbf{S}$=$(dydz, dzdx, dxdy)$ の内積が、ベクトル量と曲面の単位法線ベクトルの内積に $dxdydz$ をかけたものであるという関係を利用しています（P.193 参照）。こちらも少しむずかしいですがご勘弁を！

Sec.4 マクスウェルの方程式を読み解く

［1］マクスウェルの方程式とは何か

クーロン、ファラデーらによって解明された、電場と磁場の関係は、マクスウェルによって「マクスウェルの方程式」として体系化されました。すべての電気と磁気に関する現象はマクスウェルの方程式を用いて説明することができ、この方程式によってマクスウェルは電磁波の存在を予言しました。

ところでマクスウェルの方程式には、真空中の誘電率 ε_0 や真空中の透磁率 μ_0 が現れて複雑に見えますが、これはもともとは4つの式が2つに分かれていたからです（話を簡単にしています）。

$$\begin{cases} 磁場\ \mathbf{B}(t, \mathbf{x}) \\ 電場\ \mathbf{E}(t, \mathbf{x}) \end{cases} \qquad \begin{cases} 磁束密度\ \mathbf{H}(t, \mathbf{x}) = \dfrac{1}{\mu_0}\mathbf{B}(t, \mathbf{x}) \\ 電束密度\ \mathbf{D}(t, \mathbf{x}) = \varepsilon_0 \mathbf{E}(t, \mathbf{x}) \end{cases}$$

$$\begin{cases} \nabla \cdot \mathbf{B} = 0 \\ \nabla \times \mathbf{E} = -\dfrac{\partial \mathbf{B}}{\partial t} \end{cases} \qquad \begin{cases} \nabla \cdot \mathbf{D} = \rho \\ \nabla \times \mathbf{H} = \mathbf{j} + \dfrac{\partial \mathbf{D}}{\partial t} \end{cases} \qquad \varepsilon_0 と \mu_0 がない$$

BとEの世界　　　　DとHの世界

マクスウェルの方程式をわかりやすく E と B だけにすると、ε_0 や μ_0 が現れます。

$$\begin{cases} \boxed{1}\ \nabla \cdot \mathbf{E} = \dfrac{\rho}{\varepsilon_0} & \boxed{3}\ \nabla \times \mathbf{E} = -\dfrac{\partial \mathbf{B}}{\partial t} \\ \boxed{2}\ \nabla \cdot \mathbf{B} = 0 & \boxed{4}\ \nabla \times \mathbf{B} = \varepsilon_0 \mu_0 \dfrac{\partial \mathbf{E}}{\partial t} + \mu_0 \mathbf{j} \end{cases} \Leftrightarrow \begin{cases} \mathrm{div}\mathbf{E} = \dfrac{\rho}{\varepsilon_0} & \mathrm{rot}\mathbf{E} = -\dfrac{\partial \mathbf{B}}{\partial t} \\ \mathrm{div}\mathbf{B} = 0 & \mathrm{rot}\mathbf{B} = \varepsilon_0 \mu_0 \dfrac{\partial \mathbf{E}}{\partial t} + \mu_0 \mathbf{j} \end{cases}$$

したがって本来は、「電束密度の発散は電荷」と書かなければいけないのですが、わかりやすくするためにこれらの定数を無視して「電場の発散は電荷」と書

きます。以下の第1式～第4式は左頁最下段図での①②③④を表します。

マクスウェルの方程式は「∇・= div」や「∇× = rot」などのベクトル解析の記号とベクトルの外積をフルに活用して書かれています。電磁気学は2次元ではなく3次元の科学であり、フレミングの右手・左手がなければ語ることができませんでしたが、外積やベクトル解析の記号を利用すると、こんなに美しく表すことができます。

●第1式

電荷密度 ρ の電荷 q が電場 $\mathbf{E}$ を作り出すことを表しています。電場はプラスの電荷から放射状に湧き出し、マイナスの電荷に放射状に吸収されます。この式はクーロンの法則を発展させたものであり、ガウスの法則の微分形です。

$$\nabla \cdot \mathbf{E} = \frac{\rho}{\varepsilon_0}$$ ←ガウスの法則の微分形

ガウスの法則の積分形→ $$\iint_{\partial V} \mathbf{E} \cdot \mathbf{n} dS = \frac{Q}{\varepsilon_0}$$

クーロンの法則→ $$\mathbf{F} = \frac{1}{4\pi\varepsilon_0} \frac{Q_1 Q_2}{r^2} \frac{\mathbf{r}}{|\mathbf{r}|}$$

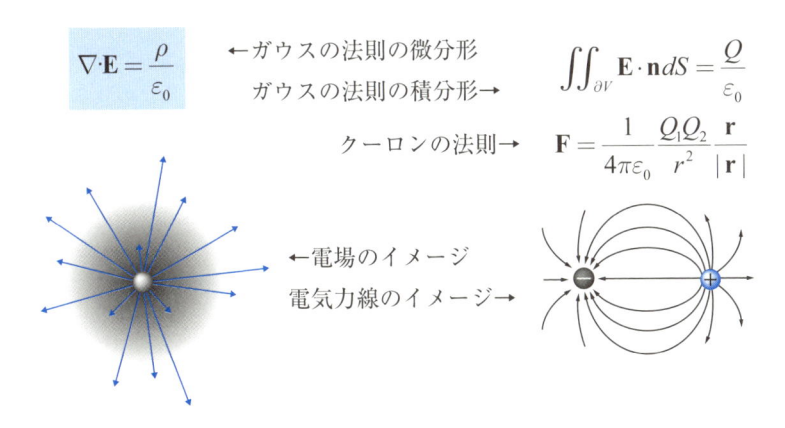

←電場のイメージ
電気力線のイメージ→

●第2式

電場 $\mathbf{E}$ とは異なり磁場 $\mathbf{B}$ が湧き出る「磁荷」はないことを表しています。そのために、磁石はN極とS極がかならず対になっていて、単体の S 極あるいは N 極（磁気単極子、モノポールといいます）は存在しません。

$$\nabla \cdot \mathbf{B} = 0$$ ←ガウスの法則を適用すると =0

切断
どこを切ってもNとS
↓
磁場が湧き出る磁荷はない

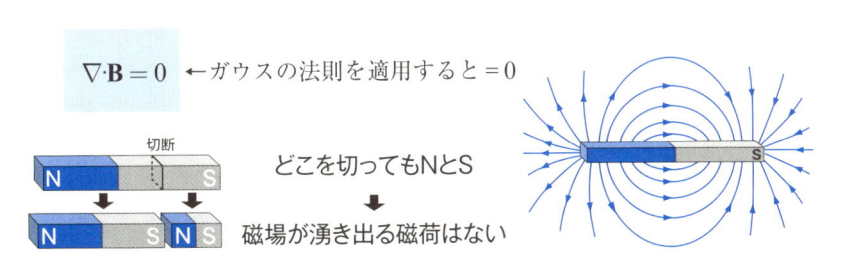

●第3式

磁場 **B** が時間的に変化すると、ファラデーの電磁誘導の法則にしたがって電場 **E** が発生します。電場 **E** は磁場の変化を打ち消すように生じるので「ファラデーの電磁誘導の法則」にしたがい、「電場 *E* は磁場 *B* の時間変化の逆向き」に生じます。電動機や発電機はこの法則にしたがって動作します。

$$\nabla \times \mathbf{E} = -\frac{\partial \mathbf{B}}{\partial t}$$

←ファラデーの電磁誘導の法則の微分形、
積分形：(*V*: 起電力、Φ: 磁束)→ $V = -\dfrac{d\Phi_B}{dt}$

ファラデーの電磁誘導の法則

N極を近づける（磁場が強くなる）　　　N極を遠ざける（磁場が弱くなる）

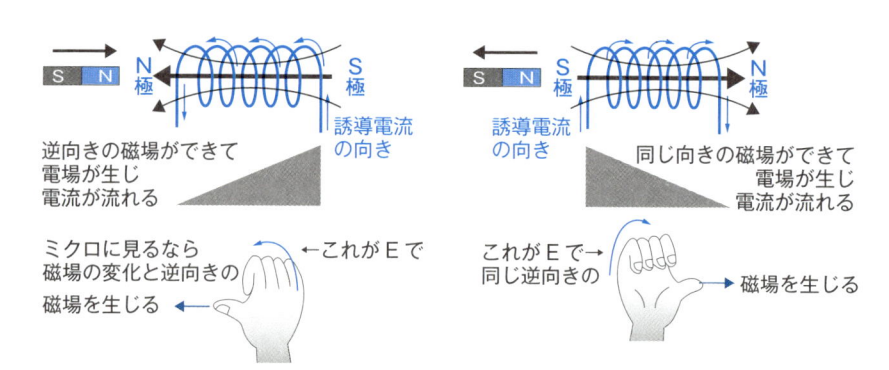

逆向きの磁場ができて電場が生じ電流が流れる　　　同じ向きの磁場ができて電場が生じ電流が流れる

ミクロに見るなら磁場の変化と逆向きの磁場を生じる　←これがEで　これがEで→　同じ逆向きの　磁場を生じる

第3式から「1つの回路に生じる誘導起電力の大きさはその回路を貫く磁束の変化の割合に比例する」という「ファラデーの電磁誘導の法則」を導出するには、左右両辺を積分します。両辺に、誘導起電力 *V* と磁束Φの変化が現れます。

$$\begin{cases} \displaystyle\int_S \nabla \times \mathbf{E} \cdot d\mathbf{S} = \int_C \mathbf{E} \cdot d\mathbf{r} = V \\ \displaystyle\int_S \left(-\frac{\partial \mathbf{B}}{\partial t}\right) d\mathbf{S} = -\frac{d}{dt}\int_S \mathbf{B} \cdot d\mathbf{S} = -\frac{d\Phi_B}{dt} \end{cases} \Rightarrow V = -\frac{d\Phi_B}{dt}$$

なお、よく「ファラデーの電磁誘導の法則」と「レンツの法則」が混同されますが、レンツの法則は「誘導起電力が生じる向きは、その誘導電流が起こす磁束が外

部の磁場の変化を妨げる向きである」というものであり、ファラデーの電磁誘導の法則は「起電力の大きさが磁束の変化の割合に比例する」ことを示すものです。したがって左頁に示した積分則はこれらの両方を表しています。

●第4式

磁場には磁荷がないので、この式が磁場を生み出す「磁場のガウスの法則」ともいえるものです。この式は、電流 I が流れるとその周りに磁場ができるという「アンペールの法則」と、時間的に変化する電場 E が電流と同じ役割を果たし、それによって磁場 B が生まれることを表しています。後者の電流は「変位電流」と呼ばれます。たとえばコンデンサーに交流電圧をかけると変位電流が流れ、周囲には磁場が発生します。

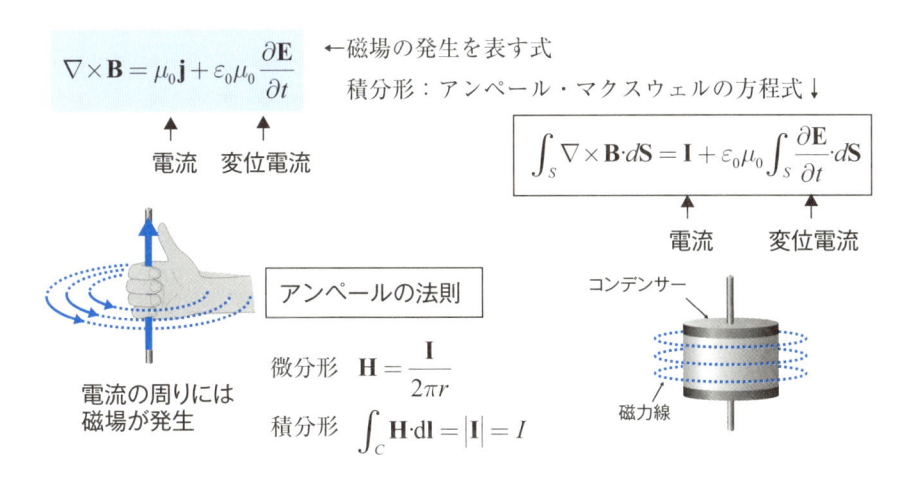

$$\nabla \times \mathbf{B} = \mu_0 \mathbf{j} + \varepsilon_0 \mu_0 \frac{\partial \mathbf{E}}{\partial t}$$

←磁場の発生を表す式
積分形：アンペール・マクスウェルの方程式↓

$$\int_S \nabla \times \mathbf{B} \cdot d\mathbf{S} = \mathbf{I} + \varepsilon_0 \mu_0 \int_S \frac{\partial \mathbf{E}}{\partial t} \cdot d\mathbf{S}$$

電流　変位電流

電流　変位電流

コンデンサー

磁力線

電流の周りには磁場が発生

アンペールの法則

微分形　$\mathbf{H} = \dfrac{\mathbf{I}}{2\pi r}$

積分形　$\int_C \mathbf{H} \cdot d\mathbf{l} = |\mathbf{I}| = I$

第4式を積分すると、ストークスの定理を利用して次の結果が得られます。これは「アンペール・マクスウェルの法則」と呼ばれます。曲面 S を通過する磁場から、電流 I と変位電流が生じています。その前半はアンペールの法則の積分形とも呼ばれます。

$$\int_S \nabla \times \mathbf{B} \cdot d\mathbf{S} = \int_C \mathbf{B} \cdot d\mathbf{S} = \mu_0 \int_S \mathbf{j} \cdot d\mathbf{S} + \varepsilon_0 \mu_0 \int_S \frac{\partial \mathbf{E}}{\partial t} \cdot d\mathbf{S} = \mathbf{I} + \varepsilon_0 \mu_0 \int_S \frac{\partial \mathbf{E}}{\partial t} \cdot d\mathbf{S}$$

[2] 電磁波の方程式を導く

電荷も電流もない真空の空間 ($\rho=0, j=0$) におけるマクスウェルの方程式から、電磁波の方程式を導きます。これから波動方程式が導出できたら、やはり「電磁波は波であった」ということになります。

P.189で示した驚異の関係式「$\nabla\times(\nabla\times\mathbf{A})=\nabla(\nabla\cdot\mathbf{A})-\nabla^2\mathbf{A}$」を電場・磁場の両方のベクトルに作用させると、両方のベクトルが満たす波動方程式が得られます。

$$\begin{cases} \nabla\cdot\mathbf{E} = \nabla\cdot\mathbf{B} = 0 \\ \nabla\times\mathbf{E} = -\dfrac{\partial\mathbf{B}}{\partial t} \\ \nabla\times\mathbf{B} = \varepsilon_0\mu_0\dfrac{\partial\mathbf{E}}{\partial t} \end{cases}$$

$$\nabla\times(\nabla\times\mathbf{A}) = \nabla(\nabla\cdot\mathbf{A})-\nabla^2\mathbf{A}$$

$$\nabla\times(\nabla\times\mathbf{E}) = \nabla\times\left(-\frac{\partial\mathbf{B}}{\partial t}\right) = -\frac{\partial}{\partial t}(\nabla\times\mathbf{B}) = -\varepsilon_0\mu_0\frac{\partial^2\mathbf{E}}{\partial t^2}$$
$$= \nabla(\nabla\cdot\mathbf{E})-\nabla^2\mathbf{E} = -\nabla^2\mathbf{E}$$

$$\Rightarrow \begin{cases} \dfrac{\partial^2\mathbf{E}}{\partial t^2} = \dfrac{1}{\varepsilon_0\mu_0}\nabla^2\mathbf{E} \\ \dfrac{\partial^2\mathbf{B}}{\partial t^2} = \dfrac{1}{\varepsilon_0\mu_0}\nabla^2\mathbf{B} \end{cases} \quad \dfrac{1}{\varepsilon_0\mu_0} \equiv c^2 \quad \begin{cases} \dfrac{\partial^2\mathbf{E}}{\partial t^2} = c^2\nabla^2\mathbf{E} \\ \dfrac{\partial^2\mathbf{B}}{\partial t^2} = c^2\nabla^2\mathbf{B} \end{cases}$$

これらの各成分が、速度 c の波であり、それらが正弦波などで表すことができることはすでに P.137 で説明しました。そこであつかったのは1次元のスカラー波でしたが、1方向に進む平面波をあつかううえでは大きな問題ではありません。

この先を述べると再度かなり難しい議論が続くので、ここで終わろうと思いますが、この議論を進めると2つの大きな成果が得られます。

● この電磁波の伝播速度 c が光速に等しい。
● 1方向に進む電磁波の平面は、進行方向に直角な方向に振動する電場と磁場の組み合わせである。

ベクトル解析の最後の成果としては華々しいものではないでしょうか。

form
第6章 フーリエ変換やラプラス変換はどう使う

すべての関数は三角関数の重ね合わせで表現することができ、これを発展させたのがフーリエ変換です。そしてフーリエ変換とラプラス変換は微分方程式を解く有力な手段です。

$$\begin{cases} F(\omega) \equiv \dfrac{1}{\sqrt{2\pi}} \int_{-\infty}^{\infty} f(u) e^{-i\omega u} du \\ f(x) = \dfrac{1}{\sqrt{2\pi}} \int_{-\infty}^{\infty} F(\omega) e^{i\omega x} d\omega \end{cases}$$

$$\begin{cases} F(s) = \int_0^{\infty} f(t) e^{-st} dt \\ f(t) = \lim_{p \to \infty} \dfrac{1}{2\pi i} \int_{c-ip}^{c+ip} F(s) e^{st} ds \end{cases}$$

$$s(at)u(t)] = \frac{s}{s^2 + a^2}$$

$$L[e^{-bt} \cos(at) u(t)] = \frac{s+b}{(s+b)^2 + a^2}$$

$$L[t \sin at] = \frac{2a}{(s^2+a}$$

Sec.1 フーリエ級数からフーリエ積分まで

[1] 三角関数の級数ですべてが表せる

フーリエは、熱伝導の微分方程式を解く過程で、

いかなる(周期)関数も三角関数の級数で表すことができる

ということを発見しました。これが「フーリエの定理」であり、その級数を「フーリエ級数」あるいは「フーリエ展開」といいます。この定理の何がすごいのかというと、どんな関数も「ある値の近辺はべき級数で表される」ことは大学数学の初頭で学びますが、「どんな関数も全域を三角関数で表せる」というのがすごいのです。

まずはフーリエ展開が何なのか、右頁に実例を示します。もっとも表せそうもない角張った矩形波が、三角関数の重ね合わせで再現できるというのです。

$$f(x) = \frac{4}{\pi}\left[\sin x + \frac{\sin 3x}{3} + \frac{\sin 5x}{5} + \frac{\sin 7x}{7} + \frac{\sin 9x}{9}\cdots\right]$$

フーリエ級数は、最初は周期関数をあつかいますが、これが周期無限大の関数、すなわち**周期のない関数まで拡張**されます。

[2] 波動方程式の解とフーリエ級数

第3章のSec.2で、次の波動方程式の解は、

$$\frac{\partial^2}{\partial t^2}u(x,t) = v^2 \frac{\partial^2}{\partial x^2}u(x,t)$$

xに関する条件: $0 < x < L$, $u(0,t) = u(L,t) = 0$
tに関する条件: $0 < t$, $u(x,0) = f(x)$, $\partial u/\partial t(x,0) = g(x)$

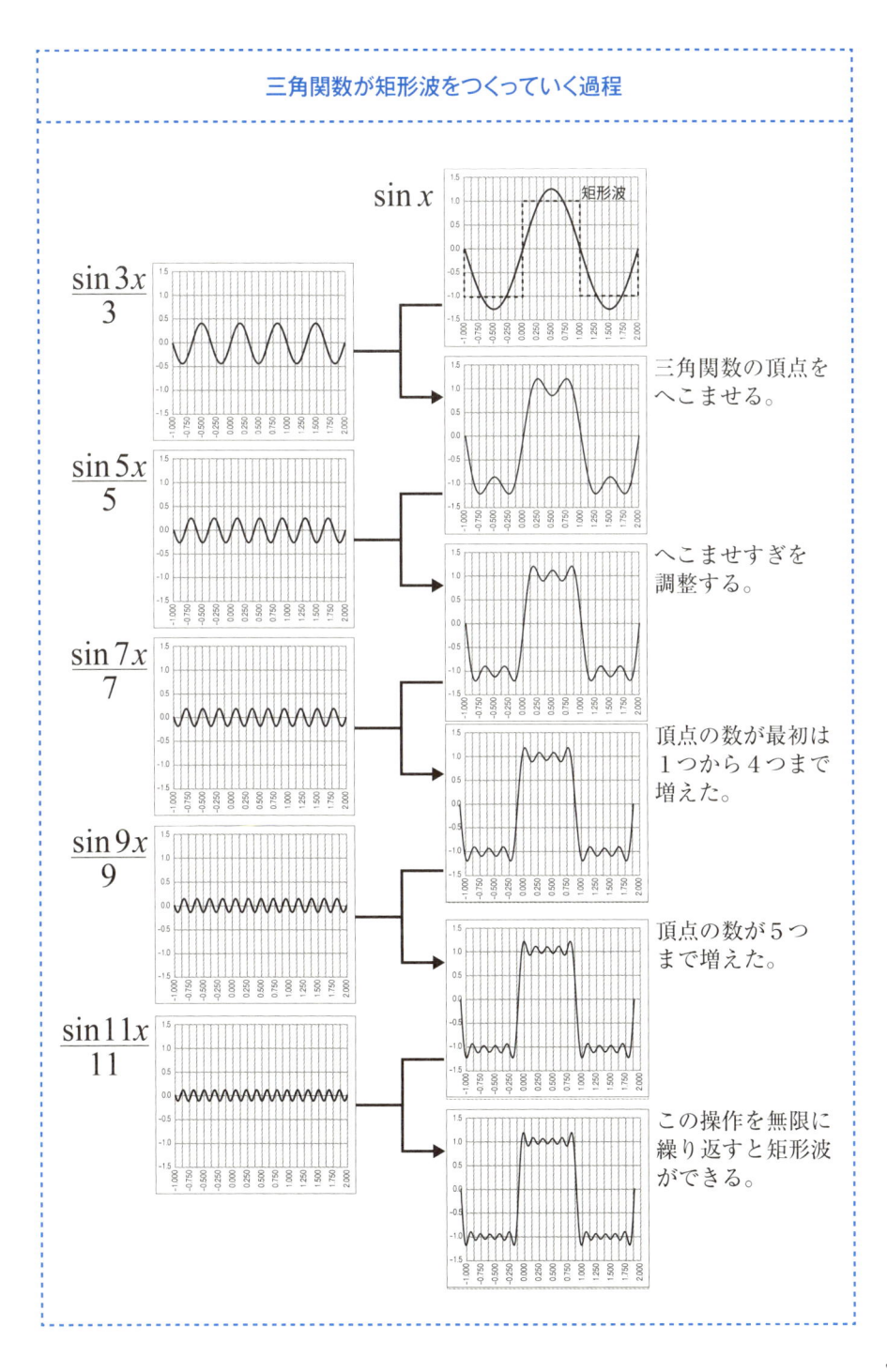

三角関数が矩形波をつくっていく過程

$\sin x$

矩形波

$\dfrac{\sin 3x}{3}$

三角関数の頂点をへこませる。

$\dfrac{\sin 5x}{5}$

へこませすぎを調整する。

$\dfrac{\sin 7x}{7}$

頂点の数が最初は1つから4つまで増えた。

$\dfrac{\sin 9x}{9}$

頂点の数が5つまで増えた。

$\dfrac{\sin 11x}{11}$

この操作を無限に繰り返すと矩形波ができる。

［第6章 フーリエ変換やラプラス変換はどう使う］

次のように三角関数の和で表されることを示しました。

$$u(x,t) \equiv \sum_{n=1}^{\infty} \left[a_n \cos(\omega_n t) + b_n \sin(\omega_n t) \right] \sin(k_n x)$$

$$a_n = \frac{2}{L} \int_0^L f(x) \sin(k_n x) dx$$

$$b_n = \frac{2}{L\omega_n} \int_0^L g(x) \sin(k_n x) dx$$

実は、この波動方程式の一般解はフーリエ展開から導くことができるものです。フーリエ級数がどんなものでも表せる以上、波動方程式を解くということは、解をフーリエ級数で表し、それに境界条件・初期条件を与えるだけのことなのです。

［3］実数値関数のフーリエ展開
●周期Lのフーリエ級数

まずは区間$[0,L]$で定義された$f(0)=f(L)=0$の実数値のフーリエ級数を示します。

$$f(x) = \frac{a_0}{2} + \sum_{n=1}^{\infty} \left[a_n \cos\left(\frac{n\pi}{L}x\right) + b_n \sin\left(\frac{n\pi}{L}x\right) \right]$$

$$\begin{cases} a_n = \dfrac{2}{L} \int_0^L f(x) \cos\left(\dfrac{n\pi}{L}x\right) dx \\ b_n = \dfrac{2}{L} \int_0^L f(x) \sin\left(\dfrac{n\pi}{L}x\right) dx \end{cases}$$

三角関数のうち、cosはy軸について対称な偶関数であり、sinは原点に対して対称な奇関数です（右頁コラム参照）。上の級数を構成する項のうち、cosの項は偶関数を表し「余弦級数」と呼ばれ、sinの項は奇関数を表し「正弦級数」と呼ばれます。偶関数はcosばかりで構成され、奇関数はsinばかりで構成されるということです。これをそれぞれ、偶関数定理、奇関数定理といいます。前頁の矩形波は奇関数であり、$\sin(2n+1)x$の奇数次の関数のみで構成されます。

余弦級数定理　　　　　　正弦級数定理
（偶関数）　　　　　　　（奇関数）

$$\begin{cases} f(x) = \dfrac{a_0}{2} + \sum_{n=1}^{\infty} a_n \cos\left(\dfrac{n\pi}{L}x\right) \\ a_n = \dfrac{2}{L}\int_0^L f(x)\cos\left(\dfrac{n\pi}{L}x\right)dx \end{cases} \begin{cases} f(x) = \sum_{n=1}^{\infty} a_n \sin\left(\dfrac{n\pi}{L}x\right) \\ a_n = \dfrac{2}{L}\int_0^L f(x)\sin\left(\dfrac{n\pi}{L}x\right)dx \end{cases}$$

P.212 の波動方程式の一般解は、波動を正弦級数によって表して、境界条件を満たすように a_n と b_n を定めたものに他なりません。

$$u(x,t) \equiv \sum_{n=1}^{\infty} A_n \sin\left(\dfrac{n\pi}{L}x\right) = \sum_{n=1}^{\infty} \sin\left(\dfrac{n\pi}{L}x\right)\left[a_n \cos(\omega_n t) + b_n \sin(\omega_n t)\right]$$

● **周期2Lのフーリエ級数**

今までの $f(x)$ は区間 $[0, L]$ で定義された $f(0)=(L)=0$ を満たす任意の連続関数でしたが、三角関数はすべて奇関数か偶関数なので、周期を区間 $[-L, L]$ に拡張できます。下図でいうと、実線で表した関数に破線で表した関数を付け加

奇関数・偶関数と周期関数の拡張

奇関数・偶関数は、区間 $[0, L]$ の周期関数から区間 $[-L, L]$ の周期関数へ自然に拡張できます。

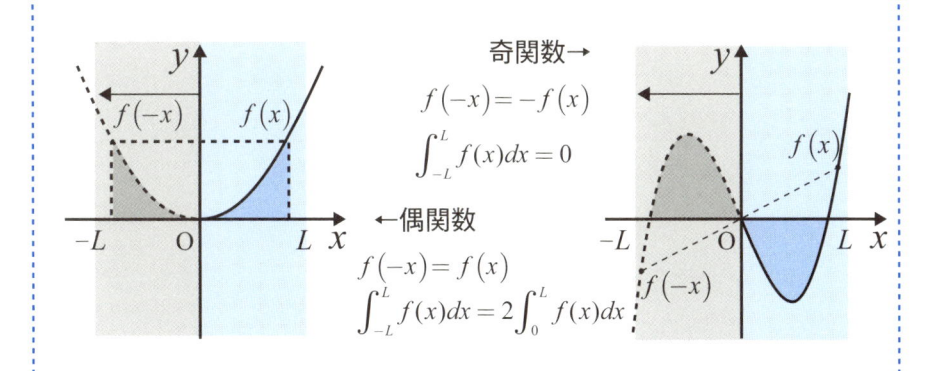

奇関数→
$f(-x) = -f(x)$
$\int_{-L}^{L} f(x)dx = 0$

←偶関数
$f(-x) = f(x)$
$\int_{-L}^{L} f(x)dx = 2\int_0^L f(x)dx$

えるということです。$f(x)$ が奇関数の場合でも偶関数の場合でも次のことが成立します。

$f(x)$ が奇関数の場合： $f(x)\sin(n\pi x/L)$ は奇関数×奇関数で偶関数
$f(x)$ が偶関数の場合： $f(x)\cos(n\pi x/L)$ は偶関数×偶関数で偶関数

したがって、偶関数の y 軸の両側の積分は等価なので、分子の2が取れて次のように表せます。ここで $f(x+2L)=f(x)$ という周期条件を加えます。

$$f(x) = \frac{a_0}{2} + \sum_{n=1}^{\infty}\left[a_n \cos\left(\frac{n\pi}{L}x\right) + b_n \sin\left(\frac{n\pi}{L}x\right)\right]$$

$$\begin{cases} a_n = \frac{1}{L}\int_{-L}^{L} f(x)\cos\left(\frac{n\pi}{L}x\right)dx \\ b_n = \frac{1}{L}\int_{-L}^{L} f(x)\sin\left(\frac{n\pi}{L}x\right)dx \end{cases}$$

余弦関数定理・正弦関数定理も次のように係数が変わります。

余弦級数定理
（偶関数）

$$\begin{cases} f(x) = \frac{a_0}{2} + \sum_{n=1}^{\infty} a_n \cos\left(\frac{n\pi}{L}x\right) \\ a_n = \frac{1}{L}\int_{-L}^{L} f(x)\cos\left(\frac{n\pi}{L}x\right)dx \end{cases}$$

正弦級数定理
（奇関数）

$$\begin{cases} f(x) = \sum_{n=1}^{\infty} a_n \sin\left(\frac{n\pi}{L}x\right) \\ a_n = \frac{1}{L}\int_{-L}^{L} f(x)\sin\left(\frac{n\pi}{L}x\right)dx \end{cases}$$

●矩形波のフーリエ級数

ここで、先ほど示した矩形波のフーリエ級数の係数を計算しておきましょう。周期は $2L$ であり、周期が 2π の場合は $L=\pi$ なので、次のようになります。これで、$\sin(2n+1)x$ の関数ばかりで構成される理由がはっきりします。

$$\begin{cases} f(x) = \sum_{n=1}^{\infty} a_n \sin nx = \begin{cases} -1 & (-\pi < x < 0) \\ 1 & (0 < x < \pi) \end{cases} \\ a_n = \frac{1}{\pi}\int_{-\pi}^{\pi} f(x)\sin nx\, dx \end{cases}$$

$$a_1 = \frac{1}{\pi}\int_{-\pi}^{\pi} f(x)\sin x dx = \frac{1}{\pi}\left[-\int_{-\pi}^{0}\sin x dx + \int_{0}^{\pi}\sin x dx\right]$$

$$= -\frac{1}{\pi}\left[-\cos x\right]_{-\pi}^{0} + \frac{1}{\pi}\left[-\cos x\right]_{0}^{\pi} = \frac{1}{\pi}(1+1) - \frac{1}{\pi}(-1-1) = \frac{4}{\pi}$$

$$a_2 = \frac{1}{\pi}\int_{-\pi}^{\pi} f(x)\sin 2x dx = \frac{1}{\pi}\left[-\int_{-\pi}^{0}\sin 2x dx + \int_{0}^{\pi}\sin 2x dx\right]$$

$$= -\frac{1}{\pi}\left[-\frac{1}{2}\cos 2x\right]_{-\pi}^{0} + \frac{1}{\pi}\left[-\frac{1}{2}\cos 2x\right]_{0}^{\pi} = \frac{1}{2\pi}(1-1) - \frac{1}{2\pi}(1-1) = 0$$

$$a_n = \frac{1}{\pi}\int_{-\pi}^{\pi} f(x)\sin nx dx = \frac{1}{\pi}\left[-\int_{-\pi}^{0}\sin nx dx + \int_{0}^{\pi}\sin nx dx\right]$$

$$= -\frac{1}{\pi}\left[-\frac{1}{n}\cos nx\right]_{-\pi}^{0} + \frac{1}{\pi}\left[-\frac{1}{n}\cos nx\right]_{0}^{\pi}$$

$$= \frac{1}{n\pi}(1-\cos(-n\pi)) - \frac{1}{n\pi}(\cos(n\pi)-1)$$

$$= \frac{2}{n\pi}(1-\cos(n\pi)) = \frac{2}{n\pi}(1-(-1)^n) = \begin{cases} 0 & (n=2m) \\ \dfrac{4}{n\pi} & (n=2m+1) \end{cases}$$

$$\therefore f(x) = \frac{4}{\pi}\sum_{m=0}^{\infty}\frac{\sin(2m+1)x}{2m+1} = \frac{4}{\pi}\left[\sin x + \frac{\sin 3x}{3} + \frac{\sin 5x}{5} + \cdots\right]$$

ところでフーリエ級数では、「(角)振動数」という言葉を使います。x ではなく時間 t ならばわかりやすいのですが、x の場合でも、基本振動数を x としてその他の振動数は「$2m+1$」($m \geq 0$) または「$2n+1$」($n \geq 0$) の奇数倍の振動数と表現します。

●フーリエ級数の意味するもの

P.143 で、三角関数の直交性を簡単に説明しました。そこでは sin 関数の直交性を示しましたが、cos 関数の場合にも同様の直交性が成立します。

$$\delta_{nm} = \begin{cases} 1 & (n=m) \\ 0 & (n \neq m) \end{cases} \quad \begin{cases} \int_{0}^{L}\sin(k_n x)\sin(k_m x)dx = \dfrac{L}{2}\delta_{nm} \\ \int_{0}^{L}\cos(k_n x)\cos(k_m x)dx = \dfrac{L}{2}\delta_{nm} \end{cases}$$

ここで、$k_n \to n$、$k_m \to m$、$L \to 2\pi$、$[0, L] \to [-L, L]$ という置き換えを行うと、次

の関係が成立します。ここでこれらを「関数空間におけるベクトルの内積」とみていただくために $\langle \sin nx, \sin mx \rangle$、$\langle \cos nx, \cos mx \rangle$ という表示を持ち込みました。

$$\begin{cases} \int_{-\pi}^{\pi} \sin nx \cdot \sin mx\, dx \equiv \langle \sin nx, \sin mx \rangle \\ \int_{-\pi}^{\pi} \cos nx \cdot \cos mx\, dx \equiv \langle \cos nx, \cos mx \rangle \end{cases}$$
$$\Rightarrow \langle \sin nx, \sin mx \rangle = \langle \cos nx, \cos mx \rangle = \pi \delta_{mn} \quad (n, m = 1, 2, \cdots)$$

空間ベクトルの直交性からは、あるベクトル **A** と他のベクトル **X**（こちらを基本ベクトルと呼びます）との内積を求めると、

$$\mathbf{A} \cdot \mathbf{X} = |\mathbf{A}||\mathbf{X}|\cos\theta$$

となり、最初のベクトル **A** の基本ベクトル **X** 方向の成分を求めることができます。

関数ベクトルの場合も同様に、$\sin nx$ と $\sin mx$ の「積の積分」を内積と定義すると、$n=m$ の場合は同じ方向を向くベクトルなので 1 が返り、$n \neq m$ の場合は直交しているので 0 が返ります。フーリエ級数は、同じ振動数の正弦関数・余弦関数をかけて積分し、「同じ向きの成分を取り出している」ということになります。

[4] 実数値関数の無限区間への拡張:フーリエ積分

今までのフーリエ級数は有限区間で定義されたとびとびの振動数の三角関数で表されるもので、「離散フーリエ級数」とも呼ばれますが、この区間を無限区間に拡張するとフーリエ級数は「フーリエ積分」に変わります。といってもわかりにくいので、下図をもとに、どんな操作をするのかを説明します。

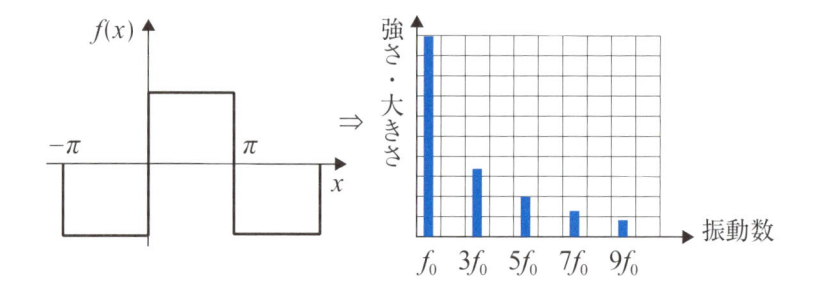

例として矩形波の場合の周期関数と振動数成分を考えます。フーリエ級数の各項は $\sin nx$ の成分を取り出していることに対応し、その振動数成分の大きさは、振動数が x の振幅を1として前頁下右図のように表すことができます。

この場合は周期が 2π でしたが、元々の振動数は周期を L として $(\pi/L)nx$ でした。周期 L を2倍にすると、振動数はすべて半分になります。

同じ波形で周期を倍にすると、フーリエ級数では2倍の振動数成分が抽出できます。周期を3倍にすると3倍の振動数成分が抽出できます。さらに周期を4倍、5倍と増やしていくと、振動数成分のすきまはどんどん詰まっていきます。そして、周期を $[-\infty, \infty]$ にしたとき、振動数成分のグラフは連続なものになります。

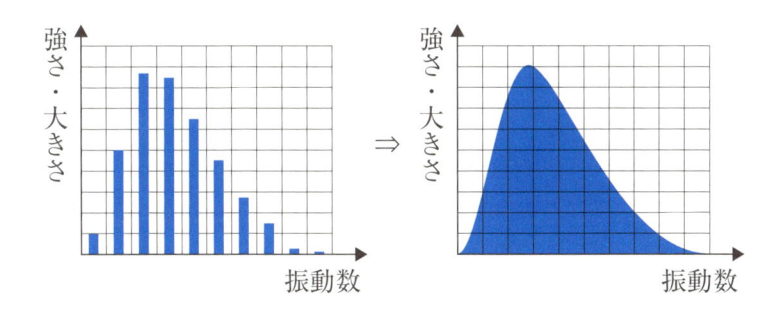

これをもっと正確に示します。まず、x の係数部分を振動数として連続化するために、ω_n とその差分 $\Delta\omega_n$ を定義して、$f(x)$ のフーリエ級数を書き換えます。

$$f(x) = \frac{a_0}{2} + \sum_{n=1}^{\infty}\left[a_n\cos\left(\frac{n\pi}{L}x\right) + b_n\sin\left(\frac{n\pi}{L}x\right)\right]$$

$$\begin{cases} a_n = \frac{1}{L}\int_{-L}^{L} f(x)\cos\left(\frac{n\pi}{L}x\right)dx \\ b_n = \frac{1}{L}\int_{-L}^{L} f(x)\sin\left(\frac{n\pi}{L}x\right)dx \end{cases} \begin{cases} \omega_n \equiv \frac{\pi}{L}n \\ \Delta\omega_n \equiv \omega_{n+1} - \omega_n = \frac{\pi}{L} \end{cases}$$

$$\Rightarrow f(x) = \frac{1}{2L}\int_{-L}^{L} f(x)dx$$
$$+ \frac{1}{\pi}\sum_{n=1}^{\infty}\Delta\omega_n\left[\cos\omega_n x\int_{-L}^{L} f(x)\cos\omega_n x\,dx + \sin\omega_n x\int_{-L}^{L} f(x)\sin\omega_n x\,dx\right]$$

ここで、$L \to \infty$ の極限を取るときに $f(x)$ の積分が有限値に収まることを前提と

すると、初項は→0となります（フーリエ積分では絶対値の積分が有限値にとどまることを前提としているので、増加を続ける実数の指数関数はあつかえません）。次に$L \to \infty$において、ω_nは無限に細かくなるので連続変数ωと見なせて、$\Delta\omega_n \to d\omega$となり、その結果、無限級数の和は積分に置き換えることができます。

$$L \to \infty \Rightarrow \begin{cases} \dfrac{1}{2L}\displaystyle\int_{-L}^{L}|f(x)|dx \to 0, \quad \omega_n \to \omega, \Delta\omega_n \to d\omega \\ \displaystyle\sum_{n=1}^{\infty}\Delta\omega_n(\cos\omega_n x) \to \sum_{n=1}^{\infty}d\omega(\cos\omega x) \to \int_{0}^{\infty}\cos\omega x d\omega \\ \displaystyle\sum_{n=1}^{\infty}\Delta\omega_n(\sin\omega_n x) \to \sum_{n=1}^{\infty}d\omega(\sin\omega x) \to \int_{0}^{\infty}\sin\omega x d\omega \end{cases}$$

ここで$f(x)$の$L \to \infty$の極限で$f(x)$の積分変数xをuに変えると、uとωについての二重積分になります。多重積分では例外を除いて積分の順序は交換できるので、次のようなきれいな形に落ち着きます。これが「フーリエ積分公式」です。

$$\begin{aligned}&\lim_{L\to\infty}f(x)\\&=\frac{1}{\pi}\int_{0}^{\infty}\cos\omega x d\omega\int_{-\infty}^{\infty}f(u)\cos\omega u du+\frac{1}{\pi}\int_{0}^{\infty}\sin\omega x d\omega\int_{-\infty}^{\infty}f(u)\sin\omega u du\\&=\frac{1}{\pi}\int_{0}^{\infty}d\omega\int_{-\infty}^{\infty}du\big[f(u)(\cos\omega x\cos\omega u+\sin\omega x\sin\omega u)\big]\\&=\frac{1}{\pi}\int_{-\infty}^{\infty}du\int_{0}^{\infty}d\omega\big[f(u)\cos\omega(x-u)\big]\end{aligned}$$

少しさかのぼって、ωについての積分の中のuについての積分をまとめて抜き出すと、次のような形が得られます。これを「フーリエ積分表示」といいます。

$$\begin{aligned}f(x)&\equiv\frac{1}{\pi}\int_{-\infty}^{\infty}du\int_{0}^{\infty}d\omega\big[f(u)\cos\omega(x-u)\big]\\&=\frac{1}{\pi}\int_{0}^{\infty}d\omega\bigg[\cos\omega x\bigg(\underline{\int_{-\infty}^{\infty}f(u)\cos\omega u du}\bigg)+\sin\omega x\bigg(\underline{\int_{-\infty}^{\infty}f(u)\sin\omega u du}\bigg)\bigg]\end{aligned}$$

$$A(\omega)\equiv\int_{-\infty}^{\infty}f(u)\cos\omega u du \quad B(\omega)\equiv\int_{-\infty}^{\infty}f(u)\sin\omega u du$$

$$f(x)=\frac{1}{\pi}\int_{0}^{\infty}\big[A(\omega)\cos\omega x+B(\omega)\sin\omega x\big]d\omega$$

これで、離散変数 n で定義されていたフーリエ級数が、連続な変数 ω で定義されたフーリエ積分に生まれ変わりました。

[5] 複素数関数への拡張:フーリエ変換

フーリエ積分は、オイラーの公式（P.32 参照）を利用し、フーリエの積分公式に残った $\cos$ を複素数の指数関数に変えて、対称性が高いフーリエ変換に帰着できます。これは、実数関数のフーリエ級数では絶対に実現できない形です。

$$f(x) = \frac{1}{\pi}\int_{-\infty}^{\infty}du\int_{0}^{\infty}d\omega\bigl[f(u)\cos\omega(x-u)\bigr]$$

$$e^{i\theta}=\cos\theta+i\sin\theta \Rightarrow \cos\omega(x-u)=\frac{e^{i\omega(x-u)}+e^{-i\omega(x-u)}}{2}$$

$$f(x)=\frac{1}{\pi}\int_{-\infty}^{\infty}du\int_{0}^{\infty}d\omega\left[f(u)\frac{e^{i\omega(x-u)}+e^{-i\omega(x-u)}}{2}\right]$$

$$=\frac{1}{2\pi}\int_{-\infty}^{\infty}\left[\int_{0}^{\infty}f(u)e^{i\omega(x-u)}d\omega+\int_{0}^{\infty}f(u)e^{-i\omega(x-u)}d\omega\right]du$$

$$\int_{0}^{\infty}f(u)e^{-i\omega(x-u)}d\omega=\int_{-\infty}^{0}\bigl[f(u)e^{i\omega(x-u)}\bigr]d\omega \quad \text{変数の符号を変えると}[-\infty, 0]\text{の積分に変わる。}$$

$$f(x)=\frac{1}{2\pi}\int_{-\infty}^{\infty}\left[\int_{-\infty}^{\infty}f(u)e^{i\omega(x-u)}d\omega\right]du$$

$$=\frac{1}{\sqrt{2\pi}}\int_{-\infty}^{\infty}\left[\frac{1}{\sqrt{2\pi}}\int_{-\infty}^{\infty}f(u)e^{-i\omega u}du\right]e^{i\omega x}d\omega$$

$$\begin{cases} F(\omega) \equiv \dfrac{1}{\sqrt{2\pi}}\int_{-\infty}^{\infty}f(u)e^{-i\omega u}du & \text{フーリエ変換} \\ f(x)=\dfrac{1}{\sqrt{2\pi}}\int_{-\infty}^{\infty}F(\omega)e^{i\omega x}d\omega & \text{逆フーリエ変換} \end{cases}$$

$F(\omega)$ を「フーリエ変換」、$f(x)$ を「逆フーリエ変換」といいます。これで、左右を入れ換えても成立するくらい対称性が高まりました。実際に地震学では、進行波を表す $e^{i(kx-\omega t)}$ に関連する計算に便利なように、時間関数 $f(t)$ のフーリエ変換を空間関数のフーリエ変換とは逆の符号にするそうです。

Sec.2 フーリエ変換の使い方

［1］フーリエ変換の一般的な用途

　前節はかなり理論的な数式の導出に終始したので、本節ではその具体的な活用法を述べます。フーリエ変換の一般的な用途は次の通りです。
- 関数に含まれる振動数成分がわかる（スペクトル分析）
- 畳み込み（後述）の計算に使える
- 微分方程式を解くことができる

　フーリエ変換・逆フーリエ変換の公式を再掲します。これらの意味をもう一度確認しましょう。$f(x)$ は、さまざまな振動数の sin 波（または cos 波）に振動数分布 $F(\omega)$ の重みをかけあわせてできた波動分布を表し、その波動分布にさまざまな波動をかけあわせて，同じ振動数の波動を抽出して得られるのが振動数分布 $F(\omega)$ です。

$$\begin{cases} F(\omega) \equiv \dfrac{1}{\sqrt{2\pi}} \int_{-\infty}^{\infty} f(x)e^{-i\omega x}dx & \text{フーリエ変換} \\ f(x) = \dfrac{1}{\sqrt{2\pi}} \int_{-\infty}^{\infty} F(\omega)e^{i\omega x}d\omega & \text{逆フーリエ変換} \end{cases}$$

　スペクトル分析には直接、次のような効用があります。
○ 電磁波を材料・水・食品・大気などに当てて材質や成分を分析する
○ 分子が発生・反射するスペクトルを観測して分子レベルの構造を解析する
○ 気象変動を分析して周期的変化を抽出し影響を調べる
○ 構造物の地震応答スペクトルを調べて耐震設計に供する
○ 星雲や宇宙大気からの光が含む波長成分を調べて温度や成分を知る
○ 恒星・惑星からの光が含む波長成分を調べ大気や地表の成分などを知る

[2] フーリエ変換のさまざまな定義

　フーリエ変換の最初の注意事項は、書籍や分野などによってかなり流儀が異なることです。変換をどのように定義しているか、特に先頭の $1/2\pi$ がどのようになっているかを確認することが必要です。$1/2\pi$ の配置によって、後述の「畳み込み積分」の定義式も変わります。

$$\begin{cases} F(k) = \int_{-\infty}^{\infty} f(x)e^{-ikx}dx \\ f(x) = \frac{1}{2\pi}\int_{-\infty}^{\infty} F(k)e^{ikx}dk \end{cases} \begin{cases} F(\omega) = \int_{-\infty}^{\infty} f(x)e^{-i\omega t}dt \\ f(t) = \frac{1}{2\pi}\int_{-\infty}^{\infty} F(\omega)e^{i\omega t}d\omega \end{cases} \begin{cases} F(k) = \int_{-\infty}^{\infty} f(x)e^{2\pi ikx}dx \\ f(x) = \int_{-\infty}^{\infty} F(k)e^{-2\pi ikx}dk \end{cases}$$

　左の $x-k$ 流は、波動をあつかう場合によく用いられ、x は位置を表し、k は波数（$k=2\pi/\lambda$、λ:波長）を表します。波数は「2π メートル中に波長がいくつあるか」を示します。この場合のフーリエ変換は、座標で表された波動の形状 $f(x)$ を波数で表した関数 $F(k)$ に変換しています。$f(x)$ がどんな波数の波の重ね合わせで構成されているかという分布を表しています。

　これに対して中央の $t-\omega$ 流は、音波や電子回路の場合によく使われます。電気信号の波形は時間 t を使って $f(t)$ で表され、ω は「角振動数」と呼ばれるものです（$\omega=2\pi f$、f:振動数）。この場合は、時間で変動する波 $f(t)$ がどんな角振動数の波の重ね合わせで構成されているかという分布を表しています。

　右端の流儀は、結晶学の分野で伝統的に使われてきた定義であり、指数部分が若干複雑ですが、このように定義しておくと、数値計算の際に便利、などのさまざまなメリットがあります。

　本節ではフーリエ変換を表すのに記号 F を利用するので、フーリエ変換後の関数には $F(\omega)$ ではなく $g(\omega)$ を使用します。

$$\begin{cases} F[f] \equiv g(\omega) = \frac{1}{\sqrt{2\pi}}\int_{-\infty}^{\infty} f(x)e^{-i\omega x}dx \\ F^{-1}[g] \equiv f(x) = \frac{1}{\sqrt{2\pi}}\int_{-\infty}^{\infty} g(\omega)e^{i\omega x}d\omega \end{cases}$$

[3] フーリエ変換の一般的な性質

まずフーリエ変換の性質を紹介します。これらの証明は非常に容易です。

$$\begin{aligned}
\text{線型性} \quad & F[a_1 f_1 + a_2 f_2] = a_1 F[f_1] + a_2 F[f_2] \\
\text{相似性} \quad & F[f(ax)] = \frac{1}{a} g\left(\frac{\omega}{a}\right) \\
\text{平行移動} \quad & F[f(x-a)] = e^{-ia\omega} F[f(x)]
\end{aligned}$$

線型性 $\quad F[a_1 f_1 + a_2 f_2] = \dfrac{1}{\sqrt{2\pi}} \displaystyle\int_{-\infty}^{\infty} [a_1 f_1(x) + a_2 f_2(x)] e^{-i\omega x} dx$

$\quad = \dfrac{a_1}{\sqrt{2\pi}} \displaystyle\int_{-\infty}^{\infty} f_1(x) e^{-i\omega x} dx + \dfrac{a_2}{\sqrt{2\pi}} \displaystyle\int_{-\infty}^{\infty} [f_2(x)] e^{-i\omega x} dx = a_1 F[f_1] + a_2 F[f_2]$

相似性 $\quad F[f(ax)] = \dfrac{1}{\sqrt{2\pi}} \displaystyle\int_{-\infty}^{\infty} f(ax) e^{-i\omega x} dx \quad \left[ax = u, dx = \dfrac{1}{a} du\right]$

$\quad = \dfrac{1}{\sqrt{2\pi}} \dfrac{1}{a} \displaystyle\int_{-\infty}^{\infty} f(u) e^{-i\omega \frac{u}{a}} du = \dfrac{1}{\sqrt{2\pi}} \dfrac{1}{a} \displaystyle\int_{-\infty}^{\infty} f(u) e^{-i\frac{\omega}{a} u} du = \dfrac{1}{a} g\left(\dfrac{\omega}{a}\right)$

平行移動 $\quad F[f(x-a)] = \dfrac{1}{\sqrt{2\pi}} \displaystyle\int_{-\infty}^{\infty} f(x-a) e^{-i\omega x} dx \quad [x - a = u, dx = du]$

$\quad = \dfrac{1}{\sqrt{2\pi}} \displaystyle\int_{-\infty}^{\infty} f(u) e^{-i\omega(u+a)} du = \dfrac{e^{-i\omega a}}{\sqrt{2\pi}} \displaystyle\int_{-\infty}^{\infty} f(u) e^{-i\omega u} du = e^{-ia\omega} F[f(x)]$

[4] 微積分のフーリエ変換

フーリエ変換の最大の特徴は、微分しても積分しても定数倍の係数がかかるだけです。フーリエ変換の場合は、「関数の絶対値を積分しても有限である」(「絶対可積分」といいます) ことを前提とします。したがって、かならず発散する実数指数関数はフーリエ変換ではあつかえません。

$$\begin{aligned}
\text{微分} \quad & \begin{cases} F\left[f^{(n)}(x)\right] = (i\omega)^n F[f(x)] \end{cases} \\
\text{積分} \quad & \begin{cases} F\left[\displaystyle\int_0^x f(t) dt\right] = \dfrac{1}{i\omega} F[f(x)] \end{cases}
\end{aligned}$$

たとえば、定数係数2階線型微分方程式の解法は P.91 で述べましたが、**微分方程式をフーリエ変換したものが「特性方程式」に当たります**。フーリエ変換を使うと**斉次方程式だけではなく非斉次方程式を簡単に解くことができます**。ただしこの場合には次節で説明する「δ関数」が必要になります。

微分の関係式は部分積分を使って証明します。積分は微分方程式の逆操作なので明らかです。

$$\text{微分} \quad F\left[f^{(n)}(x)\right] = \frac{1}{\sqrt{2\pi}} \int_{-\infty}^{\infty} f^{(n)}(x) e^{-i\omega x} dx$$

$$\left[\int f(x)g'(x)dx = f(x)g(x) - \int f'(x)g(x)dx\right]$$

$$= \frac{1}{\sqrt{2\pi}} \left[\left[f^{(n-1)}(x)e^{-i\omega x}\right]_{-\infty}^{\infty} + i\omega \int_{-\infty}^{\infty} f^{(n-1)}(x) e^{-i\omega x} dx\right]$$

$$= i\omega\left[f^{(n-1)}(x)\right] = \cdots = (i\omega)^n F[f(x)]$$

$$\text{積分} \quad \begin{cases} F[f'(x)] = (i\omega) F[f(x)] \\ f(x) \Rightarrow \int_0^x f(t)dt \end{cases} \Rightarrow F[f(x)] = (i\omega) F\left[\int_0^x f(t)dt\right]$$

$$\Rightarrow F\left[\int_0^x f(t)dt\right] = \frac{1}{i\omega} F[f(x)]$$

[5] フーリエ変換と畳み込み積分あるいは合成積

「畳み込み積分」とは次のような積分であり、物理ではこのような畳み込み積分がよく現れます。畳み込み積分はコンボリューションあるいは合成積とも呼ばれます。

$$\text{畳み込み積分} \quad \int_{-\infty}^{\infty} f_1(t) f_2(x-t) dt \equiv F[f_1 * f_2]$$

たとえばこの積分は、電荷分布が$g(y)$で表され$f(x)$が電荷のクーロンポテンシャルとした場合の点xでの静電ポテンシャルとみることができます（次頁参照、これをxで微分すれば電位が得られます）。

また、レーザー光の強度分布は中心軸からの距離をxとすると$e^{-\alpha x^2}$に比例する

ガウス型と呼ばれる分布になりますが、これがレンズに入射すると、またガウス型の別のビームに変換され、最終的にそのビームは2つの分布の畳み込み積分になります（この積分は P.231 で行います）。

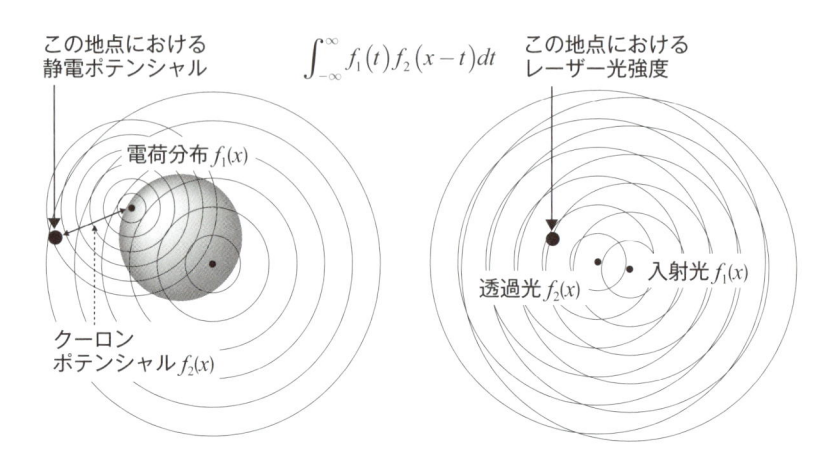

この地点における静電ポテンシャル
$\int_{-\infty}^{\infty} f_1(t) f_2(x-t) dt$
この地点におけるレーザー光強度

電荷分布 $f_1(x)$

クーロンポテンシャル $f_2(x)$

透過光 $f_2(x)$　　入射光 $f_1(x)$

フーリエ変換にはおもしろい性質があり、2つの関数について「畳み込み積分」を行った結果のフーリエ変換が「それぞれの関数のフーリエ変換の積」になります。逆に、**関数の積のフーリエ変換はフーリエ変換の畳み込み積分**に相当します。

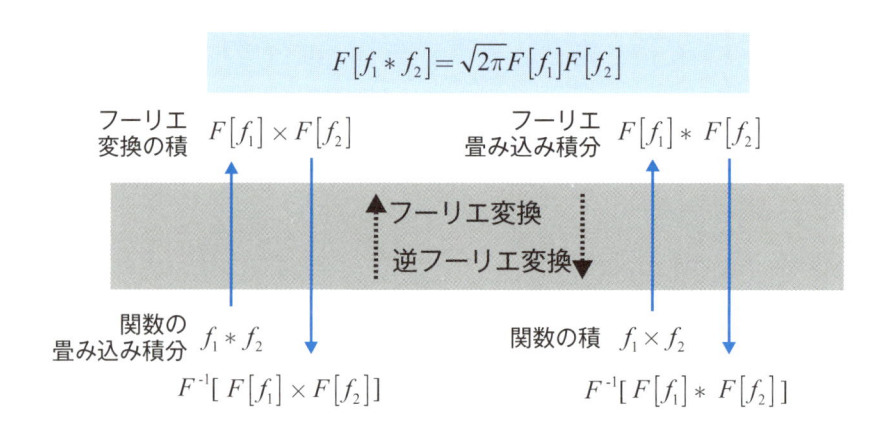

$$F[f_1 * f_2] = \sqrt{2\pi} F[f_1] F[f_2]$$

フーリエ変換の積　$F[f_1] \times F[f_2]$　　　フーリエ畳み込み積分　$F[f_1] * F[f_2]$

フーリエ変換 ↑
逆フーリエ変換 ↓

関数の畳み込み積分　$f_1 * f_2$　　　関数の積　$f_1 \times f_2$

$F^{-1}[F[f_1] \times F[f_2]]$　　　$F^{-1}[F[f_1] * F[f_2]]$

したがって、フーリエ変換を利用すると、畳み込み積分を実行する代わりに、次のステップを踏んで単純な掛け算で畳み込み積分を得ることができます。

(1) $f_1(x)$ と $f_2(x)$ をそれぞれ公式にしたがいフーリエ変換する。
(2) $F[f_1(x)]$ と $F[f_2(x)]$ をかけ算する。
(3) $F[f_1(x)] \times F[f_2(x)]$ を公式にしたがい逆フーリエ変換する。

畳み込み積分の関係を証明します。

$$\begin{aligned}
F[f_1 * f_2] &= F\left[\int_{-\infty}^{\infty} f_1(t) f_2(x-t) dt\right] \\
&= \frac{1}{\sqrt{2\pi}} \int_{-\infty}^{\infty} \left(\int_{-\infty}^{\infty} f_1(t) f_2(x-t) dt\right) e^{-i\omega x} dx \\
&= \int_{-\infty}^{\infty} f_1(t) \left(\frac{1}{\sqrt{2\pi}} \int_{-\infty}^{\infty} f_2(x-t) e^{-i\omega x} dx\right) dt \\
&= \int_{-\infty}^{\infty} f_1(t) \left(\frac{1}{\sqrt{2\pi}} \int_{-\infty}^{\infty} f_2(s) e^{-i\omega s} ds\right) e^{-i\omega t} dt \quad [x-t \equiv s] \\
&= \int_{-\infty}^{\infty} f_1(t) g_2(\omega) e^{-i\omega t} dt = g_2(\omega) \int_{-\infty}^{\infty} f_1(t) e^{-i\omega t} dt \\
&= \sqrt{2\pi} F[f_1] F[f_2]
\end{aligned}$$

本書の定義では $\sqrt{2\pi}$ が必要ですが、逆フーリエ変換だけに $1/2\pi$ がつくフーリエ変換の流儀では $\sqrt{2\pi}$ は不要です（P.221 参照）。

[6] デルタ関数とは何か

フーリエ変換には、見慣れない関数 $\delta(x)$ が必要になります。$\delta(x)$ は「ディラックのデルタ関数」と呼ばれ、2 つの整数に対して定義されていた「クロネッカーのデルタ」（P.144 参照）を連続変数に拡張したもので、次のように定義されます。

シュワルツの超関数の定義（数学的） $\quad \int_{-\infty}^{\infty} f(x) \delta(x) dx = f(0)$

ディラックのデルタ関数の定義（実用的） $\quad \int_{-\infty}^{\infty} \delta(x) dx = 1 \Rightarrow \delta(x) = \begin{cases} 0 & (x \neq 0) \\ \infty & (x = 0) \end{cases}$

この性質から、少し乱暴ですが、重要な関係「$f(x)\delta(a) = f(a)$」が得られます。また、$\delta(x)$ は偶関数で、$\delta(-x) = \delta(x)$ です。$\delta(x)$ が登場するいくつかの代表的な例を示します。

●特定振動数の正弦波のフーリエ変換はデルタ関数

特定の振動数 ω_0 の正弦波 $f(t)=\sin\omega t$ をフーリエ変換すると、その振動数は2つの振動数を持つ $\omega=\pm i\omega_0$ の δ 関数になりますが、これは**右向き・左向きの2つの進行波**を表します。

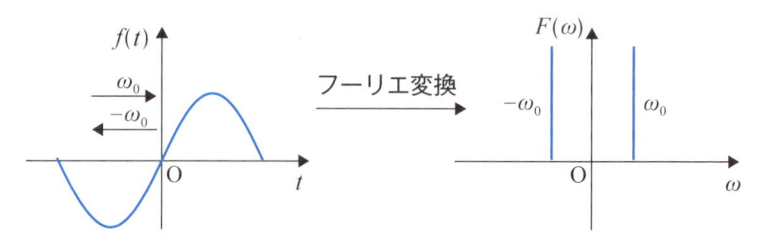

●デルタ関数のフーリエ変換は定数

無限に短いパルスを表す $f(t)=\delta(t)$ のフーリエ変換は定数になりますが、これは、**無限に短いパルスを表すには無限個の同量の振動数が必要**ということです。

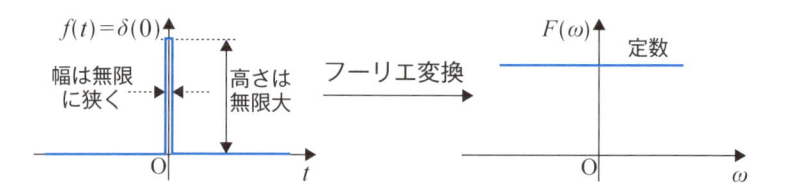

これを時間の関数の電流で説明すると、$\delta(t)$ は無限に幅が小さいパルスを意味し、パルス幅が小さいほどスペクトルは拡散し、パルス幅とスペクトルの幅は反比例します。このことは、次節で視覚化してもう少し詳しく説明します。

●定数のフーリエ変換はデルタ関数

電流で説明すると、$f(x)=1$ は直流電流を表し、その振動数は0だけなので、そのフーリエ変換は $F(\omega)=\delta(0)$ となります。

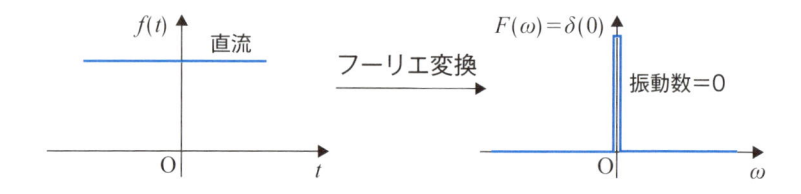

[7] 主な関数のフーリエ変換

　フーリエ変換では、主な関数のフーリエ変換を既知として利用します。その中には複素積分の助けを借りなければ変換結果が得られないものもあるので、結果を利用します。次に示すのは、日ごろ使っている初等関数の一部です。フーリエ変換では、ガウス関数のフーリエ変換がガウス関数になります。

$$F[1] = \sqrt{2\pi}\delta(\omega)$$
$$F[\delta(x)] = \frac{1}{\sqrt{2\pi}}$$
$$F[x^n] = i^n\sqrt{2\pi}\delta^{(n)}(\omega)$$
$$F[e^{iax}] = \sqrt{2\pi}\delta(\omega-a)$$
$$F[e^{-a|x|}] = \sqrt{\frac{2}{\pi}}\frac{a}{a^2+\omega^2}$$
$$F[e^{-\alpha x^2}] = \frac{1}{\sqrt{2\alpha}}e^{-\frac{\omega^2}{4\alpha}}$$

$$F[\cos(ax)] = \sqrt{2\pi}\frac{\delta(\omega-a)+\delta(\omega+a)}{2}$$
$$F[\sin(ax)] = i\sqrt{2\pi}\frac{\delta(\omega+a)-\delta(\omega-a)}{2}$$
$$F[\cos(ax^2)] = \frac{1}{\sqrt{2a}}\cos\left(\frac{\omega^2}{4a}-\frac{\pi}{4}\right)$$
$$F[\sin(ax^2)] = \frac{-1}{\sqrt{2a}}\sin\left(\frac{\omega^2}{4a}-\frac{\pi}{4}\right)$$

　このほかにもさまざまな関数の変換結果が得られていますが、これだけあればだいたいのフーリエ変換が可能です。逆変換は変換則を逆に利用します。

　この定義の場合、左頁に示した$\delta(x)$のフーリエ変換は$F[\delta(x)]=(1/\sqrt{2\pi})$、定数のフーリエ変換は$F[1]=\sqrt{2\pi}\ \delta(\omega)$となります。

　この公式のうち三角関数$\cos ax$のフーリエ変換の公式を導いておきます。これは指数関数とデルタ関数のフーリエ変換の定義から証明するものです。

$$f(x) = \sin ax$$
$$F[f] = g(\omega) = \frac{1}{\sqrt{2\pi}}\int_{-\infty}^{\infty}\sin(ax)e^{-i\omega x}dx = \frac{1}{\sqrt{2\pi}}\int_{-\infty}^{\infty}\frac{e^{iax}-e^{-iax}}{2i}e^{-i\omega x}dx$$
$$= \frac{1}{2i}\cdot\frac{1}{\sqrt{2\pi}}\int_{-\infty}^{\infty}\left(e^{iax}e^{-i\omega x}-e^{-iax}e^{-i\omega x}\right)dx = \frac{1}{2i}\left(F[e^{iax}]-F[e^{-iax}]\right)$$
$$= \frac{1}{2i}\left(\sqrt{2\pi}\cdot\delta(\omega-a)-\sqrt{2\pi}\cdot\delta(\omega+a)\right) = i\sqrt{2\pi}\left(\frac{\delta(\omega+a)-\delta(\omega-a)}{2}\right)$$

Sec.3 フーリエ変換を目で見る

［1］パルスをフーリエ変換する

本節では、次のようなパルスを $f(x)$ としてフーリエ変換して $g(\omega)$ を求め、パルス幅 d を変えた場合に $f(x)$ と $g(\omega)$ がどう形を変えるかを調べます。

$$f(x) = \begin{cases} 1 & \left(|x| < \dfrac{d}{2}\right) \\ 0 & \left(|x| \geq \dfrac{d}{2}\right) \end{cases}$$

次のようにフーリエ変換すると $g(\omega)$ が得られます。これは $\sin x/x$ の形（「sinc 関数」と呼ばれます）になり、**三角関数が反比例曲線に沿って減衰していきます**。

$$\begin{aligned}
F[f] = g(\omega) &= \frac{1}{\sqrt{2\pi}} \int_{-\infty}^{\infty} f(x) e^{-i\omega x} dx = \frac{1}{\sqrt{2\pi}} \int_{-\frac{d}{2}}^{\frac{d}{2}} e^{-i\omega x} dx \\
&= \frac{1}{\sqrt{2\pi}} \left[\frac{e^{-i\omega x}}{-i\omega} \right]_{-\frac{d}{2}}^{\frac{d}{2}} = \frac{1}{-i\omega\sqrt{2\pi}} \left(e^{-i\omega\frac{d}{2}} - e^{i\omega\frac{d}{2}} \right) \\
&= \frac{i}{\omega\sqrt{2\pi}} \left[\cos\left(-\omega\frac{d}{2}\right) + i\sin\left(-\omega\frac{d}{2}\right) - \cos\left(\omega\frac{d}{2}\right) - i\sin\left(\omega\frac{d}{2}\right) \right] \\
&= \frac{i}{\omega\sqrt{2\pi}} \left[\cos\left(\omega\frac{d}{2}\right) - i\sin\left(\omega\frac{d}{2}\right) - \cos\left(\omega\frac{d}{2}\right) - i\sin\left(\omega\frac{d}{2}\right) \right] \\
&= \frac{2}{\omega\sqrt{2\pi}} \sin\left(\omega\frac{d}{2}\right) = \frac{d}{\sqrt{2\pi}} \frac{\sin\left(\omega\frac{d}{2}\right)}{\omega\frac{d}{2}}
\end{aligned}$$

［2］パルス幅を変える

$f(x)$ と $g(\omega)$ のグラフを右頁に示します。$d=0.5$、0.3、0.1、0.05 の4つの d

のグラフを並べました。P.226 で述べたように、パルス幅が小さくなれば振動数0の付近の波動が減少して、幅広い範囲の振動数の波動が必要なことが見て取れます。パルス幅が極端に小さくなると、フーリエ変換のグラフはだんだんなだらかになって直線に近づきます。sinc 関数の $d \to \infty$（直線）の極限がデルタ関数 $\delta(\omega)$ に対応します。

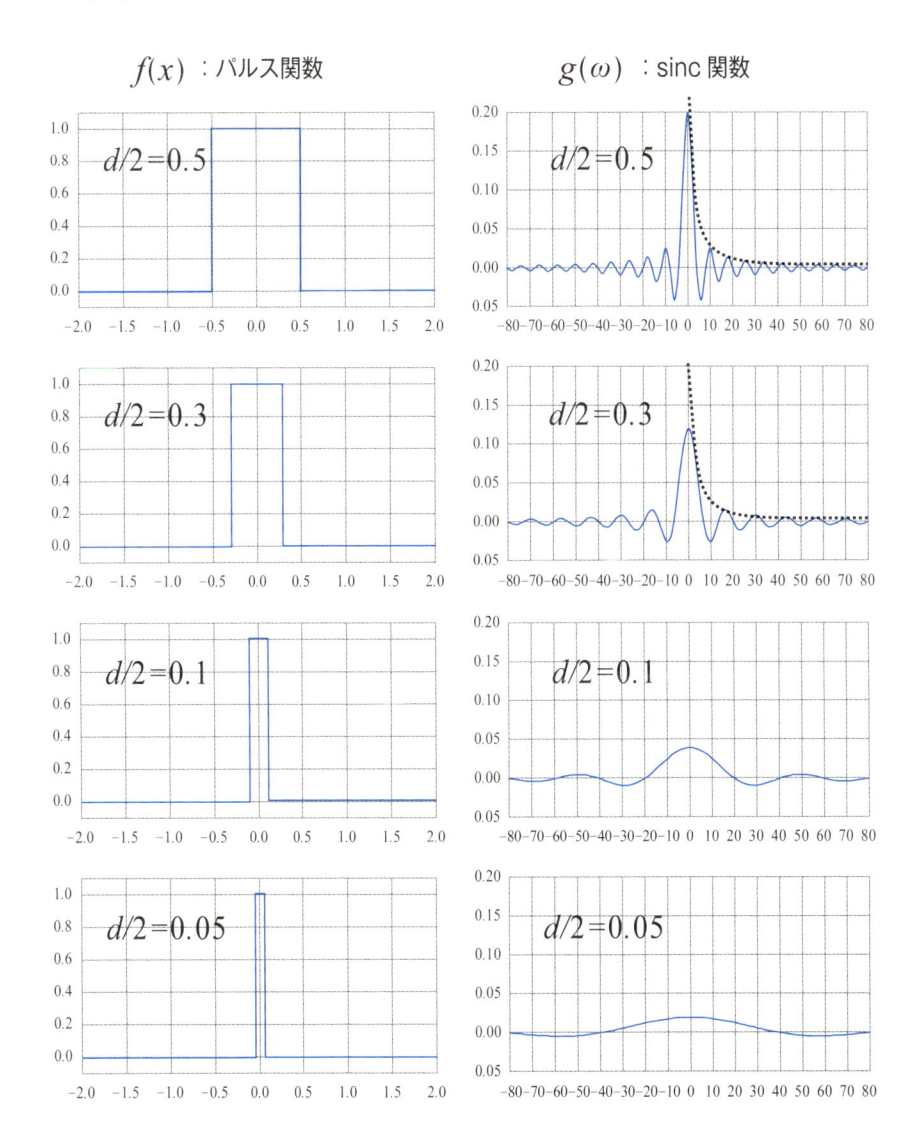

$f(x)$：パルス関数

$g(\omega)$：sinc 関数

$d/2 = 0.5$

$d/2 = 0.3$

$d/2 = 0.1$

$d/2 = 0.05$

Sec.4 レーザー光のビーム拡散を求める

［1］ビームの拡散の度合いを積分で求める

　レーザー光の強度分布は中心軸からの距離を x として $f_1(x)=e^{-ax^2}$ で表されるガウス型の分布になり、レンズを通過した後のビームもまたガウス型の $f_2(x)=e^{-bx^2}$ で表される分布になります。**ガウス型分布とは、中心からの距離の2乗を指数とした正規分布のことであり、ガウスが発見したことからこう呼ばれます。**

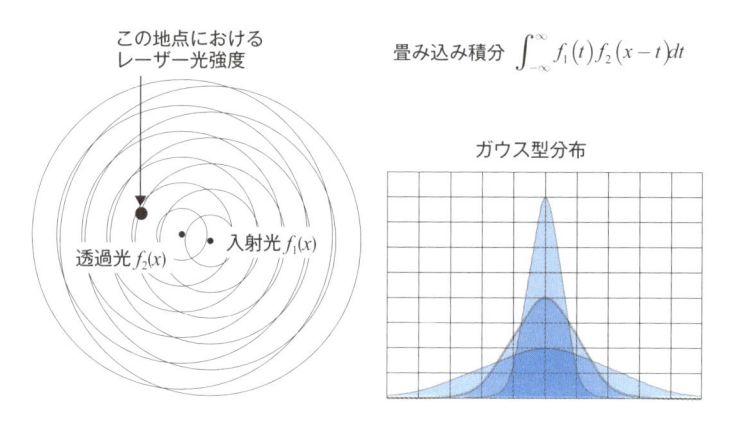

畳み込み積分 $\int_{-\infty}^{\infty} f_1(t)f_2(x-t)dt$

ガウス型分布

　ビームの最終的な分布をまず積分で求めます。t についての積分以外の指数部分を積分から分離し、残った部分をガウス積分の公式で計算します。

$$f(x)=f_1(x)*f_2(x)=\int_{-\infty}^{\infty}e^{-at^2}e^{-b(x-t)^2}dt=\int_{-\infty}^{\infty}e^{-at^2-b(x-t)^2}dt$$

$$-at^2-b(x-t)^2=-t^2(a+b)+2bxt-bx^2$$

$$=-(a+b)\left[t^2-\frac{2bxt}{a+b}\right]-bx^2=-(a+b)\left[t-\frac{bx}{a+b}\right]^2-\frac{abx^2}{a+b}$$

$$\therefore f(x)=e^{-\frac{abx^2}{a+b}}\int_{-\infty}^{\infty}e^{-(a+b)\left[t-\frac{bx}{a+b}\right]^2}dt$$

ガウス積分は初等的な方法では計算できず、複素関数の理論を利用して求めます。**ガウス分布のフーリエ変換はガウス型分布**となります。

$$I = \int_{-\infty}^{\infty} e^{-(a+b)\left[t-\frac{bx}{a+b}\right]^2} dt \quad \left[s = t - \frac{bx}{a+b}\right]$$

$$\boxed{\int_{-\infty}^{\infty} e^{-ax^2} dx = \sqrt{\frac{\pi}{a}}} \Rightarrow I = \int_{-\infty}^{\infty} e^{-(a+b)s^2} ds = \sqrt{\frac{\pi}{a+b}}$$

［ガウス積分の公式］

$$\therefore f(x) = \sqrt{\frac{\pi}{a+b}} e^{-\frac{abx^2}{a+b}}$$

［2］ビームの拡散の度合いをフーリエ変換を利用して求める

畳み込み積分の手間を省き、フーリエ変換の公式を利用して、フーリエ変換の積を逆フーリエ変換して畳み込み積分の結果を求めます。公式を利用するだけで積分計算が不要なので、計算が非常に簡単です。

$$\begin{cases} f_1(x) = e^{-ax^2} \\ f_2(x) = e^{-bx^2} \end{cases} \Rightarrow \begin{cases} F[f_1] = F[e^{-ax^2}] = \dfrac{1}{\sqrt{2a}} e^{-\frac{\omega^2}{4a}} \\ F[f_2] = \dfrac{1}{\sqrt{2b}} e^{-\frac{\omega^2}{4b}} \end{cases}$$

［フーリエ変換の公式］

$$F[f_1 * f_2] = \sqrt{2\pi} \cdot F[f_1] \cdot F[f_2] = \sqrt{2\pi} \cdot \frac{1}{\sqrt{2a}} e^{-\frac{\omega^2}{4a}} \cdot \frac{1}{\sqrt{2b}} e^{-\frac{\omega^2}{4b}}$$

$$= \sqrt{\frac{\pi}{2ab}} e^{-\frac{\omega^2}{4} \cdot \frac{a+b}{ab}} = \sqrt{\frac{\pi}{2ab}} e^{-\left(\frac{\omega}{2 \cdot \sqrt{\frac{ab}{a+b}}}\right)^2}$$

［畳み込み積分をフーリエ変換の積で求める］

$$= \sqrt{\frac{\pi}{2ab}} \cdot \sqrt{2} \sqrt{\frac{ab}{a+b}} \cdot \boxed{\frac{1}{\sqrt{2}\sqrt{\frac{ab}{a+b}}}} \cdot e^{-\left(\frac{\omega}{2 \cdot \sqrt{\frac{ab}{a+b}}}\right)^2}$$

［フーリエ変換の公式の逆利用］

$$f_1 * f_2 = \sqrt{\frac{\pi}{2ab}} \cdot \sqrt{2} \sqrt{\frac{ab}{a+b}} e^{-\left(\frac{\sqrt{ab}}{\sqrt{a+b}}\right)^2 t^2} = \sqrt{\frac{\pi}{a+b}} e^{-\frac{ab}{a+b}t^2}$$

Sec.5 フーリエ変換で微分方程式を解く

[1] 交流電気回路とフーリエ変換

　P.96 から始まる第2章 Sec.4 では、直流回路の線型微分方程式を従来の方法で解きましたが、交流回路では印加する正弦波などの交流に対応してその振幅や位相が変化します。抵抗を「インピーダンス」と読み替え、コイルやコンデンサーが持つインピーダンスを求めて計算します。インピーダンスとは、電流と電圧の比のことであり、交流電気回路では抵抗を意味し、それぞれ次のように用語が変わります。

　　　　抵抗のインピーダンス　　　　　→レジスタンス
　　　　コイルのインピーダンス　　　　　→インダクタンス
　　　　コンデンサーのインピーダンス　　→キャパシタンス

本項ではこのインピーダンスがフーリエ変換を使って得られることを示します。Sec.4 で示した関係式を、電気量 $q(t)$ ではなく電流 $i(t)$ で表すと次のようになります。

$$E = V_R + V_C + V_L = R\frac{dq}{dt} + \frac{1}{C}q(t) + L\frac{d^2q}{dt^2} \Rightarrow i = \frac{dq}{dt} \Rightarrow \begin{cases} V_R = R\dfrac{dq}{dt} = Ri \\ V_C = \dfrac{1}{C}q(t) = \dfrac{1}{C}\int_0^t i(t)dt \\ V_L = L\dfrac{d^2q}{dt^2} = L\dfrac{di}{dt} \end{cases}$$

　これらをフーリエ変換すると次の関係が得られます。微積分がフーリエ変換の結果におよぼす影響は「定数($i\omega$)倍」に単純化されます。

$$F[Ri] = Rg(\omega), \quad F\left[\frac{1}{C}\int_0^t i(t)dt\right] = \frac{1}{i\omega}\frac{1}{C}g(\omega), \quad F\left[L\frac{di}{dt}\right] = i\omega L g(\omega)$$

　抵抗、コイルやコンデンサーが持つインピーダンスはこの係数に他なりません。

[2] 2階線型斉次微分方程式のフーリエ変換による解法

　P.91 では、2階線型微分方程式の斉次方程式の基本的な解法を示しました。微分方程式をフーリエ変換したものが特性方程式に当たります。フーリエ変換を使うと斉次方程式だけではなく非斉次方程式を簡単に解くことができます。下記の表記は、本書のフーリエ変換の流儀に合わせて変えてあります。

$$\text{定数係数 2階線型非斉次方程式} \quad \frac{d^2 f_1}{dx^2} + a\frac{df_1}{dx} + bf_1 = R(x)$$

$$\text{定数係数 2階線型斉次方程式} \quad \frac{d^2 f_2}{dx^2} + a\frac{df_2}{dx} + bf_2 = 0$$

　まず斉次方程式のフーリエ変換を示します。P.222 に示したように、微分のフーリエ変換では $(i\omega)$ が微分の階数だけかけ合わされるので、次のようになります。

$$F\left[\frac{d^2 f_2}{dx^2}\right] = (i\omega)^2 F[f_2] = (i\omega)^2 g(\omega)$$

$$F\left[\frac{df_2}{dx}\right] = (i\omega) F[f_2] = (i\omega) g(\omega)$$

$$\therefore F\left[\frac{d^2 f_2}{dx^2} + a\frac{df_2}{dx} + bf_2\right] = (i\omega)^2 g(\omega) + a(i\omega)g(\omega) + bg(\omega) = 0$$

$$\Rightarrow (\omega^2 - ai\omega - b)g(\omega) = 0 \Rightarrow \omega^2 - ai\omega - b = 0$$

$$\Rightarrow \omega = \frac{ai \pm \sqrt{(ai)^2 + 4b}}{2} = \frac{ai \pm \sqrt{4b - a^2}}{2} \Rightarrow \omega_\pm \equiv \frac{ai \pm \sqrt{4b - a^2}}{2}$$

　フーリエ変換して振動数 ω がわかったので、逆変換なしで $f(x)$ を書き出すことができます。P.91 で述べた特性方程式は、フーリエ変換が満たす振動数 ω の方程式に他なりません。

$$\begin{cases} f(x) \equiv A e^{i\omega_+ x} + B e^{i\omega_- x} \\ 4b - a^2 \equiv D \end{cases}$$

$$i\omega_\pm = \frac{-a \pm i\sqrt{D}}{2} = \left(-\frac{a}{2}\right) \pm \frac{\sqrt{D}}{2} i$$

$$f(x) = A\left(e^{-\frac{a}{2}x} e^{\frac{\sqrt{D}}{2}ix}\right) + B\left(e^{-\frac{a}{2}x} e^{-\frac{\sqrt{D}}{2}ix}\right) = e^{-\frac{a}{2}x}\left[Ae^{\frac{\sqrt{D}}{2}ix} + Be^{-\frac{\sqrt{D}}{2}ix}\right]$$

$$= e^{-\frac{a}{2}x}\left[A\left(\cos\frac{\sqrt{D}}{2}x + i\sin\frac{\sqrt{D}}{2}x\right) + B\left(\cos\frac{\sqrt{D}}{2}x - i\sin\frac{\sqrt{D}}{2}x\right)\right]$$

$$= e^{-\frac{a}{2}x}\left[(A+B)\cos\frac{\sqrt{D}}{2}x + i(A-B)\sin\frac{\sqrt{D}}{2}x\right]$$

$f(x)$ は実数なので、そのためには A と B が共役複素数でなければならないことになり、P.95 の解と同様の解が得られます。積分定数は少し工夫しました。

$$\begin{cases} A+B \in \mathbf{R} \\ A-B \in \mathbf{I} \end{cases} \Rightarrow \begin{cases} A \equiv \dfrac{\alpha - i\beta}{2} \\ B \equiv \dfrac{\alpha + i\beta}{2} \end{cases} \Rightarrow \begin{cases} A+B = \alpha \\ A-B = -i\beta \end{cases}$$

$$f(x) = e^{-\frac{a}{2}x}\left[\alpha\cos\frac{\sqrt{D}}{2}x + \beta\sin\frac{\sqrt{D}}{2}x\right] \quad [D = 4b - a^2]$$

ただしここでは、振動解のみを導き、他は省略します。他の解は第2章の $Sec.3$ を参照してください。

[3] 2階非線型微分方程式のフーリエ変換による解法

フーリエ変換には、非斉次微分方程式どころか**非線型微分方程式も積分なしで簡単に解ける**という長所があります。右辺の $R(x)$ が $\sin x$ の場合は交流電力が加えられている交流回路の挙動、あるいはバネ振動では減衰振動に相当します。

$$\begin{cases} \dfrac{d^2 f_1}{dx^2} + a\dfrac{df_1}{dx} + bf_1 = R(x) \\ R(x) = \sin x \end{cases} \Rightarrow \quad \dfrac{d^2 f_1}{dx^2} + a\dfrac{df_1}{dx} + bf_1 = \sin x$$

P.227 のフーリエ変換の公式で $a=1$ とおいて次式が得られます。

$$F[\sin(x)] = i\sqrt{\frac{\pi}{2}}[\delta(\omega+1) - \delta(\omega-1)]$$

$$F\left[\frac{d^2 f_1}{dx^2} + a\frac{df_1}{dx} + bf_1\right] = \left(-\omega^2 + ia\omega + b\right)g(\omega)$$

$$= i\sqrt{\frac{\pi}{2}}\left[\delta(\omega+1) - \delta(\omega-1)\right]$$

$$\therefore g(\omega) = \left(i\sqrt{\frac{\pi}{2}}\right)\frac{\delta(\omega+1) - \delta(\omega-1)}{-\omega^2 + ia\omega + b} \quad \text{これがフーリエ変換ですが逆変換しやすいように整理します。}$$

$$= \left(-i\sqrt{\frac{\pi}{2}}\right)\left(\frac{\delta(\omega+1)}{\omega^2 - ia\omega - b} - \frac{\delta(\omega-1)}{\omega^2 - ia\omega - b}\right) \quad \begin{array}{l}\delta(x)=0\ (x\neq 0)\ \text{なので、分母に}\\ \text{デルタ関数の中を 0 にする}\\ \text{数値を代入します。}\end{array}$$

$$= \left(-i\sqrt{\frac{\pi}{2}}\right)\left(\frac{\delta(\omega+1)}{1 + ia - b} - \frac{\delta(\omega-1)}{1 - ia - b}\right) = \left(i\sqrt{\frac{\pi}{2}}\right)\left(\frac{\delta(\omega+1)}{(b-1) - ia} - \frac{\delta(\omega-1)}{(b-1) + ia}\right)$$

$$= \left(i\sqrt{\frac{\pi}{2}}\right)\frac{1}{(b-1)^2 + a^2}\left[(b - 1 + ia)\delta(\omega+1) - (b - 1 - ia)\delta(\omega-1)\right]$$

$$= -\sqrt{\frac{\pi}{2}}\left[\frac{a - i(b-1)}{(b-1)^2 + a^2}\delta(\omega+1) - \frac{a + i(b-1)}{(b-1)^2 + a^2}\delta(\omega-1)\right]$$

これでフーリエ変換が得られました。今度はこれを逆変換します。

$$f_1(x) = F^{-1}\left[-\sqrt{\frac{\pi}{2}}\left[\frac{a - i(b-1)}{(b-1)^2 + a^2}\delta(\omega+1) - \frac{a + i(b-1)}{(b-1)^2 + a^2}\delta(\omega-1)\right]\right]$$

$$= \left(-\sqrt{\frac{\pi}{2}}\right)\frac{1}{(b-1)^2 + a^2}\left([a - i(b-1)]F^{-1}[\delta(\omega+1)] - [a + i(b-1)]F^{-1}[\delta(\omega-1)]\right)$$

$$= \left(-\sqrt{\frac{\pi}{2}}\right)\frac{1}{(b-1)^2 + a^2}\left([a - i(b-1)]\frac{e^{-ix}}{\sqrt{2\pi}} + [a + i(b-1)]\frac{e^{ix}}{\sqrt{2\pi}}\right)$$

$$= \frac{-1}{(b-1)^2 + a^2}\left[a\left(\frac{e^{ix} + e^{-ix}}{2}\right) + (b-1)\left(\frac{e^{ix} - e^{-ix}}{2i}\right)\right]$$

$$= \frac{-1}{(b-1)^2 + a^2}\left[a\cos x + (b-1)\sin x\right] = \frac{-1}{\sqrt{(b-1)^2 + a^2}}\frac{a\cos x + (b-1)\sin x}{\sqrt{(b-1)^2 + a^2}}$$

確かに計算は少し複雑ですが、積分なしの代数的計算だけで微分方程式が解けています。

Sec.6 フーリエ変換より便利なラプラス変換

[1] ラプラス変換とはどういうものか

　フーリエ変換より便利な「ラプラス変換」というものがあります。これは、フーリエ変換を発展させた、さらに実用的な計算手法であり、ヘヴィサイドという電気技師が発案し、後にその120年も前に数学者ラプラスが数学的な基盤を構築していたことがわかりました。時期的にはフーリエ級数の発見と同時期です。

　フーリエ変換の背景にはフーリエ級数があり、位置空間と波数空間、あるいは時間空間と振動数空間というように物理的な対応がありますが、ラプラス変換にはラプラス級数というものは存在せず、「関数の変換」に特化した、優れた微分方程式の解法です。「理学はフーリエ！ 工学はラプラス！」ともいわれています。

[2] ラプラス変換とフーリエ変換を数学的に比較する

　ラプラス変換の特徴をフーリエ変換の特徴と比較してみましょう。

●積分区間が異なる

　右頁上段コラムに示すように、フーリエ変換の積分区間は（−∞，+∞）ですが、ラプラス変換の積分区間は [0, ∞) です。積分区間がフーリエ変換と同一の両側ラプラス変換というものもあります。ここで、「[」はその端を含む閉区間の端、「(」はその端を含まない開区間の端を意味します。時間の言葉でいえば、「過去を忘れている」ともいえますが、逆に出発点が明確です。

●肩の指数が異なる（純虚数と複素数）

　右頁上段コラムに示すように、フーリエ変換では指数関数の純虚数乗を利用するのに対し、ラプラス変換では複素数乗を利用するので、これによって発散を抑えられます。ラプラス変換の右辺の積分は「ブロムウィッチ積分」と呼ばれる複素積分であり、本書では複素積分はあつかっておらず、逆変換はラプラス変換の公

> **フーリエ変換とラプラス変換の比較**
>
> ●ラプラス変換の場合
> $$F(s) = \int_0^\infty f(t)e^{-st}dt \Leftrightarrow f(t) = \lim_{p \to \infty} \frac{1}{2\pi i} \int_{c-ip}^{c+ip} F(s)e^{st}ds$$
> $$s = \sigma + i\omega, \quad \sigma > 0, \quad s, t, st \in \mathbf{C}$$
>
> ●フーリエ変換の場合
> $$F(s) = \frac{1}{\sqrt{2\pi}} \int_{-\infty}^{\infty} f(t)e^{-ist}dt \Leftrightarrow f(t) = \frac{1}{\sqrt{2\pi}} \int_{-\infty}^{\infty} g(s)e^{ist}ds$$
> $$s, t \in \mathbf{R} \Rightarrow ist \in \mathbf{I}$$

式だけでできるので、解説は割愛します。ラプラス変換を利用するときに, s が複素数であることを意識する必要はありません。

●**積分が発散する関数でも変換できる**

フーリエ変換では「絶対値の積分が発散しない関数」だけをあつかいます（P.218参照）。したがって、特に電気回路に登場する簡単な「ステップ関数 $u(t)$」さえあつかうことができません（完全にできないわけではないのですが、理屈がかなりむずかしくなります）。

$$u(t) = \begin{cases} 0 & (t < 0) \\ 1 & (t \geq 0) \end{cases}$$

ラプラス変換では、指数部分に実数も含むため、ある程度発散する関数もあつかうことができます。ラプラス変換では、$s=\sigma+i\omega$ において $\sigma>0$ と定められているため、σ より大きな正の数 c については、e^{-ct} をかけた積分が収束します。

フーリエ変換の場合　　　ラプラス変換の場合
$$\int_{-\infty}^{\infty} |f(x)|dx < \infty \Leftrightarrow \int_0^\infty |f(t)|e^{-ct}dx < \infty \quad \text{収束因子}$$
$$\int_0^\infty f(t)e^{-(\sigma+i\omega)t}dt = \int_0^\infty \left[f(t)e^{-\sigma t}\right]e^{-i\omega t}dt$$

したがっておおまかにいうと、$e^{\sigma t}$ までの指数関数をあつかうことができます。こ

の $e^{-\sigma t}$ は収束因子と呼ばれます。電気回路における時間 t はこの条件を満たしていると考えます。

[3] ラプラス変換とフーリエ変換を実用的に比較する
●やたらとデルタ関数が出てこない

フーリエ変換では三角関数はデルタ関数に変換されますが、ラプラス変換では三角関数は分数関数に変換され、デルタ関数は限られた場合にしか登場しませんし、虚数 i の登場頻度も低く、計算がかなり単純になります。

また、通常なら斉次方程式の一般解を求めてから非斉次方程式を解くという手間がかかりますが、**フーリエ変換やラプラス変換では、非斉次方程式を一発で解けるというメリットがあります**。さらにラプラス変換の場合は三角関数の変換が使いやすいために、ラプラス変換の方が実用性が高いといえます。

フーリエ変換の場合   ラプラス変換の場合

$$F[\cos(ax)] = \sqrt{2\pi}\frac{\delta(\omega-a)+\delta(\omega+a)}{2} \qquad L[\sin(\omega t)\cdot u(t)] = \frac{\omega}{s^2+\omega^2}$$

$$F[\sin(ax)] = i\sqrt{2\pi}\frac{\delta(\omega+a)-\delta(\omega-a)}{2} \qquad L[\cos(\omega t)\cdot u(t)] = \frac{s}{s^2+\omega^2}$$

●初期値を持ち込める

ラプラス変換では、変換前の関数を「原関数」、変換後の関数を「像関数」と呼びます。ラプラス変換の変換前の t で積分する空間を t 領域、変換後の s で積分する空間を s 領域と呼びます。

原関数の導関数を変換すると原関数の初期値がともないます。

$$L\left[\frac{df(t)}{dt}\right] = sF(s) - f(0)$$

ラプラス変換では t 領域での原関数の初期値を s 領域に持ち込んで像関数とともに計算できるという大きな長所があります。これによって、**像関数を逆変換した後で、原関数に初期値を代入する手間が省けます**。

●ラプラス変換の計算性が高い

　ラプラス変換では、t領域のみならずs領域でも、「遅れ」や整関数の微分が定義できます。変換表に頼るだけでなく、計算で原関数や像関数を求めることもできます。

[4] ラプラス変換の一般的な性質

　ラプラス変換の線型性などの性質はフーリエ変換と同様で、フーリエ変換の場合と同じ方法で証明できます。

線型性　　$L[a_1 f_1 + a_2 f_2] = a_1 L[f_1] + a_2 L[f_2]$

相似性　　$L[f(at)] = \dfrac{1}{a} F\left(\dfrac{s}{a}\right)$

平行移動　$L[f(t-a)] = e^{-as} L[f(t)]$

●時間の遅れを持ち込みやすい

　ラプラス変換では、t領域での原関数における「遅れ」は像関数においてe^{-as}として表れ、s領域での像関数における「進み」はt領域でe^{-as}として表れます。

$$L[f(t-a)] = e^{-as} F(s) \Rightarrow \begin{cases} L[\delta(t)] = 1 & \Rightarrow \quad L[\delta(t-a)] = e^{-as} \\ L[u(t)] = \dfrac{1}{s} & \Rightarrow \quad L[\delta(t-a)] = \dfrac{e^{-as}}{s} \end{cases}$$

$$L[e^{-at} f(t)] = F(s+a) \Rightarrow \begin{cases} L[t] = \dfrac{1}{s^2} & \Rightarrow \quad L[e^{-at} t] = \dfrac{1}{(s+a)^2} \\ L[t^n] = \dfrac{n!}{s^{n+1}} & \Rightarrow \quad L[e^{-at} t^n] = \dfrac{n!}{(s+a)^{n+1}} \end{cases}$$

　証明はP.241を参照してください。

[5] 微積分のラプラス変換

　フーリエ変換の微積分では、微分しても積分しても$i\omega$のn乗がかかるだけで

すが、ラプラス変換の場合は虚数ではなく実数が出てくるうえ、積分区間が $t=0$ から始まるため、初期値が一緒に s 領域に持ち込まれます。

$$微分 \quad L[f'] = sF(s) - f(0)$$
$$L[f''] = s^2 F(s) - sf(0) - f'(0)$$
$$L[f^{(n)}] = s^n F(s) - s^{n-1} f(0) - \cdots - f^{(n-1)}(0)$$
$$積分 \quad L\left[\int_0^t f(t)dt\right] = \frac{1}{s} L[f(t)]$$

微分の関係式は部分積分を使って証明します。積分は微分方程式の逆操作なので明らかです。

$$微分 \quad L[f'] = \int_0^\infty f'(t)e^{-st} dt = \left[f(t)e^{-st}\right]_0^\infty - \int_0^\infty f(t)(-s)e^{-st} dt$$
$$= [0 - f(0)] + s\int_0^\infty f(t)e^{-st} dt = sF(s) - f(0)$$
$$L[f''] = sL[f'] - f'(0) = s(sF(s) - f(0)) - f'(0)$$
$$= s^2 F(s) - sf(0) - f'(0)$$

$$積分 \quad \begin{cases} L[f'] = sL[f] - f(0) \\ f(t) \Rightarrow \int_0^t f(t)dt \end{cases} \Rightarrow L[f(t)] = sL\left[\int_0^t f(t)dt\right] - \int_0^0 f(t)dt$$
$$\Rightarrow L\left[\int_0^t f(t)dt\right] = \frac{1}{s} L[f(t)]$$

●s領域での微分も定義できる

変換の数学では変換表に頼るか積分を実行するしか方法がないのですが、そうではない方法の1つが s 領域での整関数の微分です。これは複素関数論から得られるものです。

$$L^{-1}\left[F^{(n)}(s)\right] = (-t)^n f(t)$$
$$n = 1 : L^{-1}\left[F'(s)\right] = -tf(t) \Leftrightarrow L[tf(t)] = -F'(s)$$

[6] 主な関数のラプラス変換

ラプラス変換でも、主な関数のラプラス変換を既知として利用します。次に示すのは、日ごろ使っている初等関数の一部ですが、このほかにもさまざまな関数の変換結果が得られています（ステップ関数 $u(t)$ は表記を省くこともあります）。

$$L[\delta(t)] = 1$$

$$L[u(t)] = \frac{1}{s}$$

$$L[u(t-a)] = \frac{e^{-as}}{s}$$

$$L\left[\frac{t^n}{n!}u(t)\right] = \frac{1}{s^{n+1}}$$

$$L[e^{-at}u(t)] = \frac{1}{s+a}$$

$$L\left[\frac{t^n}{n!}e^{-\alpha t}\cdot u(t)\right] = \frac{1}{(s+\alpha)^{n+1}}$$

$$L[\cos(at)u(t)] = \frac{s}{s^2+a^2}$$

$$L[\sin(at)u(t)] = \frac{a}{s^2+a^2}$$

$$L[\cosh(at)u(t)] = \frac{s}{s^2-a^2}$$

$$L[\sinh(at)u(t)] = \frac{a}{s^2-a^2}$$

$$L[e^{-bt}\cos(at)u(t)] = \frac{s+b}{(s+b)^2+a^2}$$

$$L[e^{-bt}\sin(at)u(t)] = \frac{a}{(s+b)^2+a^2}$$

デルタ関数のラプラス変換はほぼ定義通りです。上の積分のうちで主な計算を示しますが、フーリエ変換よりはやさしい積分です。

$$L[\delta(t)] = \int_0^\infty \delta(t)e^{-st}dt \equiv 1$$

$$L[u(t)] = \int_0^\infty e^{-st}dt = \left[-\frac{1}{s}e^{-st}\right]_0^\infty = \frac{1}{s}$$

$$L[u(t-a)] = \int_0^a e^{-st}\cdot 0\, dt + \int_a^\infty e^{-st}\cdot 1\, dt = \left[-\frac{1}{s}e^{-st}\right]_a^\infty = \frac{e^{-sa}}{s}$$

$$L[t^n u(t)] = \int_0^\infty t^n e^{-st}dt = \left[t^n\left(\frac{1}{-s}\right)e^{-st}\right]_0^\infty - \int_0^\infty nt^{n-1}\left(\frac{1}{-s}\right)e^{-st}dt$$

$$= n\left(\frac{1}{s}\right)\int_0^\infty t^{n-1}e^{-st}dt = n(n-1)\left(\frac{1}{s}\right)^2\int_0^\infty t^{n-2}e^{-st}dt$$

$$= \cdots = n!\left(\frac{1}{s}\right)^n\int_0^\infty 1\cdot e^{-st}dt = n!\left(\frac{1}{s}\right)^n L[u(t)] = \frac{n!}{s^{n+1}}$$

$$L\left[e^{-at}u(t)\right] = \int_0^\infty e^{-at}e^{-st}dt = \int_0^\infty e^{-(a+s)t}dt = \left[\left(\frac{1}{-(a+s)}\right)e^{-(a+s)t}\right]_0^\infty = \frac{1}{s+a}$$

$$L\left[\sin(at)u(t)\right] = \int_0^\infty \frac{e^{iat}-e^{-iat}}{2i}e^{-st}dt = \frac{1}{2i}\left[\int_0^\infty e^{(ia-s)t}dt - \int_0^\infty e^{-(ia+s)t}dt\right]$$

$$= \frac{1}{2i}\left[\frac{e^{-st}}{ia-s}+\frac{e^{-st}}{ia+s}\right]_0^\infty = \frac{1}{2i}\frac{2ia}{s^2+a^2} = \frac{a}{s^2+a^2}$$

[7] t·sin(at)のラプラス変換

このラプラス変換を3つの方法で求めます。この変換は P.245 の減衰振動の逆変換で利用します。計算のバリエーションの多さがわかるでしょう。

●オイラーの公式

$$L\left[t\sin(at)\right] = L\left[t\frac{e^{iat}-e^{-iat}}{2i}\right] = \frac{1}{2i}L\left[te^{iat}\right] - \frac{1}{2i}L\left[te^{-iat}\right]$$

$$= \frac{1}{2i}\frac{1}{(s-ia)^2} - \frac{1}{2i}\frac{1}{(s+ia)^2} = \frac{1}{2i}\left(\frac{(s+ia)^2-(s-ia)^2}{(s-ia)^2(s+ia)^2}\right) = \frac{2sa}{(s^2+a^2)^2}$$

●原関数の微分公式

$$g(t) = t\sin at \Rightarrow g'(t) = \sin at + at\cos at$$

$$\Rightarrow g''(t) = a\cos at + a(\cos at - at\sin at) = 2a\cos at - a^2 t\sin at$$

$$= 2a\cos at - a^2 g(t) \Rightarrow g''(t) = 2a\cos at - a^2 g(t)$$

$$L\left[g''(t)\right] = s^2 L\left[g(t)\right] - sg(0) - g'(0) = s^2 L\left[g(t)\right] = 2aL\left[\cos at\right] - a^2 L\left[g(t)\right]$$

$$\therefore L\left[g(t)\right] = \frac{2a}{s^2+a^2}L\left[\cos at\right] = \frac{2a}{s^2+a^2}\frac{s}{s^2+a^2} = \frac{2as}{(s^2+a^2)^2}$$

●像関数の微分公式

$$L\left[f(t)\right] = L\left[\sin at\right] = \frac{a}{s^2+a^2} = F(s) \Rightarrow L\left[t\sin at\right] = -F'(s)$$

$$F'(s) = \frac{d}{ds}\left[\frac{a}{s^2+a^2}\right] = a\frac{d}{ds}\left[\frac{1}{s^2+a^2}\right] = a\frac{du}{ds}\frac{d}{du}u^{-1}\bigg|_{u=s^2+a^2} = \frac{-2as}{(s^2+a^2)^2}$$

$$\therefore L\left[t\sin at\right] = \frac{2as}{(s^2+a^2)^2}$$

[8] ラプラス変換と畳み込み積分あるいは合成積

ラプラス変換でもフーリエ変換と同様に、2つの関数の「畳み込み積分」（コンボリューションあるいは合成積）のラプラス変換が「それぞれの関数のラプラス変換の積」になります。ラプラス変換を利用しても、積分計算なしで結果が得られます。

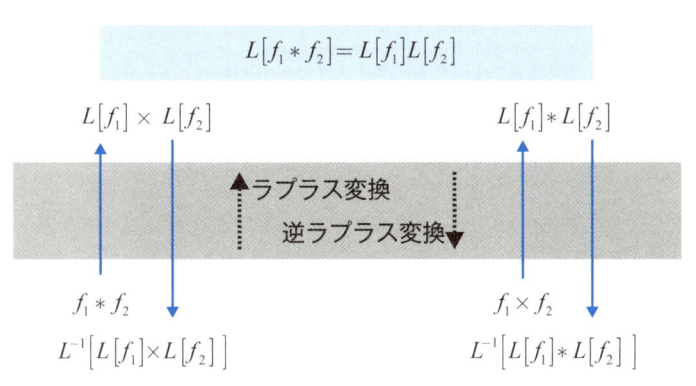

$$L[f_1 * f_2] = L[f_1]L[f_2]$$

$L[f_1] \times L[f_2]$ ↑　　　　　　　　　　$L[f_1] * L[f_2]$ ↑

↑ ラプラス変換
↓ 逆ラプラス変換

$f_1 * f_2$ ↓　　　　　　　　　　$f_1 \times f_2$ ↓
$L^{-1}\left[L[f_1] \times L[f_2]\right]$　　　　$L^{-1}\left[L[f_1] * L[f_2]\right]$

しかし、残念ながらガウス関数のラプラス変換は初等関数にはならず、P.230 で述べた、レーザー光の強度分布の計算にはラプラス変換は利用できません。ガウス関数をあつかう場合にはフーリエ変換によらなければなりません。

しかしラプラス変換には定義が1種類しかなく、フーリエ変換の場合のように $\sqrt{2\pi}$ を気にする必要はありません。畳み込み積分の証明を示しておきます。

$$\begin{aligned}
L[f_1 * f_2] &= L\left[\int_0^\infty f_1(t-u)f_2(u)du\right] \\
&= \int_0^\infty \left(\int_0^\infty f_1(t-u)u(t-u)f_2(u)du\right)e^{-st}dt \\
&= \int_0^\infty \left(\int_0^\infty f_1(t-u)u(t-u)dt\right)f_2(u)e^{-st}du \\
&= \int_0^\infty \left(\int_{-u}^\infty f_1(v)u(v)dv\right)f_2(u)e^{-s(u+v)}du \quad (t-u \equiv v) \\
&= \int_0^\infty \left(\int_0^\infty f_1(v)dv\right)f_2(u)e^{-s(u+v)}du \quad \begin{array}{l}u(v)\text{ によって積分の}\\ \text{始点は0にできる}\end{array} \\
&= \int_0^\infty \left(\int_0^\infty f_1(v)e^{-sv}dv\right)f_2(u)e^{-su}du \\
&= \left(\int_0^\infty f_1(v)e^{-sv}dv\right)\left(\int_0^\infty f_2(u)e^{-su}du\right) = L[f_1]L[f_2]
\end{aligned}$$

Sec.7 ラプラス変換を利用して微分方程式を解く

［1］単振動の常微分方程式を解く

ラプラス変換での微分方程式の解き方を知るために、P.74で解説したバネ運動の方程式を解きます。これはすべての単振動の方程式に共通の微分方程式であり、これを前節で述べた公式に従ってラプラス変換します。初期値を$x(0)=x_0$、$x'(0)=v_0$とします。

$$m\frac{d^2x}{dt^2}=-kx \Leftrightarrow \frac{d^2x}{dt^2}+\omega^2 x=0 \quad \omega \equiv \sqrt{\frac{k}{m}}$$

$$L\left[\frac{d^2x}{dt^2}+\omega^2 x\right]=L\left[\frac{d^2x}{dt^2}\right]+\omega^2 L[x]$$

$$=\left[s^2F(s)-sx(0)-x'(0)\right]+\omega^2 F(s)=s^2F(s)-sx_0-v_0+\omega^2 F(s)=0$$

ここで$F(s)$を求めて逆変換します。分母が$s^2+\omega^2$なので、三角関数になると推定され、その公式が使えるように変形しておいて、逆変換の公式を適用します。

$$F(s)=\frac{sx_0+v_0}{s^2+\omega^2}=\frac{x_0 s}{s^2+\omega^2}+\frac{v_0}{s^2+\omega^2}$$

$$\begin{cases} L[\cos(at)u(t)]=\dfrac{s}{s^2+a^2} \\ L[\sin(at)u(t)]=\dfrac{a}{s^2+a^2} \end{cases}$$

$$=x_0\frac{s}{s^2+\omega^2}+\frac{v_0}{\omega}\frac{\omega}{s^2+\omega^2}$$

$$x(t)=L^{-1}[F(s)]=x_0 L^{-1}\left[\frac{s}{s^2+\omega^2}\right]+\frac{v_0}{\omega}L^{-1}\left[\frac{\omega}{s^2+\omega^2}\right]=x_0\cos\omega t+\frac{v_0}{\omega}\sin\omega t$$

得られた2つの三角関数を「合成関数の公式」を使って1つの三角関数に統合します。

$$x(t) \equiv \sqrt{{x_0}^2 + \left(\frac{v_0}{\omega}\right)^2}\left(\sin\theta_0 \cos\omega t + \cos\theta_0 \sin\omega t\right) = \sqrt{{x_0}^2 + \left(\frac{v_0}{\omega}\right)^2}\sin\left(\omega t + \theta_0\right)$$

$$\begin{cases} \sin\theta_0 = \dfrac{x_0}{\sqrt{{x_0}^2 + \left(\dfrac{v_0}{\omega}\right)^2}} \\ \cos\theta_0 = \dfrac{\dfrac{v_0}{\omega}}{\sqrt{{x_0}^2 + \left(\dfrac{v_0}{\omega}\right)^2}} \end{cases} \Rightarrow \tan\theta_0 = \frac{x_0 \omega}{v_0} \Rightarrow \theta_0 = \tan^{-1}\left(\frac{x_0 \omega}{v_0}\right)$$

このように、初めから初期値 $x(0)=x_0$、$x'(0)=v_0$ を含んだ一般解 $x(t)$ が得られます。ここで、$x_0=A$、$v_0=0$ とすると、P.74 で示した解と一致します。

$$x_0 = A, v_0 = 0 \Rightarrow \begin{cases} x(t) = A\sin\left(\omega t + \theta_0\right) \\ \tan\theta_0 \to \infty \Rightarrow \theta_0 \to \dfrac{\pi}{2} \end{cases} \Rightarrow x(t) = A\cos\omega t$$

[2] 減衰振動の常微分方程式をラプラス変換で解く

　減衰がある振動運動では、特性方程式に 1 次項 $2bt$ が現れ、その係数 b の ω との大小によって解の虚実が分かれます。特性方程式が像関数の分母に来て、特性方程式の解が実数で分数が部分分数に分解できれば減衰運動に、解が複素数で部分分数に分解できなければ振動運動になります。特性方程式が重根を持つ場合は分母が平方式になり、そのまま逆変換します。**微分方程式を解くのに多くの知恵を必要としないのがラプラス変換の大きな特徴です。**

　次は P.108 と同じ減衰振動の方程式を解きます。ラプラス変換ではこの方が見やすいので、最初から初期振幅を A とおきます。

$$m\frac{d^2 x}{dt^2} = -kx - B\frac{dx}{dt} \quad \omega \equiv \sqrt{\frac{k}{m}}$$

$$\frac{d^2 x}{dt^2} + 2b\frac{dx}{dt} + \omega^2 x = 0 \quad 2b \equiv \frac{B}{m}$$

$$x(0) \equiv A, \quad x'(0) \equiv 0$$

　微分方程式をラプラス変換して、解の像関数を得ます。

$$L\left[\frac{d^2x}{dt^2}+2b\frac{dx}{dt}+\omega^2 x\right]$$
$$=\left[s^2F(s)-sx(0)-x'(0)\right]+2b\left[sF(s)-x(0)\right]+\omega^2 F(s)$$
$$=\left[s^2F(s)-sA\right]+2b\left[sF(s)-A\right]+\omega^2 F(s)$$
$$=s^2F(s)+2sbF(s)-(s+2b)A+\omega^2 F(s)=0$$
$$F(s)\left(s^2+2sb+\omega^2\right)=(s+2b)A \Rightarrow F(s)=\frac{(s+2b)A}{s^2+2sb+\omega^2}$$

この式の分母がどのようなものかで、この先のあつかいが変わります。分母 =0 とおいたものが特性方程式に対応します。P.108 に述べた解の種類によって、どのような分数になるかが決まり、その分数に対応して解の原関数の種類が変わります。同様に $D=b^2-\omega^2$ とおきます。

$b>\omega \Rightarrow D>0$： 摩擦力＞復元力

　　　　　　　2つの実数解　→　2つの指数関数解の線型結合

$b=\omega \Rightarrow D=0$： 摩擦力＝復元力

　　　　　　　縮退した2つの実数解　→　e^{pt} と xe^{px} の解の線型結合

$b<\omega \Rightarrow D<0$： 摩擦力＜復元力

　　　　　　　2つの虚数解　→　2つの三角関数解の線型結合

[3] 摩擦力＞復元力の場合（b＞ω、D＞0）

$b>\omega$ の場合は $D>0$ なので、特性方程式は2つの実数解を持ち、その解で分母が部分分数に分解できます。

$$s^2+2sb+\omega^2=(s-\alpha)(s-\beta)$$
$$\alpha,\beta=-b\pm\sqrt{b^2-\omega^2}=-b\pm\sqrt{D}$$
$$\alpha>\beta \Rightarrow \alpha=\sqrt{D}-b(\leq 0),\quad \beta=-\left(\sqrt{D}+b\right)(<0),\quad \alpha-\beta=2\sqrt{D}$$
$$F(s)=\frac{(s+2b)A}{(s-\alpha)(s-\beta)}\equiv\left(\frac{P}{s-\alpha}+\frac{Q}{s-\beta}\right)A=\frac{(P+Q)s-(P\beta+Q\alpha)}{(s-\alpha)(s-\beta)}A$$

$$\begin{cases} P+Q=1 \\ P\beta + Q\alpha = -2b \end{cases} \Rightarrow \begin{pmatrix} 1 & 1 \\ \beta & \alpha \end{pmatrix}\begin{pmatrix} P \\ Q \end{pmatrix} = \begin{pmatrix} 1 \\ -2b \end{pmatrix}$$

$$\begin{pmatrix} P \\ Q \end{pmatrix} = \begin{pmatrix} 1 & 1 \\ \beta & \alpha \end{pmatrix}^{-1}\begin{pmatrix} 1 \\ -2b \end{pmatrix} = \frac{1}{\alpha - \beta}\begin{pmatrix} \alpha & -1 \\ -\beta & 1 \end{pmatrix}\begin{pmatrix} 1 \\ -2b \end{pmatrix} = \frac{1}{\alpha - \beta}\begin{pmatrix} \alpha + 2b \\ -\beta - 2b \end{pmatrix}$$

$$\therefore F(s) = \frac{A}{\alpha - \beta}\left(\frac{\alpha + 2b}{s - \alpha} - \frac{\beta + 2b}{s - \beta}\right)$$

分母が s について 1 次の分数の場合は、原関数は指数関数です。

$$L[F(s)] = L\left[\frac{A}{\alpha - \beta}\left(\frac{\alpha + 2b}{s - \alpha} - \frac{\beta + 2b}{s - \beta}\right)\right]$$

$$= \frac{A}{\alpha - \beta}\left((\alpha + 2b)L\left[\frac{1}{s - \alpha}\right] - (\beta + 2b)L\left[\frac{1}{s - \beta}\right]\right)$$

$$= \frac{A}{\alpha - \beta}\left[(\alpha + 2b)e^{\alpha t} - (\beta + 2b)e^{\beta t}\right]u(t)$$

$$= \frac{A}{2\sqrt{D}}\left[(b + \sqrt{D})e^{(\sqrt{D}-b)t} - (b - \sqrt{D})e^{-(\sqrt{D}+b)t}\right]$$

$$= A\left[\frac{\sqrt{D}+b}{2\sqrt{D}}e^{-(b-\sqrt{D})t} + \frac{\sqrt{D}-b}{2\sqrt{D}}e^{-(\sqrt{D}+b)t}\right] \quad (t > 0)$$

これは P.109 に記載の解と一致します。

減衰振動で利用するラプラス変換の公式

$$L\left[e^{-at}u(t)\right] = \frac{1}{s+a}$$

$$L\left[e^{-bt}\cos(at)u(t)\right] = \frac{s+b}{(s+b)^2 + a^2}$$

$$L\left[e^{-bt}\sin(at)u(t)\right] = \frac{a}{(s+b)^2 + a^2}$$

$$L\left[\frac{t^n}{n!}e^{-at}u(t)\right] = \frac{1}{(s+a)^{n+1}}$$

[4] 摩擦力＝復元力の場合（b＝ω、D＝0）

摩擦力が復元力に等しい場合の分母は平方式になり、その原関数は次のようになります。

$$F(s) = \frac{(s+2b)A}{s^2+2sb+\omega^2} = \frac{(s+2b)A}{(s-\alpha)^2} = \frac{s-\alpha}{(s-\alpha)^2}A + \frac{2b+\alpha}{(s-\alpha)^2}A$$

$$L[F(s)] = A \cdot L\left[\frac{s-\alpha}{(s-\alpha)^2}\right] + (2b+\alpha)A \cdot L\left[\frac{1}{(s-\alpha)^2}\right]$$

$$= A\left[e^{\alpha t}\cos(0 \cdot t)u(t)\right] + (2b+\alpha)A \cdot te^{\alpha t}u(t) = A(1+bt)e^{\alpha t} \quad (t>0)$$

この解も P.110 に記載の解と一致します。

[5] 摩擦力＜復元力の場合（b＜ω、D＜0）

摩擦力が復元力より小さい場合は、分母が因数分解できず、分母を平方完成して2次式のままラプラス変換します。

$$\alpha, \beta = -b \pm \sqrt{b^2-\omega^2} = -b \pm i\sqrt{-D}$$

$$\alpha > \beta \Rightarrow \alpha = \sqrt{D}-b(\leq 0), \quad \beta = -(\sqrt{D}+b)(<0), \quad \alpha-\beta = 2\sqrt{D}$$

$$F(s) = \frac{(s+2b)A}{s^2+2sb+\omega^2} = \frac{(s+b)+b}{(s+b)^2+\omega^2-b^2}A$$

$$= \frac{s+b}{(s+b)^2+\omega_d^2}A + \frac{\omega_d}{(s+b)^2+\omega_d^2}\frac{bA}{\omega_d} \quad \omega_d \equiv \omega\sqrt{1-\left(\frac{b}{\omega}\right)^2}$$

$$L[F(s)] = A \cdot L\left[\frac{s+b}{(s+b)^2+\omega_d^2}\right] + \frac{bA}{\omega_d}L\left[\frac{\omega_d}{(s+b)^2+\omega_d^2}\right]$$

$$= Ae^{-bt}\cos(\omega_d t)u(t) + \frac{bA}{\omega_d}e^{-bt}\sin(\omega_d t)u(t)$$

$$= Ae^{-bt}\left[\cos(\omega_d t) + \frac{b}{\omega_d}\sin(\omega_d t)\right] = Ae^{-bt}\left[\cos(\omega_d t) + \frac{b}{\omega_d}\sin(\omega_d t)\right]$$

$$\left(t>0, \quad \omega_d \equiv \omega\sqrt{1-\left(\frac{b}{\omega}\right)^2} = \sqrt{b^2-\omega^2} = \sqrt{D}\right)$$

この解も P.111 に記載の解と一致します。

[6] 減衰のない余弦波の強制振動をラプラス変換で解く

通常の方法では強制振動のある方程式は非斉次方程式であり、まず斉次方程式を解いてその一般解を求め、次に非斉次方程式の特殊解を求め、それから非斉次方程式の一般解と特殊解を求める、という複雑な手順が必要でしたが、ラプラス変換では非斉次方程式の特殊解が一発で得られます。

なお、P.112 では減衰がある余弦波の強制振動を解きましたが、場合分けが多すぎるので、ここでは減衰のない余弦波の強制振動を解きます。ラプラス変換では、減衰運動の固有振動数と抵抗の大きさとの関係で3通りあり、強制振動数と固有振動数が一致するかどうかで2通りあるので、合計で6通りの場合があり、解説が複雑になるためです。解くのは簡単です。

本項では次の方程式を解きます。なお、以降は簡単にするために初期値をすべて0とします。

$$\frac{d^2x}{dt^2} + \omega^2 x = a\cos\omega_a t \quad \omega \equiv \sqrt{\frac{k}{m}}$$
$$x(0) \equiv 0, \quad x'(0) \equiv 0$$

微分方程式をラプラス変換して解のラプラス変換を求めます。

$$L\left[\frac{d^2x}{dt^2} + \omega^2 x\right] = \left[s^2 F(s) - sx(0) - x'(0)\right] + \omega^2 F(s)$$

強制振動で利用するラプラス変換の公式…その2

$$L[\cos(at)u(t)] = \frac{s}{s^2+a^2} \qquad L[\sin(at)u(t)] = \frac{a}{s^2+a^2}$$

$$L[t\sin(at)] = \frac{2sa}{(s^2+a^2)^2} \qquad L[e^{-at}u(t)] = \frac{1}{s+a}$$

[第6章 フーリエ変換やラプラス変換はどう使う]

$$= s^2 F(s) + \omega^2 F(s) = L[a\cos\omega_a t] = a\frac{s}{s^2+\omega_a^2}$$
$$\therefore F(s) = a\frac{s}{(s^2+\omega^2)(s^2+\omega_a^2)}$$

ここでまず、強制振動数と固有振動数が一致しない場合を考えます。

$\omega \neq \omega_a$:
$$F(s) = \frac{a}{\omega_a^2 - \omega^2}\left[\frac{s}{s^2+\omega^2} - \frac{s}{s^2+\omega_a^2}\right]$$
$$x(t) = L^{-1}[F(s)] = \frac{a}{\omega_a^2 - \omega^2}\left(L^{-1}\left[\frac{s}{s^2+\omega^2}\right] - L^{-1}\left[\frac{s}{s^2+\omega_a^2}\right]\right)$$
$$= \frac{a}{\omega_a^2 - \omega^2}(\cos\omega t - \cos\omega_a t)$$

これは P.114 に記載した特殊解に一致します。

次に、強制振動数と固有振動数が一致する場合を考えます。

$\omega = \omega_a$:
$$F(s) = a\frac{s}{(s^2+\omega^2)^2} \quad \left[L\left[\frac{1}{2a}t\sin at\right] = \frac{s}{(s^2+a^2)^2}\right]$$
$$x(t) = L^{-1}[F(s)] = \frac{a}{2\omega}t\sin\omega t$$

この場合も何の苦労もなく特殊解が得られて、P.116 に記載した特殊解に一致しました。ただし、$f(t) = t\sin at$ への逆ラプラス変換には、P.242 で求めた変換式を利用しました。

[7] ステップ関数による強制振動をラプラス変換で解く

最後に、減衰のないステップ関数による強制振動を受けた振動を計算しておきます。これは信号分析で信号の開始時期の操作などに使われます。

$$\frac{d^2x}{dt^2} + \omega^2 x = au(t) \quad \omega \equiv \sqrt{\frac{k}{m}}$$
$$x(0) \equiv 0, \quad x'(0) \equiv 0$$

微分方程式をラプラス変換して像関数を求めます。

$$L\left[\frac{d^2x}{dt^2} + \omega^2 x\right] = \left[s^2 F(s) - sx(0) - x'(0)\right] + \omega^2 F(s)$$
$$= s^2 F(s) + \omega^2 F(s) = aL[u(t)] = \frac{a}{s} \quad \therefore F(s) = \frac{a}{s(s^2 + \omega^2)}$$

この分数の部分分数分解には若干手間がかかります。

$$F(s) \equiv a\left[\frac{A}{s} + \frac{Bs + C}{s^2 + \omega^2}\right]$$
$$A(s^2 + \omega^2) + (Bs + C)s = (A + B)s^2 + Cs + A\omega^2 = 1$$
$$A = \frac{1}{\omega^2}, \quad B = -\frac{1}{\omega^2}, \quad C = 0$$
$$\therefore F(s) = \frac{a}{\omega^2}\left[\frac{1}{s} - \frac{s}{s^2 + \omega^2}\right]$$

逆変換して解を求めます。

$$x(t) = L^{-1}[F(s)] = \frac{a}{\omega^2}\left(L^{-1}\left[\frac{1}{s}\right] - L^{-1}\left[\frac{s}{s^2 + \omega^2}\right]\right)$$
$$= \frac{a}{\omega^2}(u(t) - \cos\omega t) = \frac{a}{\omega^2}(1 - \cos\omega t)$$

この振る舞いをグラフで示しておきます。ステップ関数によって振動が開始しますが、振幅は不変です。

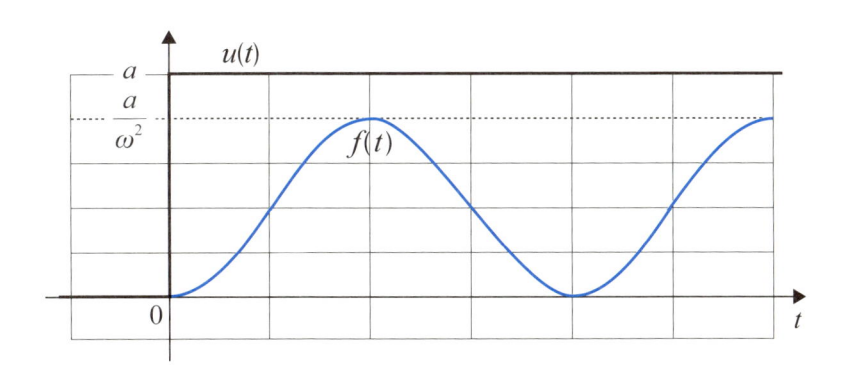

INDEX

■記号
δ	225, 229
Δx	22
∇（ナブラ）	185
Δ（ラプラシアン）	189

■英数字
2階斉次方程式の一般解の形	91
2階非斉次方程式の一般解の形	95
2階非斉次方程式の特殊解の形	94
2階微分方程式	19
2元連立1次方程式	65
div（発散）	146, 181, 185
grad（勾配）	146, 181, 185
rot（回転）	181, 185
sinc関数	228
LC回路の微分方程式	104
LR回路の微分方程式	104
RC回路の微分方程式	97
RLC回路の微分方程式	98

■あ
アステロイド曲線の面積と長さ	60
雨粒の落下速度	118, 121
アンペール・マクスウェルの法則	203
アンペールの法則	203

■い
一般解・特殊解・特異解	88
陰関数	133
インピーダンス	232

■う
うなり	117
運動方程式	18, 72

■え・お
円周の長さ	29
オイラーの公式	19, 32
オイラーの等式	36
オイラーの方程式	164

■か
カージオイド曲線の面積と長さ	62
回転（rot）	187
外力項	88
ガウスの発散定理	182, 198
ガウスの法則	198
拡散方程式	150
カテナリー曲線	169
カテナリー曲線の長さ	41
カテナリー曲線の利用例	172
加法性	27
緩和区間	54

■き
奇関数	213
逆関数の微分	25
逆行列の作り方	66
逆フーリエ変換	220
求積法	86
球面積分（一様な流れの）	195
強制減衰振動	19
強制振動の微分方程式（ラプラス変換）	247
共鳴	117
行列	64
…の作り方	65
行列式	64
極座標における積分	46
虚数の指数関数	32
曲率	50, 53

■く
偶関数	213
空気抵抗のある落下運動	118
矩形波のフーリエ級数	214
クロソイド曲線	50
クロネッカーのデルタ	144

■け
原始関数	26
懸垂曲線	169
減衰振動	19
…の微分方程式	106
…の微分方程式（ラプラス変換）	245

■こ
高校数学	14
合成関数の微分	23
合成積（フーリエ変換）	223
合成積（ラプラス変換）	243
高速道路のカーブ	50
勾配（grad）	185
勾配ベクトル	133
交流回路（フーリエ変換）	232
コンデンサーの充放電	81
コンボリューション（フーリエ変換）	223
コンボリューション（ラプラス変換）	243

■さ
サイクロイド曲線	49, 174
…の仲間	58
…の面積と長さ	59
サイクロイドトンネル	178
最短距離で結ぶ曲線	168
最短時間で結ぶ曲線	174
さまざまな偏微分方程式	146

三角関数	91, 210
三重積	196

■し
周期2Lのフーリエ級数	213
周期Lのフーリエ級数	212
自由振動	19
重積分	16
自由落下運動	73
重力があるバネ振動	77
重力列車	82
縮退	93
シュレーディンガー方程式	152
常微分方程式	87
初等関数	20
進行波	128, 137
振動の振幅の変動	116

■す
吸い込み	186
スカラー	18, 183
…三重積	196
ステップ関数による強制振動	
（ラプラス変換）	250
ストークスの定理	182, 202

■せ
斉次性	27
斉次方程式	88
静電ポテンシャル	223
接線角	53
接線ベクトル	133
線型性	27
線型代数	14, 64
線型方程式	87

INDEX

線積分	29, 190
線素	16, 28
線素ベクトル	16
全微分	131

■そ
双曲線関数	20, 38, 40
速度に比例する空気抵抗	118
速度の2乗に比例する空気抵抗	120

■た
大学数学	14
体積分	190, 197
畳み込み積分（フーリエ変換）	223
畳み込み積分（ラプラス変換）	243
ダランベールの解	138
単振動	18, 75, 84
…の微分方程式（ラプラス変換）	244

■ち
宙返りコースター	52
直線上の円群の包絡線	158, 160
直流回路の微分方程式	96

■て
抵抗係数	121
定常波	137, 153
定数係数2階微分方程式	93
定数変化法	90
テイラー展開	18
デルタ関数	225, 229

■と
導関数の逆数	25
特殊関数	21
特性方程式	91
トロコイド曲線	58
トンネル効果	152
ド・モアブルの定理	34

■な・ね
ナブラ	185
熱伝導方程式	147

■は
媒介変数表示	48
パスカルの蝸牛形	63
発散（div）	186
波動関数	152
波動方程式	136
波動方程式の一般解	139, 145
バネによる振動	74
バネの強制振動	112
バネの減衰振動	106
汎関数	174

■ひ
非斉次方程式	88
微積分	
…の公式一覧表	43
…のフーリエ変換	222
…のラプラス変換	239
非線型方程式	87
微分	22
…の表記	42
…の約分	23
微分方程式	18, 26, 72
微分方程式（フーリエ変換）	232
微分方程式（ラプラス変換）	244
…のパターン	86

■ ふ

ファラデーの電磁誘導の法則	206
フーリエ級数	210
フーリエ積分	216
フーリエ展開	210
フーリエの定理	210
フーリエの法則	147
フーリエ変換	219, 220
主な関数の…	227
フーリエ変換とラプラス変換の比較	237
複素数の指数関数	32
複素数の微積分	34
物理数学	14
不定積分	26
部分積分	44
振り子の運動	78
フレネル積分	54
分数関数の積分	44

■ へ

平面積分（一様な流れの）	194
べき級数	18
ベクトル	18, 183
…解析	182
…の外積	184
…の内積	183
ベルトラミの公式	166
変位電流	207
変数分離法	
常微分方程式の…	89
常微分方程式の…	139
偏微分	16, 130
偏微分方程式	87, 128
変分法	164

■ ほ

ポアソン方程式	146
放射性崩壊	80
法線ベクトル	132, 193
放物線上の円群の包絡線	158, 160
放物線の長さ	29, 40
包絡線	158

■ ま・め

マクスウェルの方程式	204
マルサスのモデル	122
面積分	190, 193
面素	16
面素の大きさの極座標変換	196
面素ベクトル	16, 193

■ よ・ら

陽関数	133
ラプラシアン	189
ラプラス変換	236
主な関数の…	241
ラプラス方程式	146

■ り・れ

リマソン曲線	63
レイノルズ数	121
レーザー光の強度分布	223, 230
レンツの法則	206

■ ろ・わ

ロジスティック方程式	122
湧き出し	186

■京極 一樹（きょうごく　かずき）
東京大学理学部物理学科卒。サラリーマンを経た後、理工書の著作を長年にわたって行ってきた。読者が求める情報や知識を、豊富な図解をまじえてわかりやすく解説することを信条とする。主な著書に『東大入試問題で数学的思考を磨く本』（アーク出版）、『中学・高校数学のほんとうの使い道』『中学・高校物理のほんとうの使い道』『統計・確率のほんとうの使い道』『中学・高校化学のほんとうの使い道』『うまく・早く・きれいに問題を解く数学再入門』『計算脳がパワーアップする算数入門』『電池の「なぜ？」がわかると未来が見える』（以上、実業之日本社刊）、『こんなにわかってきた素粒子の世界』『こんなにわかってきた宇宙の姿』『電池が一番わかる』（以上、技術評論社刊）、『太陽電池のしくみ』『はやぶさのしくみ』『宇宙と素粒子のしくみ』（以上、アスキーメディアワークス刊）などがある。

⦿カバー装丁／石田嘉弘
⦿本文DTP／株式会社SID

おもしろいほどよくわかる！

図解入門 物理数学

2014年3月20日　初版発行

■著　者　京極一樹
■発行者　川口　渉
■発行所　株式会社アーク出版
　　　　　〒162-0843　東京都新宿区市谷田町2-23　第2三幸ビル2F
　　　　　TEL.03-5261-4081　FAX.03-5206-1273
　　　　　ホームページ http://www.ark-gr.co.jp/shuppan/
■印刷・製本所　新灯印刷株式会社

Ⓒ K. Kyōgoku 2014 Printed in Japan
落丁・乱丁の場合はお取り替えいたします。
ISBN978-4-86059-138-0

絵本仕立て

割合

がわかる本

加藤 明 著

文溪堂

はじめに

「割合」は、おそらく小学校の算数の中でいちばん難しい内容です。「もとにする量」から「比べる量」を見たときに何倍に当たるかを数値で表す比べ方ですが、小さい方から大きい方を見て、つまり小さい方を「もとにする量」にして大きい方を「比べる量」にし2倍、3倍、…と、1より大きい整数倍で表すことを4年までの「わり算」では習ってきました。

それが5年になると、大きい方を「もとにする量」にし、小さい方を「比べる量」にして比べ、何倍かを表すことを学びます。数値は、0.5倍、0.3倍、…と、1より小さい純小数倍になりますが、見方が変わることや、「もとにする量」「比べる量」といった言葉自体が生活の中にないことが、割合の理解を難しいものにしています。

そこで、絵本仕立てでビジュアルに、豊富な例によって「もとにする量」「比べる量」といった言葉の理解を確かにしながら、「割合」だけでなく、「比べる量」や「もとにする量」の求め方を、腹に落ちた形で理解させ、身につけさせることをねらってこの書を創りました。

この「割合」については、後に続く「比」の学習において、次のようにお母さんといった第三者から見た場合の見方でとらえ直して学習することになります。

もくじ

1. 割合を求めよう　……………………P12

今までの学習
なおき君から見るとガリバー君は2倍

⬇

これからの学習
ガリバー君から見るとなおき君は□倍

ガリバー君から見るとなおき君は何倍かな。

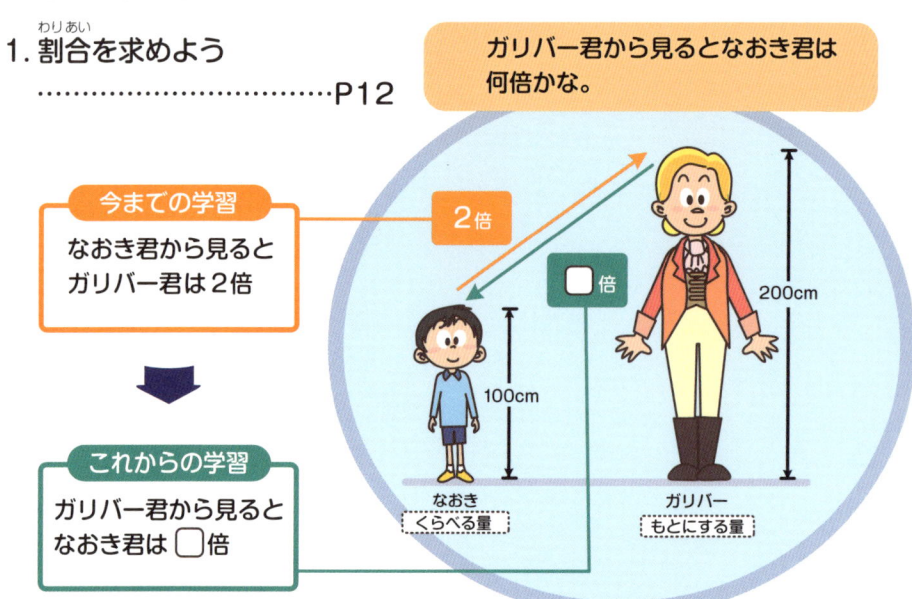

2倍
□倍

なおき　100cm　くらべる量
ガリバー　200cm　もとにする量

2. くらべる量を求めよう　……………………P20

割合とガリバー君のせの高さがわかっているときのなおき君のせの高さを求めよう。

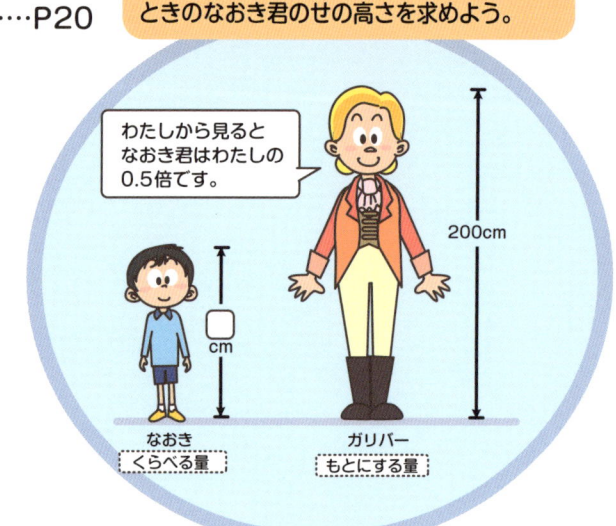

わたしから見るとなおき君はわたしの0.5倍です。

なおき　□cm　くらべる量
ガリバー　200cm　もとにする量

3. もとにする量を求めよう
　　………………………P28

割合となおき君のせの高さがわかっているときのガリバー君のせの高さを求めよう。

わたしから見るとなおき君はわたしの0.5倍です。

100cm

□ cm

なおき　くらべる量
ガリバー　もとにする量

4. 数直線を使って考えてみよう
　　………………………P38

5. 百分率（％）って何かな？
　　………………………P44

綿　65%
ポリエステル　35%

6. 歩合って何かな？
　　………………………P52

1割引き

7. 生活の中にある割合を見つけよう
　　………………………P56

8. 割合とつながりのある学習って何かな？
　　………………………P60

大きさをくらべよう

なおき君とこうき君がせいくらべをしています。

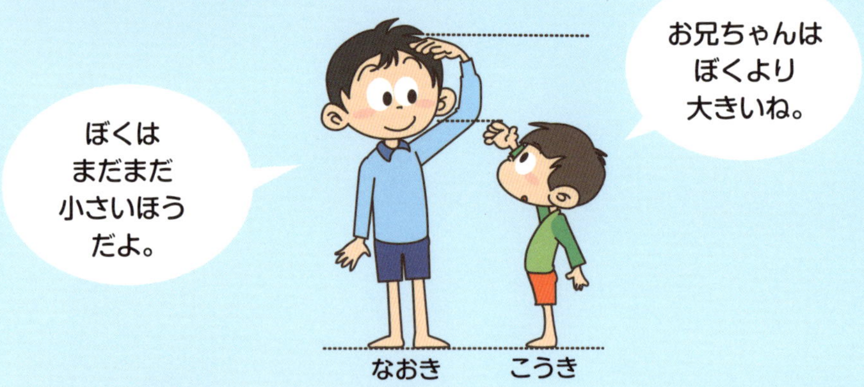

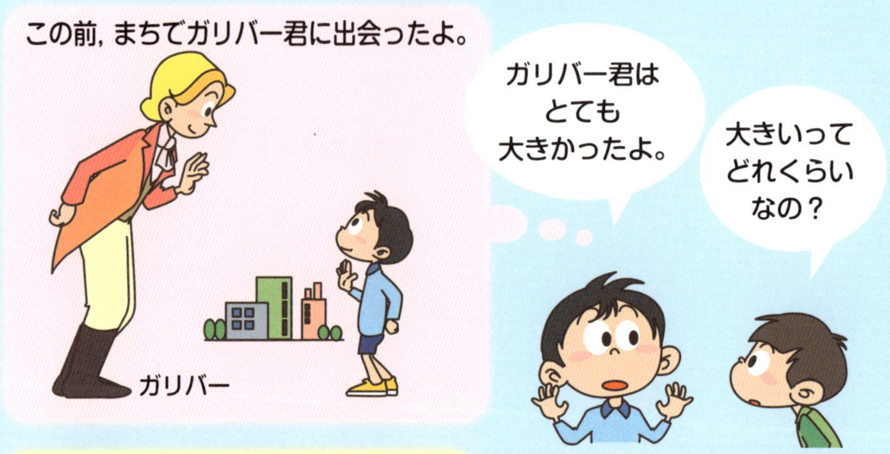

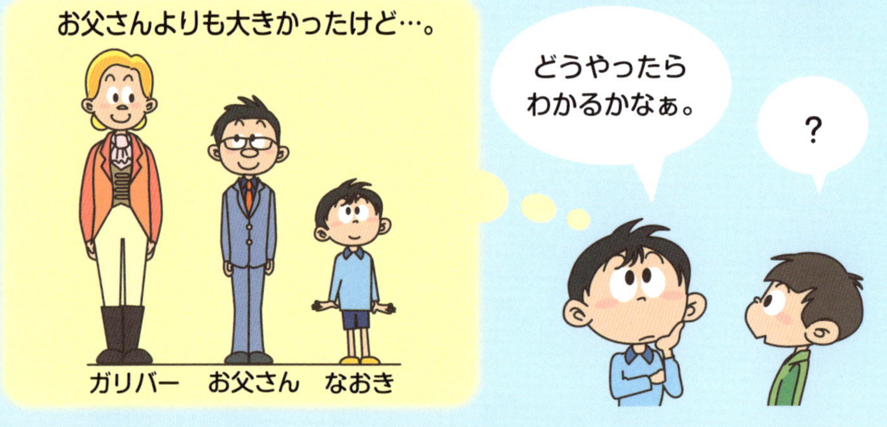

ぼくの
何倍くらい
大きいのかな？
なおき
ガリバー
ぼくの
２倍だとしたら
どのくらいかな？
?
わたしから
見ると
なおき君は
何倍かな？
だれにでも大きさの関係がわかるように，
くらべる方法を勉強しましょう。

割合って何かな？

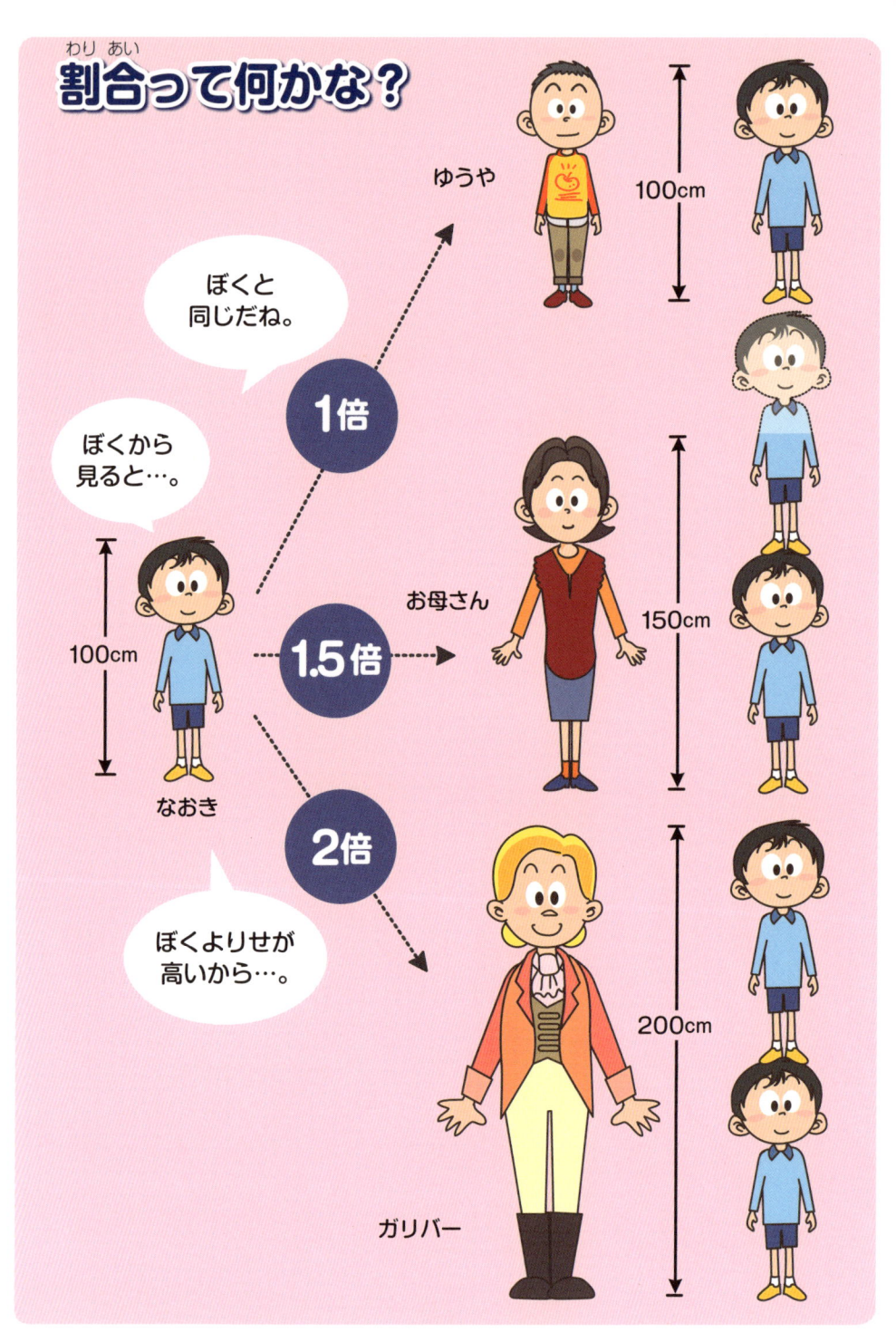

ゆうや

100cm

ぼくと同じだね。

1倍

ぼくから見ると…。

100cm
なおき

1.5倍 → お母さん

150cm

2倍

ぼくよりせが高いから…。

ガリバー

200cm